Regina Polster
Absatzanalyse bei der Produktinnovation
Bedeutung, Erhebung und wissensbasierte Verarbeitung

Regina Polster

Absatzanalyse bei der Produktinnovation

Bedeutung, Erhebung und wissensbasierte Verarbeitung

DUV Springer Fachmedien Wiesbaden GmbH

Die Deutsche Bibliothek — CIP-Einheitsaufnahme

Polster, Regina:
Absatzanalyse bei der Produktinnovation : Bedeutung,
Erhebung und wissensbasierte Verarbeitung / Regina Polster. —

(DUV : Wirtschaftswissenschaft)
Zugl.: Marburg, Univ., Diss., 1994
ISBN 978-3-8244-0211-3   ISBN 978-3-663-11952-4 (eBook)
DOI 10.1007/978-3-663-11952-4

© Springer Fachmedien Wiesbaden 1994
Ursprünglich erschienen bei Deutscher Universitäts-Verlag GmbH, Wiesbaden 1994

Lektorat: Gertrud Bergmann

Gedruckt auf chlorarm gebleichtem und säurefreiem Papier

ISBN 978-3-8244-0211-3

Geleitwort

Produktinnovationen erfordern in einer dynamischen Marktumwelt verstärkt unternehmerisches Handeln. Aus kürzeren Produktlebenszyklen, zunehmender Heterogenisierung der Bedürfnisse und verlängerten Produktentwicklungszeiten resultiert verschärfter Wettbewerb. Zur Verbesserung der Wettbewerbssituation ist es notwendig, entscheidungsrelevante Informationen für Produktinnovationen einer Untersuchung verfügbar zu machen. Eine zentrale Bedeutung nimmt hierbei die Absatzentwicklung von bestehenden Produkten und die geschätzte Absatzentwicklung von Produktinnovationen ein.

Ein denkbarer Ansatz ist die Expertensystemtechnologie. Die noch vor wenigen Jahren vorherrschende Euphorie bezüglich der Einsatzmöglichkeiten von Expertensystemen in betrieblichen Expertensystemen ist inzwischen einer Ernüchterung gewichen. Heute zeichnet sich ab, daß die Einbettung von Methoden der Künstlichen Intelligenz in "traditionelle" Informationssysteme der Weg der Zukunft sein kann. Im Bereich der betriebswirtschaftlichen Anwendungssoftware spielen wissensbasierte Ansätze dabei die größte Rolle.

Die Verfasserin erstellt im Rahmen dieser Arbeit die Konzeption eines wissensbasierten Marketing-Informationssystems zur Absatzanalyse, mit dessen Hilfe eine Erhöhung der Wettbewerbsfähigkeit aufgrund einer schnelleren Schwachstellenerkennung, kürzerer Produktentwicklungszeit und verringertem Produktinnovationsrisiko erreicht werden soll. Der Konzeption geht eine Darstellung der einzelnen Verfahren zur Absatzbeurteilung und eine Diskussion der Voraussetzungen für eine Realisation in Informationssystemen voraus. Um die qualitative und quantitative Informationsversorgung im Innovationsprozeß zu charakterisieren, wurden auch verschiedene empirische Untersuchungen herangezogen.

Die aktuelle Thematik der Arbeit verbindet in ansprechender Weise die drei Wissensgebiete Marketing, Statistik und Wirtschaftsinformatik. Aufgrund der Kombination von wissenschaftlichen Modellen und Verfahren mit der akuten Problematik von Produktinnovationen ist sie sowohl aus theorieorientierter Sicht wertvoll als auch für die Praxis relevant.

Prof. Dr. Ulrich Hasenkamp

Vorwort

Produktinnovationen haben von jeher erheblichen Einfluß auf den Erfolg von Unternehmungen gehabt. Gleichzeitig beinhalten sie ein hohes Risikopotential aufgrund von Fehlinvestitionen oder überhöhten Produktionskosten. Vor diesem Kontext liegt die primäre Aufgabe von Unternehmungen in der Beantwortung der Frage: "welche neuen Produkte in welchen Märkten mit welchen Marketingaktivitäten zu welchem Zeitpunkt vertrieben werden sollen." Eine zentrale Stelle nimmt hierbei die Absatzentwicklung ein.

Ziel dieser Arbeit ist es, ein Konzept eines Marketing-Informationssystems zur Absatzanalyse im Produktinnovationsprozeß vorzustellen, das mittels einer wissensbasierten Komponente ein Erfolgspotential in sich birgt, welches langfristig über die Wettbewerbssituation einer Unternehmung entscheiden kann. Bei der Beurteilung der Absatzentwicklung wird sich nicht auf Prognosemethoden im klassisch-statistischen Sinne beschränkt. Vielmehr erfolgt ein Einsatz ganz unterschiedlicher Instrumente, die aus der Statistik, dem Marketing und der Wirtschaftsinformatik stammen.

Der starke interdisziplinäre Charakter der Arbeit wurde durch die Unterstützung meiner zwei akademischen Lehrer Prof. Dr. U. Hasenkamp und Prof. Dr. W. Birkenfeld ermöglicht. Beide haben das gesamte Vorhaben unterstützt und durch kritische Stellungnahmen die Präzisierung der Fragestellung gefördert.

Insbesondere für die Bereitschaft, sich neben dem eigenen Forschungsgebiet mit Fragestellungen aus anderen Forschungsbereichen auseinanderzusetzen, sei beiden herzlich gedankt.

Regina Polster

Inhaltsverzeichnis

Abbildungsverzeichnis

Tabellenverzeichnis

Symbolverzeichnis

α	= exponentieller Glättungsfaktor
a	= Absolutglied bei Regression, Innovationskoeffizient
b	= Imitationskoeffizient
b_i	= Regressionsparameter
c_i	= Gewichte
d_t	= Differenz erster oder höherer Ordnung
e_t	= Prognosefehler
g_t	= Diffusionswahrscheinlichkeit
gl_t	= glatte Komponente
i, j	= Laufindices
k	= Konstante
k_i	= Gewichte
m	= Konstante für gleitenden Durchschnitt
μ	= Mittelwert
n	= Anzahl der erhobenen Zeitreihenwerte
N_{max}	= maximales Marktvolumen
Ω	= Ergebnis eines Zufallsvorganges
Q^2	= Summe der kleinsten Quadrate
r_j	= Regressoren
$\tau(s,t)$	= Kovarianz
s^2	= empirische Varianz
s_t	= Saisonkomponente
σ	= Standardabweichung
t	= Periode / äquidistante Zeitabstände
tr_t	= Trendkomponente
T_i	= Technologien
Th	= Theil´scher Ungleichheitskoeffizient
u_t	= Zufallskomponente
V_t	= Vektor der exogenen Einflußgrößen $v_1, v_2, ..., v_n$
X_t	= Adopterzuwachs in t
x_t	= Zeitreihenwert
$\bar{x}$	= arithmetisches Mittel
$\hat{x}_{t+1}$	= Prognosewert
Y_t	= kumulierte Zahl der Adopter bis t
y_t	= lokales arithmetisches Mittel
z_t	= zyklische Komponente

Abkürzungsverzeichnis

Abb. = Abbildung
Aufl. = Auflage
BDI = Bund deutscher Industrie
BMFT = Bundesministerium für Forschung und Technik
Btx = Bildschirmtext
bzw. = beziehungsweise
ca. = circa
DATEX = Data Exchange
DBW = Die Betriebswirtschaft
DFÜ = Datenfernübertragung
Diss. = Dissertation
DSS = Decision Support System
DV = Datenverarbeitung
EBM = Eisen, Blech, Metallwaren
EDI = Electronic Data Interchange
EDS = Elektronisches Datenvermittlungssystem
EIS = Executive Information System
ESS = Executive Support System
f. = folgende Seite
ff. = folgende Seiten
GFK = Gesellschaft für Konsumforschung
Hrsg. = Herausgeber
IEEE = Institute of Electrical and Electronics Engineers
IFIP = International Federation for Information Processing
IFO = Institut für Wirtschaftsforschung
incl. = inclusive
IV = Informationsverarbeitung

IW = Institut der deutschen Wirtschaft
KE = Knowledge Engineering
KI = Künstliche Intelligenz
MA = moving-average Modell
MAIS = Marketing-Informationssystem
Mbps = Megabits pro Sekunde
MIS = Management-Informationssystem
Nr. = Nummer
o. g. = oben genannte
o. J. = ohne Jahr
o. O. = ohne Ort
o. V. = ohne Verfasser
R&D = Retail and Distribution
S. = Seite
SGF = strategisches Geschäftsfeld
Tab. = Tabelle
u.a. = unter anderem
usw. = und so weiter
u.U. = unter Umständen
vgl. = vergleiche
vs. = versus
WMAIS = wissensbasiertes Marketing-Informationssystem
WiSt = Wirtschaftswissenschaftliches Studium
z.B. = zum Beispiel
ZfB = Zeitschrift für Betriebswirtschaft
ZfbF = Zeitschrift für betriebswirtschaftliche Forschung
ZFP = Zeitschrift für Forschung und Praxis

1 Einführung

1.1 Motivation der Arbeit

Produktinnovationen gewinnen für deutsche und europäische Unternehmungen immer mehr an Bedeutung. Durch eine zunehmend dynamische Marktumwelt verkürzen sich die Produktlebens- und Marktzyklen erheblich,[1] wobei aufgrund einer Heterogenisierung der Bedürfnisse und Werte der Konsumenten[2] gleichzeitig das maximal erreichbare Marktpotential sinkt. Zugleich vergrößern der europäische Binnenmarkt seit 1993, Öffnung und Umbruch Osteuropas und eine Globalisierung der Märkte das Marktvolumen.[3] Konkurrenzprodukte und Substitutionsprodukte drängen immer intensiver auf den Absatzmarkt und erhöhen den Wettbewerbsdruck. Die zunehmende Komplexität neuer Produkte, z.B. aufgrund einer notwendigen weltweiten Einführung oder durch die Kombination unterschiedlicher Technologien, führt jedoch zu einer Verlängerung der Innovationszyklen.[4] Durch die Plazierung von Produktinnovationen können sich Unternehmungen einen Wettbewerbsvorteil gegenüber Konkurrenten verschaffen.[5] Im Falle des Scheiterns ergeben sich für die Unternehmung aber auch hohe Risiken aufgrund von Fehlinvestitionen oder überhöhten Produktionskosten.[6] Eine fundierte und systematische strategische Planung und Durchführung von Produktinnovationen bedarf einer vielschichtigen Informationsversorgung über die wesentlichen Einflußgrößen und Entwicklungstendenzen der Umwelt und der Unternehmungspotentiale[7], wobei die primäre Aufgabe der strategischen Marketingplanung, nämlich die Beantwortung der Frage, welche Produkte in welchen Märkten mit welchen Marketingaktivitäten zu welchem Zeitpunkt vertrieben werden sollen, im Vordergrund steht.[8]

---

[1] Vgl. Günter; Fleiß/Effizientes Informationsmanagement/S. 30.

[2] Vgl. Meffert/Strategische Unternehmensführung/S. 297 f.

[3] Vgl. Petzold; Bug/MAIS/S. 115.

[4] Vg. Benkenstein/Integriertes Innovationsmanagement/S. 21.

[5] Vgl. Schewe/Die Innovation im Wettbewerb/S. 968.

[6] Vgl. Gierl/Die Analyse des Produkt-Lebenszyklus/S. 5, Nieschlag; Dichtl; Hörschgen/Marketing/S. 839.

[7] Nieschlag; Dichtl; Hörschgen/Marketing/S. 826.

[8] Vgl. Meffert/Strategische Unternehmensführung/S. 4.

Eine erfolgreiche strategische Marketingplanung der Unternehmung erfordert gerade heute, im Hinblick auf eine langfristige Erfolgssicherung, eine flexible Marktpolitik, die Veränderungen der relevanten Umwelt frühzeitig lokalisiert, interpretiert und in innovative Produkt- und Marketingkonzepte umsetzt.[9]

1.2 Zielsetzung der Arbeit

Ziel der Arbeit ist es, die zentrale Bedeutung einer Absatzanalyse und insbesondere die Beurteilung im Sinne einer Schätzung der Absatzentwicklung im Rahmen eines Produktinnovationsprozesses zu erläutern, die einzelnen Verfahren zur Absatzbeurteilung darzustellen und die Voraussetzungen für eine Realisation in einem Informationssystem zu diskutieren. Vor dem Hintergrund von stark wissensorientierten Absatzschätzungen bzw. -beurteilungen und der originären Marketingaufgabe "Produktinnovation" bietet sich ein wissensbasiertes Marketing-Informationssystem als praktikabler Lösungsansatz an. Als Motivation für dieses Informationssystem soll insbesondere eine Verkürzung und Risikominderung des Entscheidungsprozesses im Produktinnovationsprozeß mit resultierender höherer Wettbewerbsfähigkeit dienen.

Der Verfasser stellt erstmalig umfassend die relevanten Verfahren zur Absatzschätzung im Produktinnovationsprozeß zusammen, wobei der eigentliche Innovationsprozeß auf die Identifikation von Innovationschancen aufgrund der Analyse von bestehenden Produkten erweitert wird.

Der mit diesen Verfahren verbundene Informationsbedarf wird ermittelt und die entsprechenden Informationsquellen werden lokalisiert. Die daraus resultierenden Anforderungen an eine Informationssystemunterstützung werden analysiert und bestehende Informationssysteme auf ihre Realisationsmöglichkeiten überprüft. Das sich anbietende Marketing-Informationssystem muß jedoch eine Erweiterung in Hinblick auf eine Wissensverarbeitung erfahren, um den gestellten Ansprüchen gerecht werden zu können.

Die theoretisch ermittelte optimale Informationsversorgung soll schließlich mit der praktizierten Informationsnutzung verglichen werden. Um den tatsächlichen Einsatz von Informationen zu Absatzschätzungen in Unternehmungen zu ermitteln, werden empirische Studien über Marketing-Informationssysteme hinzugezogen.

---

[9]   Vgl. Moormann, Portfolioanalyse/S. 183.

Zur Validierung dieser Analyseergebnisse wird zusätzlich eine selbst-
durchgeführte empirische Studie zur Informationsversorgung im Innovationsprozeß mit ihren Ergebnissen vorgestellt. Aufgrund der ermittelten Schwachstellen und Informationspotentiale erfolgt eine Konzeption von Lösungsvor-
schlägen, um die Informationsversorgung im Innovationsprozeß stufenweise zu
verbessern und letztendlich eine Beurteilung der Absatzentwicklung im
Produktinnovationsprozeß mittels wissensbasierter Marketing-Informationssysteme zu realisieren.

1.3 Aufbau der Arbeit

Nach dieser Einführung wird im zweiten Teil der Arbeit der Begriff der Produktinnovation umfassend erläutert und abgegrenzt. Die zunehmende Relevanz
von Produktinnovationen für Unternehmungen wird sowohl aus volkswirtschaft-
licher Sicht im Hinblick auf technischen Fortschritt und wirtschaftliches Wachstum[10] wie auch aus betriebswirtschaftlicher Sicht in Form von Wettbewerbsvor-
teilen und Vorsprungsgewinnen[11] verdeutlicht. Die Aufgaben des Produktinno-
vationsmanagements, die besonderen Probleme von Produktinnovationen in
bezug auf Unsicherheiten und Unwägbarkeiten werden ebenso dargestellt, wie
die daraus resultierenden Entscheidungsprobleme, insbesondere das Hauptentscheidungsproblem, Produktinnovationen weiter zu betreiben bzw. zu forcieren oder zu stoppen (Go or no). Im Vordergrund steht hierbei das ständige Ab-
wägen von Entwicklungs- und Vermarktungskosten zu potentiell erzielbaren
Erlösen.

Im dritten Teil der Arbeit werden verschiedene Problemlösungsansätze zur Reduzierung von Unsicherheiten und zur Entscheidungsunterstützung bei der Go
or no-Entscheidung vorgestellt. Erste Impulse für eine Produktinnovation liefert
die Analyse des Absatzes von bestehenden Produkten. Mittels ex-ante und ex-
post Absatzprognosen kann die zukünftige Absatzentwicklung dieser Produkte
beurteilt werden. Mögliche Absatzprognoseverfahren werden hierzu in ihrer
Systematik, ihrer Anwendung und ihrer Methodik vorgestellt. Diesem Teil
schließt sich die Darstellung der Theorie des Produktlebenszyklus und die
Diskussion um ihr Aussagepotential im Rahmen einer umfassenderen Absatzschätzung bzw. -beurteilung an. Quantitative und qualitative Merkmale zur
Phasencharakterisierung werden vorgestellt und ihr Einfluß auf die Absatzent-

---

[10] Gierl/Die Analyse des Produkt-Lebenszyklus/S. 4.

[11] Schewe/Die Innovation im Wettbewerb/S. 968.

wicklung beurteilt. Aufgrund der Ergebnisse dieser Absatzanalysen erfolgt im negativen Fall die Suche nach neuen Problemlösungen. Erste Absatzprognosen basieren im Planungsstadium einer Produktinnovation auf verschiedenen Erfolgs- und Mißerfolgsfaktoren. Nach einigen Ausführungen über Determinanten der Erfolgsmessung bei Produktinnovationen, werden einige empirische Untersuchungen zur Ermittlung dieser Faktoren kurz vorgestellt, bevor vertiefend auf die einzelnen Erfolgs-/ Mißerfolgsfaktoren eingegangen wird. Die Beurteilung der Absatzentwicklung von Produktinnovationen setzt sich mit Diffusionsmodellen fort. Eine Darstellung des Adoptionsprozesses, differenziert nach privaten Konsumenten und Organisationen, bietet einen Einstieg in die einzelnen Verfahren. Diffusionsmodelle für Erstkäufer werden ebenso in ihren Varianten vorgestellt wie Diffusionsmodelle für Erst- und Wiederholungskäufer. Eine besondere Bedeutung besitzen in diesem Zusammenhang Produkttests, die daraufhin erläutert werden.

Im vierten Teil dieser Arbeit wird ein Anforderungsprofil für eine leistungsfähige Informationsversorgung im Produktinnovationsprozeß aufgrund der vorgestellten Ansätze zur Beurteilung der Absatzentwicklung vorgestellt. Gegliedert nach Daten und Datenbank, Modell- und Methodenbank sowie Wissen und wissensbasiertem System werden Mindestanforderungen erarbeitet und Ansprüche an ein Informationssystem ermittelt. Das Ursprungsmodell für Marketing-Informationssysteme von Montgomery/Urban[12] wird um eine wissensbasierte Komponente erweitert, die es ermöglicht, die speziellen Anforderungen zu erfüllen. Das im vierten Teil der Arbeit entwickelte Anforderungsprofil soll im fünften Teil der Arbeit mit der vorhandenen Informationsversorgung im Innovationsprozeß verglichen werden. Ein erster Einblick wird durch die umfassende Analyse verschiedener Sekundärquellen ermöglicht. Zur Ergänzung und zur empirischen Validierung der Literaturangaben wurde eine Untersuchung über die Informationsversorgung im Innovationsprozeß im nordhessischen Raum durchgeführt. Die aus dieser Erhebung resultierenden Ergebnisse werden dargestellt. Aufgrund der vorhandenen Diskrepanz des entwickelten Anforderungsprofils und der tatsächlich realisierten Informationsversorgung, erfolgt im sechsten Teil der Arbeit eine Bewertung für eine wissensbasierte Komponente für ein Marketing-Informationssystem, eine Analyse der Realisations- und Integrationsmöglichkeiten und ein Ausblick auf Weiterentwicklungsmöglichkeiten.

---

[12] Montgomery; Urban/Management Science in Marketing/S. 364.

2 Produktinnovationen und ihre Bedeutung für die Unternehmung

2.1 Definition von Innovationen

" An innovation is an idea, practice, or object that is perceived as new by an individual or other unit of adoption. "[13]

Neuartige Produkte oder Verfahren, die eine Unternehmung erstmalig in den Markt oder in den Betrieb (in Produktion oder Administration) einführt, werden als Innovationen bezeichnet.[14] Es spielt dabei keine Rolle, ob die Neuartigkeit objektiv gesehen vorhanden ist.[15] Vielmehr ist eine Innovation beispielsweise ein Produkt, welches von einem Anbieter mit Produkteigenschaften ausgestattet ist, die für die Gesamtheit aller relevanten Konsumenten im Zusammenhang mit einer Nutzenerwartung subjektiv neu sind.[16] Die Neuheit in einer Innovation beinhaltet nicht zwangsweise neues Wissen. Jemand kann schon geraume Zeit von einer Innovation gewußt haben, ohne eine ablehnende oder zustimmende Haltung einzunehmen, noch sie zu adaptieren oder zurückzuweisen. Der Neuheitsaspekt einer Innovation läßt sich als Ergebnis aus Wissen, Überzeugung und der Entscheidung zur Übernahme durch eine Person oder eine Gruppe ausdrücken. Der Begriff Innovationen umfaßt nicht nur technisch definierte, sondern auch soziale und vertragliche Innovationen.

Als Produktinnovation bezeichnet man die "Einführung eines Produktes auf dem Markt, das bisher nicht im Produktionsprogramm der einführenden Unternehmung enthalten war".[17] Davon ist der Begriff der Produktmodifikation abzugrenzen, der die Veränderung von Nutzenkomponenten eines im Absatzprogramm einer Unternehmung bereits vorhandenen Produktes umschreibt.[18]
Aus Herstellersicht lassen sich in Abhängigkeit von Neuheitsgrad der Produktinnovation weiterhin drei Haupttypen von Produktinnovationen unterscheiden, die hinsichtlich Unsicherheitspotential und Risiko differenzieren:

---

[13] Rogers/Diffusion of Innovations/S. 11.

[14] Vgl. Hauschild/Innovationsmanagement/Sp. 1029.

[15] Vgl. Rogers/Diffusion of Innovations/S. 11.

[16] Vgl. zur Definition "Produkt" Brockhoff/Produktpolitik/S.3.
      Vgl. zur Definition "Produktinnovation" Rogers/Diffusion of Innovations/S. 11.

[17] Vgl. Köhler/Informationsverhalten/1972/S. 31.

[18] Vgl. Nieschlag; Dichtl; Hörschgen/Marketing/S. 203.

◆ Produktdiversifikation,

◆ Betriebsneuheit,

◆ Marktneuheit.

"Produktinnovation" bezeichnet sowohl den Prozeß der Hervorbringung als auch das Ergebnis dieses Prozesses. Eine besondere Stellung nimmt dabei die Frage ein, wie lange eine Produktinnovation eine Produktinnovation bleibt. In dieser Arbeit wird ein Produkt beginnend mit der ersten Produktidee, über die Produktentwicklung, den Produkttest bis einschließlich einer erfolgten Markteinführung als Produktinnovation bezeichnet.[19] Während dieser Zeit spricht man auch von einem Produktinnovationsprozeß.

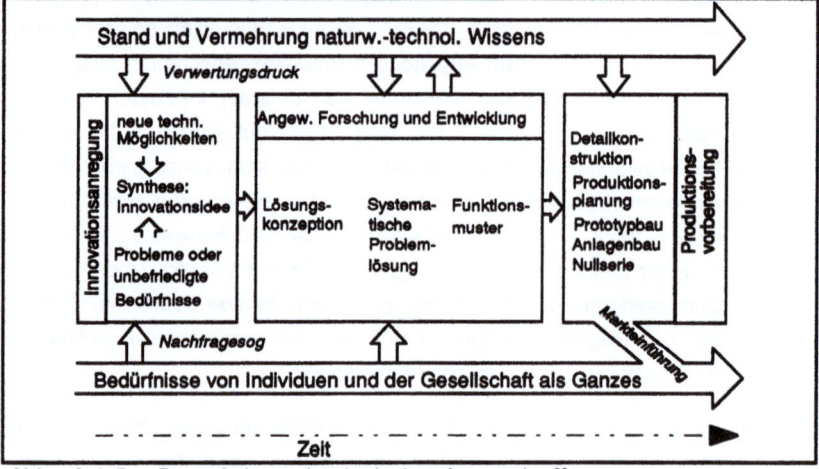

Abb. 2-1: Der Prozeß der technologischen Innovation[20]

Der Innovationsprozeß vollzieht sich nicht bei jeder Innovation identisch, dies liegt in den unterschiedlichen Eigenschaften der Innovationen begründet. Diese Eigenschaften bestimmen den Lebenslauf einer Innovation und beeinflussen die Adoption des Konsumenten. Eine erfolgreiche Innovation ist durch eine schnelle Diffusionsrate und einen hohen Grad an Akzeptanz gekennzeichnet.[21] Rogers nennt fünf Komponenten, die die Adoptionsrate beeinflussen können:

---

[19]   In Anlehnung an Geschka/Innovationsmanagement/S. 823.

[20]   Geschka/Innovationsmanagement/S. 824.

[21]   Vgl. Urban/SPRINTER MOD III/S. 811.

Nutzen, Kompatibilität, Komplexität, die Möglichkeit der Erprobung und Wahrnehmbarkeit.[22]

Der relative Nutzen gibt an, inwieweit eine Innovation besser ist als ihre Vorgänger. Der Nutzen kann aufgrund eingesparter Kosten durch größere Ergiebigkeit, längere Lebenszeit, höhere Produktivität gemessen werden, jedoch spielen auch subjektive Größen wie soziales Prestige und Modebewußtsein, Geschmack, Bequemlichkeit oder Zufriedenheit ebenfalls häufig eine Rolle. Es handelt sich somit um eine Kombination aus objektivem und subjektivem Nutzen, wobei sich der Adoptionsprozeß, d.h. die Akzeptanz und Übernahme durch die Konsumenten, mit zunehmendem Nutzen beschleunigt.[23]

Die Eigenschaft der Kompatibilität befaßt sich mit der Verträglichkeit zu bestehenden Werten, Erfahrungen und den Bedürfnissen potentieller Konsumenten. Eine Idee, die sich mit dem Wertesystem als nicht verträglich erweist, hat eine sehr viel geringere Adoptionsrate als bei vorhandener Kompatibilität.[24] Als Produkte mit regional stark schwankender und zum Teil sehr geringer Kompatibilität erwiesen sich bekanntermaßen Antikonzeptiva.

Die Komplexität bezeichnet die Schwierigkeiten, die mit der Verständlichkeit und dem Gebrauch einer Innovation verbunden sind. Einige Innovationen sind leicht verständlich und werden rasch adoptiert, andere sind komplizierter und werden langsamer übernommen.[25]

Die Möglichkeit der Erprobung beinhaltet, inwieweit eine Innovation in Teilen umgesetzt werden kann. Neue Ideen, die in der Einführungsphase teilweise eingesetzt werden können, werden stärker und schneller übernommen als solche, die sich nur aufgrund eines Umstellungsprozesses im ganzen verwirklichen lassen.[26]

Die Wahrnehmbarkeit der Innovation beinhaltet schließlich die Eigenschaft, inwieweit ihre Ergebnisse für andere sichtbar ist. Je einfacher es für Individuen ist, die Resultate bzw. Vorteile der Innovation zu bemerken, um so eher werden sie sie adoptieren.[27]

---

[22] Vgl. Rogers/Diffusion of Innovations/S. 14 - 16 und S. 210 ff.

[23] Relative Advantage: vgl. hierzu Rogers/Diffusion of Innovations/S. 15.

[24] Compatibility: vgl. hierzu Rogers/Diffusion of Innovations/S. 15.

[25] Complexity: vgl. hierzu Rogers/Diffusion of Innovations/S. 15.

[26] Trialability: vgl. hierzu Rogers/Diffusion of Innovations/S. 15 f.

[27] Observability: vgl. hierzu Rogers/Diffusion of Innovations/S. 16.

Andere Ansätze berücksichtigen weitere Faktoren. Mohr fügt als weiteres Kriterium den Ausreifungsgrad einer Innovation hinzu.[28] Lutschewitz und Kutschker verwenden in ihrer Untersuchung sogar sieben Kriterien, mit denen ein in-
novatives Investitionsgut beschrieben werden kann.[29] Im einzelnen sind dies:
Komplexität, Innovationsgrad, technische Neuartigkeit, organisatorische Probleme, Auftragswert, Risiko und relativer Vorteil.[30] In den folgenden Ausführungen sollen die sieben Eigenschaften einer Produktinnovation Berücksichtigung finden, die die stärkste empirische Relevanz aufweisen.

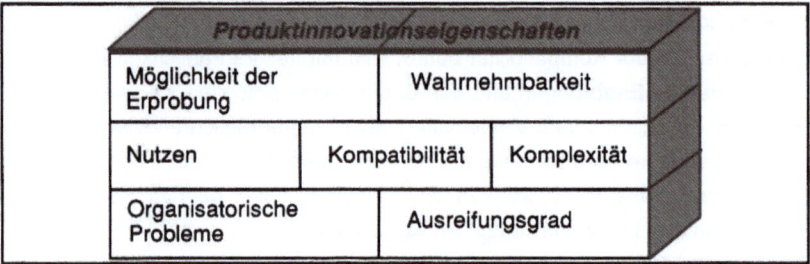

Abb. 2-2: Eigenschaften einer Produktinnovation[31]

2.2 Ansätze zur Innovationstheorie

2.2.1 Volkswirtschaftliche Innovationstheorie

Innovationen werden im allgemeinen als technologische Innovationen angese-
hen.[32] Innovationen müssen jedoch nicht unbedingt oder ausschließlich aus
neuen technischen Komponenten bestehen.
Die Bedeutung sozialtechnischer Innovationen wie neue, durch menschliches
Verhalten geprägte Dienstleistungen wird meistens tendenziell unterschätzt.[33]
Darüber hinaus gibt es aber auch Innovationen, die lediglich Informationsgehalt

---

[28] Vgl. Mohr/Bestimmungsgründe/S. 45.

[29] Vgl. Lutschewitz; Kutschker/Die Diffusion von innovativen Investitionsgütern/S. 122 - 129.

[30] Vgl. zu weiteren Untersuchungen Höft/Lebenszykluskonzepte/S. 49 - 51.

[31] Eigene Darstellung des Verfassers

[32] Vgl. Bridges; Coughlan; Kalish/New technology adoption/S. 257.

[33] Vgl. Trommsdorf/Innovationsmarketing/S. 179.

besitzen, z.B. bestimmte politische Philosophien, Bewegungen wie New Age oder Managemententwicklungen wie Management by objectives.[34]

Volkswirtschaftliche Bedeutung wird in erster Linie jedoch den technologischen Innovationen beigemessen, wobei diese zumeist mit technischem Fortschritt gleichgesetzt werden.[35] Technischer Fortschritt gilt als wichtiger Faktor zur Befriedigung der menschlichen Bedürfnisse, Steigerung des Volkseinkommens und der Arbeitsproduktivität sowie zur Aufrechterhaltung der Wettbewerbsfähigkeit der Unternehmungen[36] in nationaler und internationaler Hinsicht. Unter gesamtwirtschaftlichen Wachstumsaspekten lassen sich mehrere Innovationskategorien unterscheiden:[37]

- ◆ Die marktexpansiven Innovationen, z.B. Haushaltselektronik und Kabelfernsehen.
- ◆ Die substitutiven Innovationen, z.B. die Verwendung anderer Rohstoffe.
- ◆ Die rationalisierenden Innovationen mit der Konsequenz eines geringeren Sachmittel- oder Personaleinsatzes.
- ◆ Die marktreduzierenden Innovationen, z.B. Mehrzweck- gegenüber Einzweckgeräten.

Die Lehre vom dynamischen Unternehmer setzt sich schwerpunktmäßig mit Innovationen auseinander. Aus ihr folgt die Notwendigkeit von Innovationen, wenn eine Unternehmung langfristig erfolgreich sein will.[38] Diese These Schumpeters gründet sich auf die Annahme, daß sich der Innovator für einen gewissen Zeitraum in einer monopolistischen Situation befindet.[39] Das Innovationsmonopol erlaubt es ihm, Pioniergewinne zu erwirtschaften, die die durchschnittlichen Gewinne übersteigen. Die Erwirtschaftung von Pioniergewinnen führt jedoch auch dazu, daß Wettbewerber auf die Innovation aufmerksam werden und versuchen, mit einem ähnlichen oder sogar gleichen Produkt nachzuziehen.[40] Der Pioniergewinn besitzt somit eine Anreizfunktion zur Imita-

---

[34] Vgl. Bierfelder/Innovationsmanagement/S. 7.

[35] Vgl. Bridges; Coughlan; Kalish/New technology adoption/S. 258.

[36] Vgl. Assmus/New Product Forecasting/S. 121.

[37] Vgl. Tietz/Innovation von Produkten/S. 996.

[38] Vgl. Bridges; Coughlan; Kalish/New technology adoption/S. 257.

[39] Vgl. Schumpeter/Konjunkturzyklen/S. 94,
Schumpeter/Entwicklung/S. 98.

[40] Vgl. Schewe/Die Innovation im Wettbewerb/S. 968.

tion.[41] Die Industrieökonomik setzt sich unter anderem mit dem Auftreten von Imitatoren in einer dynamischen Industrieanalyse[42] und der Wettbewerbstheorie[43] auseinander. Das Auftreten von Imitatoren ist mit Auswirkungen auf den wirtschaftlichen Erfolg des Innovators verbunden. Nur bei stark wachsenden Märkten, bei denen die Nachfrage durch die Hersteller nur schwer zu befriedigen ist, kommt es zu keinen Ertragseinbußen durch das Auftreten von Imitatoren.[44] Um dauerhaft erfolgreich zu sein, muß ein Innovator Maßnahmen ergreifen, die potentiellen Imitatoren den Markteintritt erschweren sollen.[45] Das generelle wettbewerbspolitische Problem des Aufbaus von Markteintrittsbarrieren wird in verschiedenen industrieökonomischen Studien behandelt, die im wesentlichen zwischen Barrieren unterscheiden, die sich aus den strukturellen Gegebenheiten einer Branche ergeben bzw. die aus dem strategischen Verhalten einer Unternehmung resultieren.[46] Untersuchungseinheit der Industrieökonomik ist zwar ein höheres Aggregat (Branche, Region, Sektor) als die einzelne Unternehmung in der Betriebswirtschaftslehre, trotzdem gibt es deutliche Überlappungen z.B. bei der Untersuchung der Erfolgsbedingungen für industrielle Innovationen und der betriebswirtschaftlichen Erforschung von Produktinnovationen.[47]

2.2.2 Betriebswirtschaftliche Innovationstheorie

In der Betriebswirtschaftlehre unterscheidet man drei Hauptansätze der Innovationstheorie. Im *institutionsorientierten Ansatz* werden unter anderem die Unternehmerfunktionen[48], der verfügungsrechtliche Ansatz[49] und ein integrier-

---

[41] Vgl. hierzu die empirischen Befunde bei Mansfield/Rate of Imitation/S. 754; Yip/Barriers to Entry/S. 35 ff. oder Schwalbach/Entry by Diversified Firms/S. 46 ff.

[42] Vgl. Kaufer/Innovationspolitik,
Majer/Industrieforschung,
Servatius/Technologiemanagement.

[43] Vgl. Porter/Competitive Advantage,
Kirsch/Planung und Organisation,
Scherer/Market Structure.

[44] Vgl. zur Einführung von Videospielen o.V./Marktinfarkt im Monopol/S. 22 - 25.

[45] Vgl. Schewe/Die Innovation im Wettbewerb/S. 968.

[46] Vgl. Schwalbach/Markteintrittsverhalten/S. 714,
Minderlein/Markteintrittsbarrieren/S. 156,
Dockner; Jörgensen/Optimal Adverting Policies/S. 127 f.

[47] Trommsdorff/Innovationsmarketing/S. 181 f.

[48] Vgl. Schneider/Allgemeine Betriebswirtschaftlehre.

[49] Vgl. Picot/Techniken der Bürokommunikation.

ter institutions- und organisationsorientierter Ansatz[50] subsumiert, wobei in diesem Ansatz unter anderem die Problematik von Marktbarrieren Berücksichtigung findet.

Im *neoklassisch-produktionsorientierten Ansatz* werden Anbieter-Technologien in Form von Produktionsfunktionen[51] berücksichtigt und die Organisation betrieblicher Leistungserstellung[52] betrachtet. Hierunter ist unter anderem die Fragestellung zu zählen, in welcher Ausprägung welche betrieblichen Kontextfaktoren die Innovationsaktivitäten von Unternehmungen prägen.[53] Für Produktinnovationen besitzt dieser Ansatz insbesondere in Hinsicht auf die Organisation und Sicherstellung von innovationsrelevanten Informations- und Kommunikationsflüssen in Unternehmungen besondere Bedeutung.[54] Das Innovations- und Informationsverhalten ist jedoch ebenfalls dem entscheidungsorientierten Ansatz zuzuordnen.

Im *entscheidungsorientierten Ansatz* wird zwischen dem formal-logischen Ansatz[55] und dem verhaltensorientierten Ansatz[56] unterschieden. Zur Beurteilung von Produktinnovationen wird beispielsweise als formal-logische Beschreibung das Marktreaktionsmodell des Produktlebenszyklus herangezogen. Zur Erklärung des Erstkäuferverhaltens wird im allgemeinen das dichotome Verhalten von Innovatoren und Imitatoren angeführt.[57] Auf dieser Basis liefert die Theorie der Diffusion verschiedene Ansätze zum heterogenen Kaufverhalten der Konsumenten. Ein weiterer, wichtiger verhaltensorientierter Ansatz liegt im Management von Neuerungen begründet.

---

[50] Vgl. Bierfelder; Höcker/Neuerungsmanagement, Hinterhuber/Innovationsdynamik, Schertler/Unternehmensorganisation.

[51] Vgl. Gold/Technological Change, Rosegger/Economics of Production.

[52] Vgl. Albach/Wachstumsschwellen, Gutenberg/Unternehmenstheorie.

[53] Vgl. Staudt; Bock; Mühlmeyer/Innovationsverhalten/S. 990.

[54] Vgl. Staudt; Bock; Mühlmeyer/Innovationsverhalten/S. 990.

[55] Vgl. Baumberger; Gmür; Käser/Übernahmen von Neuerungen, Hansmann/Industriebetriebslehre.

[56] Vgl. Gabele/Management von Neuerungen.

[57] Vgl. Tanny; Derzko/Innovators and Imitators/S. 225.

Markteröffnungsstrategien[58] und die Entwicklung optimaler Preis-[59] und Werbestrategien[60] für Innovationen und die entsprechende Reaktion der potentiellen Konsumenten[61] bestimmen über den Erfolg von Produktinnovationen. Ein besonderes Problem bildet dabei die Vorhersage der Absatzentwicklung aufgrund der mit ihr verbundenen Unsicherheiten.[62]

2.3 Produktinnovationsmanagement

In der Vergangenheit kamen Produktinnovationen häufig zufällig zustande. Erfinder- und Unternehmerpersönlichkeiten zeichneten für die Realisierung verantwortlich. Aufgrund der heutigen Wirtschaftsdynamik und Marktsituation müssen Produktinnovationen systematisch geplant, initiiert und durchgesetzt werden. Produktinnovationsmanagement bezieht sich daher auf den gesamten Prozeß der Entstehung und Realisierung einer Produktinnovation. Das Produktinnovationsmanagement ist systematisch mit der strategischen Unternehmungsführung zu verknüpfen.[63] Die organisatorische Eingliederung der Innovationsaktivitäten ist nicht eindeutig abzugrenzen. Sowohl Entwicklung wie auch Produktion und Marketing stehen bei der Planung und Realisierung von Innovationen in einem engen Kontakt. Empirisch gesichert ist die Einsicht, daß der Erfolg von Produktinnovationen insbesondere durch das Zusammenspiel zwischen Marketingabteilung einerseits und Forschungs- und Entwicklungsarbeit andererseits bestimmt wird.[64] Aufgrund der starken Bedeutung diverser Marktinformationen während aller Prozeßphasen bietet sich die organisatorische Ansiedlung des Innovationsmanagements und des dazugehörigen Informationssystems im Marketing an.

---

[58] Vgl. Schmalen/Marktöffnungsstrategien/S. 1197,
      Robinson/Product Innovation/S. 1287 f.,
      Kalish; Lilien/A Market Entry/S. 194.

[59] Vgl. Kalish/A New Product Adoption/S. 1569 - 1585.

[60] Vgl. Dockner; Jörgensen/Optimal Advertising Policies/S. 119 - 130,
      Horski; Simon/Advertising/S. 1f.

[61] Vgl. Nakanishi/Advertising and Promotion Effects/S. 242 - 249.

[62] Vgl. Heeler; Hustad/Problems in Predicting/S. 1007,
      Kalish/A New Product Adoption/S. 1569,
      Mamer; McCardle/Uncertainty/S. 161 ff.

[63] Hauschild/Innovationsmanagement/Sp. 1030.

[64] Vgl. hierfür beispielsweise Rothwell; Freeman; Horsley et al./Sappho updated/S. 258 - 291.

2.3.1 Produktinnovationsmanagement und strategische Marketingplanung

Obwohl der Terminus "Marketing" in jeder Unternehmung eine wichtige Rolle spielt, ist der Begriff nicht eindeutig festgelegt. Zu einer ersten Definition gelangt man, wenn man von der Überlegung ausgeht, daß der Unternehmungserfolg vom Absatzmarkt abgeleitet werden kann. Marketing wird als bewußt marktorientierte Führung der gesamten Unternehmung angesehen.[65] Dabei sollen die Kundenbedürfnisse dauerhaft befriedigt und die Unternehmungsziele im gesamtwirtschaftlichen Güterversorgungsprozeß verwirklicht werden. Eine weiter gefaßte Definition bietet die American Marketing Association (AMA) aus dem Jahre 1985.

"Marketing is the process of planning and executing the conception, pricing, promotion and distribution of ideas, goods and services to create exchanges that satisfy individual and organizational objectives."[66]

Gegenstand der Marketing-Theorie ist das marktbezogene Entscheidungsverhalten von Institutionen, Gruppen und Personen. Im weitesten Sinne bezieht die allgemeine Marketing-Theorie ihre Aussagen auf Verhaltenssysteme. Als offene Systeme stehen diese mit ihrer Umwelt in einem dauernden Austausch von Informationen, Materie und Energie. In solchen Systemen dominiert die Absicht, menschliche Verhaltensweisen zu beeinflussen bzw. zu steuern.

In der Regel ist die betriebswirtschaftliche Marketing-Theorie auf ein wesentlich engeres und spezifischeres Problemfeld ausgerichtet. Sie befaßt sich mit dem Absatz, d.h. dem Tausch von Gütern gegen Entgelt. Die Aussagen konzentrieren sich auf die Steuerung und Regelung einer speziellen Klasse von Markttransaktionen, nämlich kommerzielle Transaktionen.[67] Die betriebswirtschaftliche Marketing-Theorie untersucht, wie kommerzielle Transaktionen geschaffen, stimuliert, durchgeführt und bewertet werden. Dabei steht nicht das konkrete Absatzergebnis im Vordergrund, sondern die Einflußgrößen, welche den Absatz der Unternehmung und seine Höhe bestimmen.

---

[65] Vgl. Meffert/Marketing/S.29.

[66] Vgl. Meffert/Marketing/S.31.

[67] Vgl. Meffert; Steffenhagen/Marketing-Prognosemodelle/S. 1.

Der Markt als realer[68] oder fiktiver Ort[69], an dem das Angebot an und die Nachfrage nach bestimmten Leistungen aufeinandertreffen,[70] ist dabei ein komplexes, offenes und dynamisches System von unterschiedlich motivierten Personen und Organisationen, die durch Austausch- und Kommunikations-handlungen miteinander verbunden sind.[71] Auf das Marketing der Unterneh-mung wirken verschiedene exogene Größen aus dem Unternehmungsumfeld.

Abb. 2-3: Marketing im Unternehmungsumfeld[72]

Im folgenden wird unter einem Markt ein klar bestimmter Produkt-Markt-Be-reich verstanden, d.h. ein bedürfnismäßig und geographisch abgegrenzter Markt.[73] Marketing-Management schließt die Professionalisierung der Durchführung von Austauschprozessen ein; im besonderen bezieht es sich auf die Steuerung und Regelung kommerzieller Markttransaktionen.[74] Im Mittelpunkt steht das marktorientierte, zielgerichtete Entscheidungsverhalten von Unternehmungen. Marketing-Management bedeutet hier Planung, Durchführung und Kontrolle aller auf die aktuellen und potentiellen Märkte

---

[68] Darunter sind auch elektronische Märkte im Sinne elektronischer Koordinationsmechanismen für Austauschprozesse zu subsumieren.

[69] Hierunter fallen Unternehmungen im Konzernverbund und plangebundene Wirtschaftssysteme. Vgl. dazu Frese/Organisationstheorie/S. 1.

[70] Vgl. Nieschlag; Dichtl; Hörschgen/Marketing/S. 1013.

[71] Vgl. Kotler/Marketing Management/S. 135 ff.

[72] In Anlehnung an Gaul; Both/Computergestütztes Marketing/S. 6.

[73] Vgl. Jucken/Expertensysteme/S.58.

[74] Vgl. Meffert; Steffenhagen/Marketing-Prognosemodelle/S. 2.

ausgerichteten Unternehmungsaktivitäten.[75] Durch den kundengerechten und koordinierten Einsatz absatzpolitischer Instrumente (Produkt, Preis, Kommunikation und Distribution) sollen einerseits die Kundenbedürfnisse dauerhaft befriedigt und andererseits die Unternehmungsziele verwirklicht werden. Eine marktorientierte Führung ist in ihrem Entscheidungsverhalten von bestimmten Ausprägungen der Märkte bzw. von den Umweltbedingungen abhängig.

2.3.1.1 Historische Entwicklung der strategischen Marketingplanung

Seitdem marktorientierte Unternehmungsführung praktiziert wird, also ab der zweiten Hälfte des 19.Jahrhunderts, sind vier Entwicklungsphasen zu erkennen:[76]

◆ Phase der Produktorientierung,
◆ Phase der Verkaufsorientierung,
◆ Phase der Kundenorientierung,
◆ Phase des strategischen Marketings.

Die Phase der Produktorientierung reichte in Europa bis in die 50er Jahre. Geprägt war diese Phase durch Massenproduktion. Die Nachfrage war größer als das Angebot, so daß die Produkte sich "von allein" verkauften. Die Herstellung billiger Massenkonsumgüter des Ge- und Verbrauchs diente schließlich auch dazu, den enormen Nachholbedarf der Bevölkerung in Nachkriegszeiten zu befriedigen. Es bestand ein Konsens zwischen persönlichen und gesellschaftlichen Zielen.[77] Das Hauptinteresse der Unternehmungsführung bestand in der Nutzbarmachung von Degressionseffekten, der Beschaffung von Rohstoffen und einer rationellen Produktion. Es bestand keine zwingende Notwendigkeit für eine Planung von Produktinnovationen sondern eher für Verfahrensinnovationen.

In den 60er Jahren begann die Wandlung des typischen Verkäufermarktes zum Käufermarkt. Die Verbesserung bzw. die Erweiterung der Produktion verlor an Bedeutung, vielmehr wurde der Absatzmarkt immer wichtiger. Die Ursachen dieser Wandlung waren einer ganzen Reihe von Faktoren zuzuordnen:[78]

---

[75] Vgl. Meffert/Marketing/S.31.
[76] Vgl. Meffert/Marketing/S.29.
[77] Vgl. Meffert/Strategische Unternehmensführung/S. 297.
[78] Vgl. Boos/Absatzprognose/S.3.

♦ in den wichtigsten Gebrauchsgüterkategorien kam es zu Sättigungser-
scheinungen,[79]

♦ durch ein verringertes Bevölkerungswachstum in Europa und Nordamerika
stagnierte das Konsumentenpotential,

♦ die Substitutionskonkurrenz nahm ständig zu.

Als Folge davon mußten die Verkaufsanstrengungen erhöht werden. Die Ideo-
logie des "push and pull" wurde geboren. Die Werbung und die Produktpolitik
wurden verstärkt, doch den Ausgangspunkt aller Planungsüberlegungen bildeten weiterhin die Produktions- und die Investitionspolitik. Produktinnovationen
gewannen an Bedeutung.

Die dritte Phase wurde in den USA eingeleitet. Das Güterangebot stieg ebenso
wie das frei verfügbare Einkommen der Konsumenten. Begleitet wurde diese
Entwicklung von einer Verkürzung der Produktlebenszyklen und einer Zunahme des Wettbewerbs auf internationaler Ebene, der durch die enormen
Wechselkursschwankungen begünstigt wurde. Es begann eine Orientierung am
Kunden, die sich in einer aggressiven Umwerbung der potentiellen Käufer äu-
ßerte. Die Hauptaufgabe der Unternehmungsführung war die systematische
Verhaltensbeeinflussung der Konsumenten, wobei die Konsumenten als homo-
gene Gruppe betrachtet wurden. Entsprechend dieser Denkweise konzentrier-
ten sich die Lösungsansätze auf partielle Bereiche, d.h. es wurde primär der
Produkt-Markt-Bereich betrachtet und die Umwelt weitgehend auf potentielle
Kunden sowie potentielle Konkurrenten reduziert.

Abgelöst wurde diese Phase durch weitgreifende Veränderungen in der Unternehmungsumwelt. Verschiedene Umstände brachten die gesamte Weltwirt-
schaft ins Ungleichgewicht:[80]

♦ Strukturelle und konjunkturelle Probleme aufgrund des Ölschocks von
1973 führten zu einer weltweiten Rezession und zwar in einem Maße, wie
sie seit den 30er Jahren nicht mehr bekannt war, und die zudem erstmalig
nahezu phasengleich in den wichtigsten Industriezweigen verlief.

♦ Das weltweite Überangebot an US-Dollar initiierte ein Auseinanderbrechen
des westlichen Währungssystems. Die Folge davon waren erhöhte Risiken
für die bis dahin durch eine unterbewertete Inlandswährung geschützte
Exportwirtschaft.

---

[79] Vgl. Meffert/Strategische Unternehmensführung/S. 297.

[80] Vgl. Albach/Unternehmensplanung.

♦ Nicht nur in den Entwicklungsländern, sondern auch in den Industrielän-
dern kam es zu einer zunehmenden sozialen und politischen Instabilität.
Damit verbunden war ein grundlegender Werte- und Einstellungswandel
großer Bevölkerungsteile im Kaufverhalten. Neue Informations- und Kom-
munikationstechnologien und ein steigendes Umweltbewußtsein bewirkten
bei den Konsumenten ein kritischeres und bewußteres Einkaufen.

Diese Entwicklungen führten in vielen Unternehmungen zu einer umfassenderen, auf alle Marktpartner und die Umwelt ausgerichteten Unternehmungspoli-
tik, die heute unter dem Stichwort "Strategisches Management" intensiv diskutiert wird. Es fordert insbesondere die Berücksichtigung:

♦ der Bemühungen um die Übereinstimmung zwischen Umwelt, Strategie
und interner Konfiguration (z.B. Führungssystem, Potentiale) sowie der
zeitlichen Abfolge des Anpassungsprozesses,

♦ eine Vielzahl neuer relevanter Variablen aus dem internen und externen
Bereich der Unternehmung sowie

♦ der Implementierung der strategischen Unternehmungs- bzw. Marketingplanung[81] und somit auch einer strategischen Planung von Produktinnovationen.

2.3.1.2 Aufgaben der strategischen Marketingplanung bei Produktinnovationen

Strategisches Marketing umfaßt den Orientierungsrahmen bzw. die Leitlinie für
taktisch-operative Marktbearbeitungsmaßnahmen.[82] Konkret geht es um das
Problem, welche Produkte in welchen Märkten mit welchen Marketingaktivitäten zu welchem Zeitpunkt vertrieben werden sollen.[83] So verstanden wird
strategisches Marketing häufig als Unternehmungsführungskonzeption bezeichnet, bzw. diskutiert.[84]

---

[81] Vgl. Meffert/Strategische Unternehmensführung/S. 5.

[82] Vgl. Becker/Steuerungsleistungen/S.189.

[83] Vgl. Meffert/Marketing und strategische Unternehmensführung/S. 661.

[84] Vgl. Raffeé, H./Grundformen und Ansätze/S. 5.
      Kirsch, W.; Trux, W./Vom Marketing/S. 43 - 63.

Dem strategischen Marketing liegen die folgenden Aufgabenkomplexe
zugrunde:

+ unternehmungsbezogene Aufgaben, d.h. eine Integration der unternehmungspolitischen Interessen aus der Sicht der absatzpolitischen Konzeption im Hinblick auf die zu erreichenden Unternehmungsziele,

+ gesellschaftsbezogene Aufgaben, d.h. im Rahmen der umweltbezogenen
  Aufgaben und innerhalb moralischer Werte und Normen die soziale Verantwortung des Marketing-Managements,

+ marktbezogene Aufgaben, d.h. die systematische Bedarfs- bzw. Verhaltensbeeinflussung der Nachfrager. Dabei lassen sich stark vereinfacht
  zwei Stoßrichtungen auf den Märkten verfolgen: zum einen die Durchdrin-
  gung und Ausschöpfung der vorhandenen Märkte mit vorhandenen Produkten (Intensivierung) und zum anderen die Entwicklung und Schaffung
  neuer Märkte mit neuen Produkten (Extensivierung),

Bei der Einführung neuer Produkte können u.a. folgende Ziele und daraus abgeleitete Strategien eingesetzt werden:[85]

+ Das Ziel des Marktabschöpfens
  Ein innovativer Unternehmer beschränkt sich darauf, einen Markt mit einem begrenzten Output zu hohen Preisen "abzuschöpfen" und überläßt
  den Markt dann den Nachahmern, die vergleichbare Waren zu niedrigen
  Preisen anbieten.

+ Das Ziel der Konkurrenzvermeidung
  Beim "Heruntertasten" auf der Nachfragekurve besteht das Ziel darin,
  durch rechtzeitiges Herabsetzen des Preises das Auftreten von Konkurrenten zu verhindern. Ziel ist die Abwehr von Konkurrenz durch niedrige Preise mit dem Effekt einer Vergrößerung bzw. Erhaltung des Marktanteils.

+ Das Ziel der Markteindringung
  Bei der Politik des raschen Markteindringens wird der Preis niedrig gesetzt,
  um in kurzer Zeit einen hohen Marktanteil zu erreichen und Konkurrenten
  von einer Tätigkeit im gleichen Markt abzuhalten.

+ Das Ziel temporärer Sonderangebote bei neuen Produkten
  Die zur Einführung neuer Produkte vorübergehend eingesetzten Sonderangebote sind als Sonderform der Eindringungspolitik aufzufassen.

---

[85] Vgl. Tietz/Marketing/S. 947.

Ein Hauptzweck der strategischen Marketingplanung besteht darin, durch die Erfassung wahrscheinlicher Entwicklungen und die vorausschauende Gestaltung von Maßnahmepaketen die Unsicherheit zukünftiger Entwicklungen zu bewältigen, Sachzwänge zu vermeiden und erfolgsträchtige Handlungsmöglichkeiten zu sichern.[86]

> *"Rapid environmental change and increasing uncertainty have put a premium on strategies that anticipate and shape events rather than simply respond to them."*[87]

Die Orientierung an langfristiger Erfolgssicherung bewirkt für die strategische Marketingplanung im Hinblick auf Produktinnovationen verschiedene wichtige Teilaufgaben:[88] Als erste Aufgabe stellt sich die Suche nach künftig möglichen Problemlösungsangeboten auf bestimmten Märkten (Beschreibung denkbarer Produkt-Markt-Kombinationen). Daran schließt sich die Bewertung und vorläufige Auswahl von Produkt-Markt-Kombinationen anhand erwarteter Nachfrage-, Wettbewerbs-, Technologie- und sonstiger Umweltmerkmale unter Beachtung der betrieblichen Kapazitäts-, Finanz- und Kostenbedingungen an. Weitere Aufgaben sind die synergetische Sicht mehrerer Geschäftsfelder und darauf aufbauend die Entwicklung längerfristiger, über mehrere Perioden abgestufter Marketing-Ziele. Der Entwurf von Maßnahmen-Programmen (grundlegenden Marketing-Mix-Konzeptionen), wobei unterschiedliche "Wenn-Dann-Bedingungen" im Zeitablauf zu berücksichtigen sind, baut auf den ermittelten Marketingzielen auf. Als unverzichtbare Aufgabe sind Zwischenkontrollen und Audits zur rechtzeitigen Gegensteuerung bei ungünstigen Abweichungen durchzuführen, und schließlich muß eine Verankerung dieser Teilaufgaben in einer dafür geeigneten Marketing-Organisation erfolgen.

---

[86] Vgl. Kühn/Planungssystematik/S.42.

[87] Vgl. Day/Strategic Market Planning.

[88] Vgl. Köhler/Strategisches Marketing/S.213.

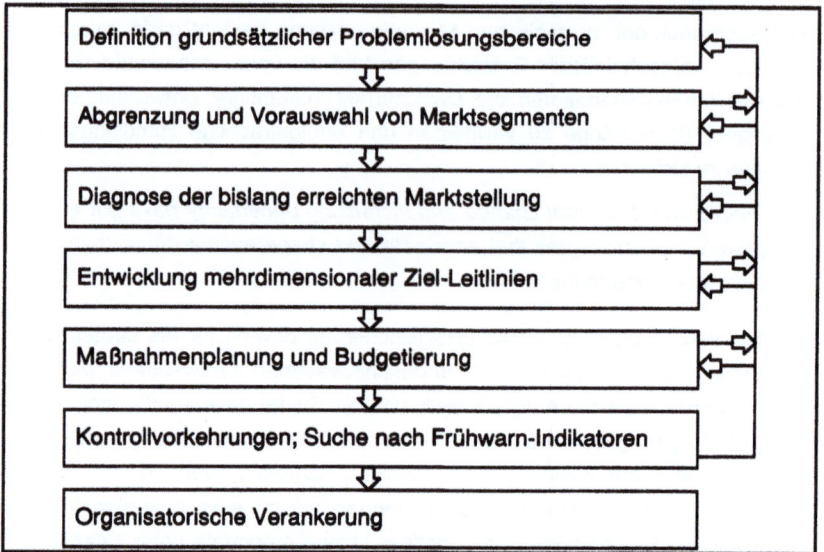

Abb. 2-4: Wesentliche Teilaufgaben der strategischen Marketingplanung[89]

Als Ergebnis der strategischen Marketingplanung ergibt sich ein mittel- bis langfristiger Rahmenplan, der für den Einsatz des Marketing-Mix als Ganzes Prioritäten setzt und Gestaltungsrichtlinien fixiert; kurz Marketingstrategie genannt.[90]

2.3.1.2.1 Künftig mögliche Problemlösungsangebote und Produkt-Markt-Kombinationen

Zur Sicherung von Erfolgspotentialen muß in regelmäßigen Zeitabschnitten überprüft werden, ob die Unternehmung mit ihren bisherigen Produkten und Marktbeziehungen im angestrebten Ausmaß wachsen oder ihre ökonomischen Ergebnisse zumindest stabilisieren kann. Erscheint dies ausgeschlossen, so wird die Suche nach neuen Problemlösungen durch Produktinnovationen, für bisherige oder zusätzliche Verwendergruppen vordringlich. Mittels Portfolio-Analysen werden üblicherweise Wettbewerbspositionen und Marktaussichten für Produkte oder "Geschäftsfelder" untersucht, über die eine Unternehmung bereits verfügt. Für das strategische Marketing muß zusätzlich erarbeitet werden, ob sich wesentliche Erfolgspotentiale auf bisher nicht bearbeiteten Gebie-

---

89 In Anlehnung an Köhler/Marketing-Management/S. 23.

90 Vgl. Kühn/Strategische Marketingkonzepte/S. 275.

ten ergeben könnten. Grundlegender Bestandteil des entsprechenden Planungsprozesses ist deshalb die Suche nach künftig in Betracht kommenden Betätigungsfeldern, in denen Produktinnovationen mit hohen wirtschaftlichen Erfolgsaussichten realisiert werden könnten.[91] Ein sehr verbreiteter Ansatz geht auf Ansoff zurück, der vier Möglichkeiten unterscheidet, wie ein zuerst in groben Umrissen abgesteckter Unternehmungsgegenstand in genauer faßbare Kombinationen von Käufer-Zielgruppen und Produkten aufgegliedert wird. Die zwei oberen Matrixfelder beschreiben die möglichen Orientierungsrahmen für Produktinnovationen, wobei nur ein verhältnismäßig allgemeines Grobraster vorgegeben wird.

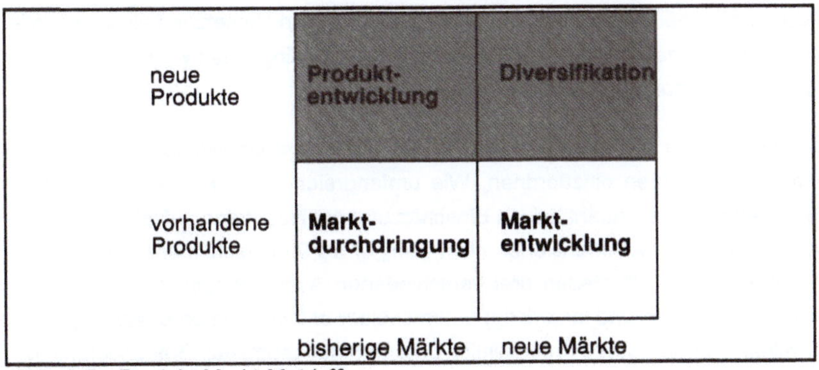

	bisherige Märkte	neue Märkte
neue Produkte	Produkt-entwicklung	Diversifikation
vorhandene Produkte	Markt-durchdringung	Markt-entwicklung

Abb. 2-5: Produkt-Markt-Matrix[92]

Ein anderer Vorschlag ist von Abell gemacht worden, mit dem systematische Suchschritte entsprechend den Merkmalsdimensionen "Nachfragergruppen", "Art der anzubietenden Problemlösung bzw. Funktionserfüllung" und "verwendbare Technologien" vorkonstruiert werden.[93] Die konkrete Unterteilung der Koordinaten ist dabei branchenabhängig. Für die Beurteilung von Produktinnovationen ist dabei besonders die Untergliederung der Dimension "Nachfragergruppen" interessant. Bei einer Unterteilung in Private Haushalte, Haushaltsübergreifende Gruppen (z.B. Vereine), Private Unternehmungen und Öffentliche Verwaltungen ist eine Differenzierung des zugrundeliegenden Kaufverhaltens möglich, die in den angewendeten Modellen berücksichtigt werden kann.

---

[91] Vgl. Geschka/Innovationsmanagement/S. 831.

[92] In Anlehnung an Ansoff/Corporate Strategy/S. 109.

[93] Vgl. Abell/Defining the Business.

2.3.1.2.2 Bewertung und Auswahl von Marktsegmenten

Nach der vorangegangenen Grobgliederung erfolgt in dieser Phase eine Fein-
gliederung der Klassen. So ist beispielsweise eine nähere Unterteilung des
ausgewählten Nachfragesektors "Private Haushalte" in "Kunde mit traditionel-
lem Kaufverhalten", "vorsichtiger Kunde" und "experimentierfreudiger Kunde"
denkbar, die durch sehr unterschiedliches Kaufverhalten gekennzeichnet
sind.[94] Um Marktsegmente mit relativ homogenen Käufergruppen zu erhalten,
sind umfangreiche Untersuchungen über die Nachfragerstruktur (tatsächliche
und potentielle Kunden, Segmentierungsmöglichkeiten) notwendig. Die
voraussichtlichen Konkurrenzverhältnisse[95], künftige Distributionsformen,
technologische Entwicklungen und ihre kommerzielle Umsetzbarkeit sowie poli-
tisch-gesellschaftliche und ökologische Rahmenbedingungen werden mit unge-
fährer Größenordnung berücksichtigt.

In diese Phase ist schwerpunktmäßig die Nutzung verschiedener Analyse- und
Prognoseverfahren einzuordnen. Wie umfangreich diese Phase ist, läßt sich
beispielhaft an der quantitativen Einschätzung der Nachfrage aufzeigen, bei der
nach Kotler in drei Dimensionen nicht weniger als 90 verschiedene Arten unter-
schieden werden.[96] Neben drei verschiedenen Ausprägungen der Dimension
Zeit (kurz-, mittel- und langfristig) unterscheidet er zwischen produktbezogenen
(Artikel, Produktklasse, Produktlinie, Unternehmungsumsatz, Branchenumsatz,
Umsatz des Gesamtmarktes) und räumlichen Ausprägungen (Kunde, Gebiet,
Region, Land, Welt).

2.3.1.2.3 Synergetische Sicht mehrerer Geschäftsfelder

Bei der Diagnose der bislang erreichten Marktstellung sind die sogenannten
strategischen Geschäftsfelder der Unternehmung anhand erfolgsbeeinflussen-
der Schlüsselfaktoren zu bewerten. Als strategische Geschäftsfelder bezeichnet man bestimmte Produkt-Markt-Kombinationen, die sich in nachfrage- und
wettbewerbsbedingten Erfolgseinflüssen sowie in der Kostensituation unterscheiden. Sind die einzelnen Geschäftsfelder weder zu global noch zu de-
tailliert gegliedert, ist unter Umständen aufgrund der diagnostizierten

---

[94] Vgl. dazu Rogers/Diffusion of Innovations/S. 22.
      Er unterscheidet zwischen Innovators; Early Adopters; Early Majority; Late Majority und
      Leggards.

[95] Vgl. Meffert/Konkurrenzstrategien/S.13-19.

[96] Vgl. Kotler/Marketing Management/S. 190.

Erfolgsmöglichkeiten ein neues, noch gar nicht realisiertes Geschäftsfeld erkennbar, das hohe Erfolgsaussichten verspricht.

2.3.1.2.4 Langfristige Stufenziele

Die Angabe von Zielvorstellungen für eine Reihe von Perioden ist ebenfalls Bestandteil der strategischen Marketingplanung. Es geht dabei nicht darum, eine faktisch gar nicht erreichbare Prognosegenauigkeit für längere Planungszeiträume zu ermitteln. Vielmehr dienen Zielangaben, die eine mehrperiodige Leitlinie bilden, als Grundlage für Zwischenkontrollen und damit für Frühindikatoren ungewollter Ergebnisabweichungen. Die zeitlichen Wirkungsbeziehungen zwischen mehreren Zielgrößen wie beispielsweise für den Zusammenhang zwischen Marktpenetration, Wiederkaufrate und erreichbarem Marktanteil müssen aufgezeigt werden. Im Falle einer Neuprodukteinführung müssen beispielsweise folgende Zielgrößen im Laufe der Zeit bestimmte Mindestausprägungen erreichen, damit Umsätze, Gewinn- und Renditebeiträge bzw. Cash-Flows in eine angestrebte Größenordnung hineinwachsen können:

- ◆ Bekanntheitsgrad des Produktes X,
- ◆ Kumulativer Käuferanteil,
- ◆ Wiederkaufrate.

Nach einem Vorschlag von Parfitt und Collins läßt sich aus den Größen "kumulativer Käuferanteil" und "Wiederkaufrate", wenn sie im Zeitablauf ein stabiles Niveau erreicht haben, der längerfristig zu erwartende Marktanteil abschätzen.[97]

2.3.1.2.5 Grundlegende Marketing-Mix-Konzeptionen

Mit der Auswahl bestimmter Zielmärkte und der Planung darauf zugeschnittener Problemlösungsangebote verbindet sich die Aufgabe, alle Marketing-Instrumente so aufeinander abzustimmen, daß ein konsistenter Gesamteindruck entsteht. Da nicht nur eine kurzfristige Anpassung an vorübergehende Situationsänderungen im Markt angestrebt wird, sondern grundlegende Gestaltungsmaßnahmen, handelt es sich um einen strategischen Aspekt. Die vorausschauende Annahme, daß die Umsätze und Deckungsbeiträge einer Produkt-Markt-Kombination bestimmten Lebenszyklusphasen folgen, ist in ein Leitlinienkonzept der Umsatz- und Deckungsbeitragsziele ebenso umzusetzen wie in phasenbezogene Gestaltungsvorhaben für das Marketing-Mix. Es gibt jedoch

---

[97] Vgl. Parfitt; Collins/Use of Consumer Panels/S. 131 ff.

kein generelles Rezept für die geeignetste Wahl des Marketing-Mix bei gegebenen Zielen und bestimmten Leitlinienverläufen.[98] Dafür ist die Vielfalt an si-
tuativen Besonderheiten und an Kombinationsmöglichkeiten der Maßnahmen
zu groß.

2.3.1.2.6 Strategische Kontrollen und Suche nach Frühwarn-Indikatoren

Abweichungen von Ziel-Leitlinien sollen erkennbar werden, um Gegensteuerungen zu ermöglichen. Nach Köhler lassen sich drei Klassen von möglichen
Frühwarninformationen unterscheiden:[99]

- ♦ unmittelbare Zwischenkontroll-Angaben über Abweichungen von einer
  Zielleitlinie,
- ♦ Indikatoren, die mittelbar auf die Entstehung künftiger Zielabweichungen
  hinweisen,
- ♦ schwache Signale, mit denen sich Diskontinuitäten ankündigen, die eine
  Anpassung der Ziele selbst und eine strategische Umorientierung erforderlich machen könnten.

Für die strategische Planung von Produktinnovationen bedeutet dies u.a. eine
ständige Kontrolle des Absatzes bisheriger Produkte, um Abweichungen von
Absatzzielen zu ermitteln, Wendepunkte oder Brüche im Absatzverlauf zu
identifizieren und Veränderungen in den Einflußfaktoren aufzuspüren. Auch
schwache Signale, Informationen aus dem Unternehmungsumfeld, deren Inhalt
noch relativ unstrukturiert ist, können Diskontinuitäten anzeigen, denen nicht
durch bloße Korrekturmaßnahmen im Rahmen einer bestehenden strategischen Grundausrichtung, sondern nur durch tiefergreifende Neuorientierungen
begegnet werden kann. Im Idealfall wird frühzeitig ein Innovationsbedarf ermittelt und eine wirtschaftlich erfolgversprechende Produktidee gesucht und ge-
funden. Darüberhinaus ist es notwendig, während des gesamten Produktinnovationsprozesses eine ständige Überprüfung von Ist- und Soll-Werten vorzunehmen, um notwendig werdende Gegensteuerungen einleiten zu können.

---

[98]   Vgl. Nieschlag; Dichtl; Hörschgen/Marketing/S.850.

[99]   Vgl. Köhler/Marketing-Management/Stuttgart/S. 39.

2.3.1.2.7 Organisatorische Verankerung der strategischen Marketingplanung

Die kurz angedeuteten Anforderungen an die strategische Marketingplanung lassen sich nur erfüllen, wenn die entsprechenden Zuständigkeiten in der betrieblichen Organisation angemessen berücksichtigt und eingegliedert sind.[100] Es ist festzulegen, ob die Innovationsfunktion in die Unternehmung eingegliedert werden soll oder ob man sie institutionell getrennt von den laufenden Marketingprozessen führen soll, sowie, ob die Innovationstätigkeit befristet oder unbefristet ausgeübt werden soll. Die zweckmäßige Verankerung der Innovationsfunktionen wird in verschiedener Hinsicht untersucht, z.B. mit Bezug auf das Produkt-, Kunden-, Projektmanagement, auf Neuproduktabteilungen, Matrixorganisationen und Planungsteams.

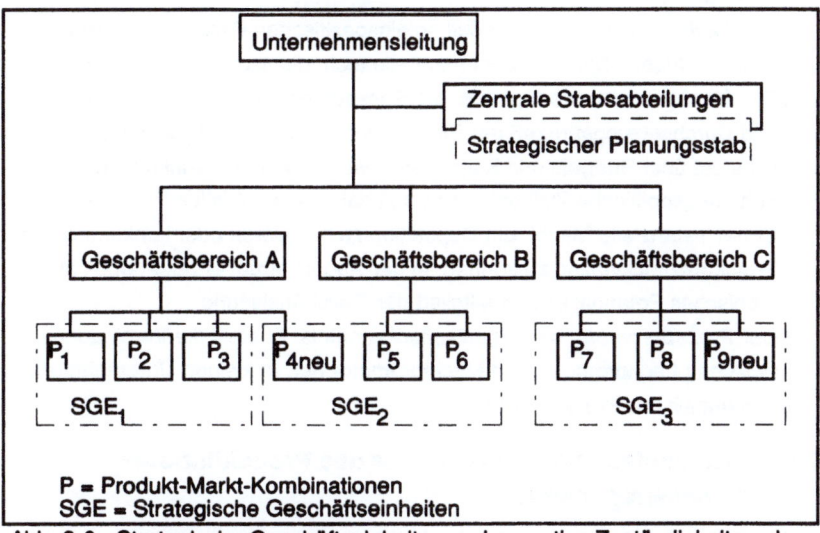

P = Produkt-Markt-Kombinationen
SGE = Strategische Geschäftseinheiten

Abb. 2-6: Strategische Geschäftseinheiten und operative Zuständigkeiten als "duale Organisation"[101]

Durch eine produktorientierte Organisationsform wird ermöglicht, das durch Produktinnovationen eingeleitete Wachstum organisatorisch und unternehmungspolitisch abzusichern.[102] Die Organisation einer innovationsorientierten Unternehmung weicht in vielem "von der schulmäßigen Aufbauorganisation

---

[100] Vgl. Raffeé/Marketing/S.61 - 81.

[101] In Anlehnung an: Köhler/Marketing-Management/S. 43.

[102] Vgl. Grochla/Unternehmungsorganisation/S. 174.

und Ablauforganisation ab."[103] Diese ist auf die optimale Bewältigung von Wie-
derholungsvorgängen ausgelegt. Eine innovationsbewußte Organisation fordert
Kreativität, Einfallsreichtum und Originalität, so daß sie die bürokratischen
Tugenden gut geordneter Befugnisse, streng gegliederter Hierarchien, nach-
vollziehbarer Aktenmäßigkeit und einzuhaltender Dienstwege prinzipiell in
Frage stellt.[104]

Produktinnovationsprozesse stehen unter mehrfachen Zielen, die von den Entscheidungsträgern nach Prioritäten zu ordnen sind. Diese Ordnungsaktivitäten
überfordern in der Regel die Entscheidungsträger, da sie nicht die Konsequenzen überschauen können, die aus einer bestimmten Prioritätensetzung er-
wachsen. Aufgrund empirischer Befunde liegt die Entscheidungsgewalt bei drei
Personen, die sich je nach Rahmenbedingungen zu einer Zwei-Personen-Kon-
stellation reduziert.[105]

- ♦ Der *Fachpromotor* ist Träger des objektspezifischen Fachwissens. Er ist
  Erfinder, Ideenträger und beherrscht die technologisch neue Materie.

- ♦ Der *Machtpromotor* verfügt über die Ressourcen, um den Entscheidungs-
  und Durchsetzungsprozeß der Produktinnovation zu ermöglichen. Er entscheidet über Budgets und Kapazitätszuweisungen. Er kennt die unter-
  nehmungspolitische Zielkonzeption und hat eine langfristige Perspektive.
  Er hat instanzielle Macht, um Opposition zu blockieren oder konkurrierende
  Projekte zurückstellen zu können. In der Regel verfügt er über hohes hier-
  archisches Potential und ist Mitglied der Geschäftsleitung.

- ♦ Der *Prozeßpromotor* hat Organisationskenntnis. Er stellt die Verbindung
  zwischen Fachpromotor und Machtpromotor her. In kleinen Unternehmungen entfällt der Prozeßpromotor.

2.3.2 Grundentscheidungsprobleme des Produktinnova-
tionsmanagements

Die auf dem Markt wirkende Komplexität und Dynamik erfordert, daß die Unternehmung auf rasche Änderungen und Entwicklungen der Marktumwelt reagieren muß, um im Wettbewerb zu bestehen. Die Dynamik am Markt läßt sich
durch verschiedene Entwicklungen charakterisieren: Zum einen sind rasche
Veränderungen konsumrelevanter Werte und Einstellungen und damit in vielen
Branchen schrumpfende Produktlebenszyklen zu verzeichnen.[106] Daneben ent-

---

[103] Vgl. Hauschild/Innovationsmanagement/Sp. 1032.

[104] Vgl. Hauschild/Innovationsmanagement/Sp. 1033.

[105] Vgl. hierzu Hauschild, J.; Chakrabarti, A.K./Arbeitsteilung/S. 378 - 388.

[106] Vgl. Günter; Fleiß/Effizientes Informationsmanagement/S. 30.

stehen immer mehr sich differenzierende Bedürfnisse, die homogene Märkte in Teilmärkte aufspalten, die sich zum Teil unterschiedlich entwickeln. Technische, ökologische und ökonomische Ereignisse greifen in stärkerem Maße in die individuelle Konsumsphäre ein. Als Folge davon entsteht eine verstärkte Sensibilisierung und Betroffenheit der Konsumenten. Die vergangenen Jahrzehnte waren durch relativ klare Konsumwellen gekennzeichnet.

Für die Zukunft werden gravierende Veränderungen demographischer Art vorhergesagt (Altersstruktur, Haushaltsgrößen, Familienformen, Wanderungsbewegungen usw.), die je nach Produktbereich erhebliche Verschiebungen der Nachfrage und der Märkte auslösen werden. Um dieser Dynamik Rechnung zu tragen, müssen die Unternehmungen immer mehr innovative Produkte auf den Markt bringen. Die Einführung von neuen Produkten ist neben allen Chancen aber auch mit verschiedenen Risiken behaftet, so daß das Scheitern einer Produktinnovation die Unternehmung erheblich gefährden kann.[107]

Für die Bundesrepublik Deutschland zeigt der Ifo-Informationstest unter 1500 teilnehmenden Unternehmungen, daß die stark wachsenden Unternehmungen deshalb stärker wachsen als andere, weil sie in größerem Umfang neue Produkte einführen. Sie erzielen etwa 10% des Umsatzes mit Produkten in der Markteinführungsphase und etwa 35% mit Produkten in der Wachstumsphase.[108] Bei schrumpfenden Unternehmungen bringen die Produkte in der Einführungs- und Wachstumsphase zusammen weniger als 20% vom Umsatz. Die Innovationsaufwendungen aller Unternehmungen betragen im Durchschnitt etwa 4 bis 6% vom Umsatz. Davon fließen etwa zwei Drittel in neue Produkte und ein Drittel in die Innovation von Produktionsanlagen.[109]

Die Übersicht über Chancen und Risiken macht deutlich, wie stark das Erfolgspotential der Unternehmungen von Produktinnovationen abhängen kann.

---

[107] Vgl. Urban/SPRINTER MOD III/S. 805.

[108] Vgl. o.V./Innovation als Wachstumsmotor/S. 100.

[109] Vgl. o.V./Innovation als Wachstumsmotor/S. 100-110.

CHANCEN	RISIKEN
Pegram/Bailey (1967):[110] "Mehr als 50% der Hersteller erzielen mehr als 25% des Umsatzes mit Produkten, die seit höchstens 5 Jahren am Markt sind"	Mansfield/Wagner (1975):[112] "57% der Produktkonzepte werden zu technisch funktionsfähigen Prototypen; 65% der technisch funktionsfähigen Prototypen kommen auf den Markt; 74% der Produkte werden wirtschaftlich erfolgreich."
Hopkins (1980):[111] "Durchschnittlich 15 % des Umsatzes werden mit Produkten erzielt, die erst seit höchstens 5 Jahren am Markt sind, wobei die Spannweite von 0% bis 50% beträgt."	Hopkins (1980):[113] "2 Drittel der Firmen bezeichnen ihre Erfolgsraten bei neuen Produkten als enttäuschend" Cooper (1982):[114] "59% der technisch funktionsfähigen Prototypen werden auf den Markt gebracht; 80% der Produkte sind wirtschaftlich erfolgreich." Booz, Allen & Hamilton (1982)[115] 46% der Ressourcen fließen in erfolglose Produktentwicklungen und Kommerzialisierungen Cooper/Brentari (1984)[116] 35% der plazierten Produkte verfehlen Kommerzialität. Cooper/Kleinschmidt (1990)[117] 81% von neuen Produkten werden plaziert. 32% erfolglos; 49% erfolgreich

Tab. 2-1: Übersicht über Chancen und Risiken von Produktinnovationen[118]

Zwar schwanken die einzelnen Angaben über den Umsatzanteil von Produktinnovationen am Gesamtunternehmungsumsatz, ihre Relevanz für eine langfristige Erfolgs- bzw. Umsatzsicherung ist jedoch unbestreitbar. Gleichzeitig wird aber auch deutlich, daß die in Innovationen fließenden Investitionen nicht unbedingt eine Umsatzsteigerung bewirken, da nur ein Bruchteil der Produktinnovationen bzw. Prototypen am Markt realisiert wird. Die Gründe für das Scheitern sind vielfältig. Zum einen sind sie exogen vorgegeben, zum anderen kann die Unternehmung aber selbst hierfür verantwortlich sein, zum Beispiel aufgrund eines mangelhaften Marketing-Mixes, das auf einer fehlerhaften Einschätzung der Absatzentwicklung der Produktinnovation beruht. Stellt man

---

[110] Pegram; Bailey/Marketing Executive Looks.

[111] Hopkins/New Product Winners.

[112] Mansfield; Wagner/Organizational and Strategic Factors/S. 179-198.

[113] Hopkins/New Product Winners.

[114] Cooper/Success in Industrial Firms/S. 215-223.

[115] Booz, Allen & Hamilton Inc./Technology Management.

[116] Cooper; Brentari/Criteria for Screening/S. 149-156.

[117] Cooper; Kleinschmidt/New product success Factors/S. 47-63.

[118] Eigene Zusammenstellung des Verfassers.

Chancen und Risiken von Produktinnovationen gegenüber, zeigt sich als vordringliche Aufgabe von Unternehmungen, einerseits den Erfolg von Produktinnovationen zu unterstützen und zu forcieren, und andererseits den Mißerfolg von Produktinnovationen zu vermeiden bzw. die negativen Auswirkungen zu minimieren. Im Zusammenhang mit Produktinnovationen ergeben sich aufgrund der strategischen Marketingplanung folgende Fragestellungen bzw. Entscheidungsprobleme schwerpunktmäßig für den Machtpromotor:[119]

- Soll das Produkt am Markt plaziert werden?
- Inwieweit muß der Absatz des Produktes am Markt forciert werden ?
- Wann soll das Produkt vom Markt genommen werden ?

Abhängig ist die jeweilige Entscheidung vom Erfolg des Produktes, der in der Regel von den Erlösen und den Kosten in der Vorlaufphase, begleitend zur Marktplazierung und in der Folgephase determiniert wird.[120]

Kosten	Erlöse
Vorlaufkosten technologische Vorlaufkosten vertriebliche Vorlaufkosten sonstige Vorlaufkosten Anpassungs-/Änderungskosten	Vorlauferlöse Anzahlungen Subventionen Steuervergünstigungen
Begleitende Kosten Einführungskosten laufende Kosten Auslaufkosten	Begleitende Erlöse Verkaufserlöse Lizenzerlöse
Folgekosten Wartungskosten Reparaturkosten Garantiekosten sonstige Folgekosten	Folgeerlöse Wartungserlöse Reparaturerlöse sonstige Folgeerlöse

Tab. 2-2: Kosten- und Erlöskategorien einer Produktinnovation[121]

Die angesprochene Verkürzung von Produktlebenszyklen rückt auch die versteckten Kosten in den Blickpunkt, die dadurch entstehen, daß schwache Produkte im Marketing-Mix der Unternehmung verbleiben, d.h. Produkte, die sich in der absinkenden Phase des Lebenszyklus befinden.[122] Eine Zusammenstellung der negativen Effekte solcher Produkte enthält die Tabelle auf der folgenden Seite.

---

[119] Vgl. zur GO ON; NO-Problematik Urban/SPRINTER MOD III/S. 805 - 854.

[120] Auf andere Erfolgsmessungen wird an späterer Stelle eingegangen werden.

[121] Vgl. Back-Hock, A./Produktlebenszyklus-Controlling/S. 520.

[122] Vgl. hierzu 3.2.1 Phasencharakteristika des Produktlebenszyklus.

Bereich	Wirkung
Zeit	Oft müssen Führungskräfte, Stabspersonal und Verkäufer im Verhältnis mehr Zeit für ein schwaches Produkt aufwenden.
Preis	Die Notwendigkeit einer Preisanpassung kann sich öfter und drastischer bemerkbar machen als im Falle von absatzstarken Produkten, weil die Nachfrage für das Produkt unzureichend ist.
Vorräte	Da Produkte mit kleinem Volumen im allgemeinen höhere Mindestbestände als sonst erfordern, steht die Unternehmungsleitung vor der Wahl, diese zusätzlichen Kosten für höhere Bestände zu tragen oder möglicherweise die Kunden wegen geräumter Lager zu verärgern.
Produktivität	Ein kleines Absatzvolumen entspricht kleinen Fertigungslosen mit der entsprechenden Zuteilung von Einrichtekosten auf diese kleinen Durchläufe. Die Gesamtkosten sind deshalb unverhältnismäßig hoch.
Absatz	Die Absatzbemühungen werden von den stärkeren, leichter absetzbaren und rentableren Produkten auf die schwächeren umgeleitet.
Prestige	Ein absatzschwaches Produkt wird irgendeinen Mangel aufweisen hinsichtlich Konzeption, Design, Brauchbarkeit oder der allgemeinen Fähigkeit, die Kundenbedürfnisse beim empfohlenen Gebrauch zu befriedigen. Wenn einer dieser Faktoren die Ursache für den geringen Absatz ist, dann leistet das Produkt keinen Beitrag zum Prestige der Unternehmung.

Tab. 2-3: Versteckte Kosten schwacher Produkte im Marketing-Mix[123]

Aus den angeführten Wirkungen läßt sich die Notwendigkeit ablesen, das Produktpotential zu ermitteln und erfolglose Produkte aus dem Marketing-Mix auszuscheiden, um anderen Produkten, insbesondere Produktinnovationen, Freiraum zu eröffnen, die sich noch in der Phase der Ausbreitung befinden.[124] Um eine erfolgreiche strategische Marketingplanung durchführen zu können, ist es notwendig, eine Beurteilung der Absatzentwicklung von Produktinnovationen durchzuführen. Sobald ein Produktkonzept und eine Marketingstrategie entwickelt wird, muß bereits die wirtschaftliche Attraktivität des Vorschlags bewertet und die geplanten Umsätze, Kosten und Gewinne daraufhin untersucht werden, ob sie den Unternehmungszielen entsprechen. Erst in diesem Fall kann das Produkt in die materielle Entwicklungsphase eintreten. Bei neuen Kosten- und Marktsituationen muß diese Analyse wiederholt werden. Insbesondere in den folgenden Situationen ist eine Beurteilung unverzichtbar:

◆ wenn für eine Produktidee ein Prototyp entwickelt wird,

◆ wenn ein Prototyp auf einem Testmarkt getestet werden soll,[125]

◆ wenn ein getestetes Produkt auf den Markt plaziert werden soll,[126]

◆ wenn das Produkt am Markt bleiben soll.[127]

---

[123] Eigene Zusammenstellung des Verfassers.

[124] Vgl. Enrick; Schäfer/Quantitative Marktprognose/S. 141.

[125] Vgl. Kotler/Marketing Management/S. 522.

[126] Vgl. zur Markteinführung Kotler/Marketing Management/S. 528 ff.

[127] Vgl. zur Eliminierung bzw. Wiederbelebung Kotler/Marketing Management/S. 564.

3 Beurteilung der Absatzentwicklung im Produktinno-vationsprozeß

Die Beurteilung der Absatzentwicklung umfaßt neben der in der Regel im Vordergrund stehenden Absatzprognose auch die subjektive und objektive Wertung der Absatzentwicklung im Marktkontext. Das bedeutet, daß neben der Entwicklung der reinen Absatzzahlen der Unternehmung auch die Entwicklung des Marktvolumens, die Marktanteilsentwicklung und die Entwicklung der Konkurrenz, die Entwicklung der Kaufkraft bei Konsumgütern bzw. die Entwicklung der Abnehmerbranche bei Investitionsgütern prognostiziert werden muß.[128] Gleichzeitig müssen die Absatzzahlen aber auch in einen Kontext mit Produkterlösen und Kosten gebracht werden, um über den wirtschaftlichen Erfolg eines Produktes zu urteilen.[129] Schließlich ist zusätzlich auch auf die strategisch bedeutsame Bearbeitung von Geschäftsfeldern, auf komplementäre Wirkungen des Absatzes auf andere Güter und ähnliches zu achten.

Eine besondere Bedeutung hat die Beurteilung der Absatzentwicklung im Produktinnovationsprozeß. Ausgangspunkt jeder strategisch geplanten Produktinnovation ist die Absatzprognose und damit verbunden die Beurteilung der Absatzentwicklung von bisherigen Produkten. Die Wahl eines geeigneten Absatzprognoseverfahrens und die damit verbundene Berücksichtigung relevanter absatzbestimmender Einflußfaktoren ist ausschlaggebend für die Güte bzw. Treffsicherheit einer Prognose bzw. Bewertung.

Auf der Basis einer umfassenden Absatzbewertung kann unter Umständen Innovationsbedarf ermittelt bzw. Chancen für Produktinnovationen identifiziert werden, nämlich indem die Absatzentwicklung (Absatzzahlen, Marktanteil, usw.) innerhalb eines Frühwarnsystems überwacht und bei Unterschreiten eines Mindestwertes ein notwendiger Handlungsbedarf aufgezeigt wird.

Vor der Entscheidung für eine Produktinnovation sollte auf jeden Fall jedoch geprüft werden, ob mittels Produktrelaunch[130] oder Produktvariation[131] die Entwicklung des Absatzes bzw. Marktanteiles der bisherigen Produkte nicht

---

[128] Vgl. Boos/Absatzprognose/S. 12.

[129] Vgl. zu den Kosten- und Erlösarten Back-Hock, A./Produktlebenszyklus-Controlling/S. 520.

[130] Die Reaktivierung eines bereits länger im Markt vertretenen Produktes basiert auf einer Umgestaltung des Produktes, die von einem bloßen "face-lifting" bis hin zu einer umfassenden Veränderung von funktionalem Gebrauchsnutzen und/oder subjektiver Wahrnehmung reichen kann.

[131] d.h. der Produktkern bleibt im wesentlichen unverändert.

verbessert werden kann. Zeigt sich z.B. aufgrund einer Produktlebenszyklusanalyse, daß sich ein bisheriges Produkt unveränderlich in der Marktdegenera-
tionsphase befindet, muß die Suche nach neuen Problemlösungen forciert
werden. Über Portfolioanalysen können Wettbewerbs- und Marktaussichten
abgetestet werden und Produktideen gewonnen werden. An dieser Stelle beginnt der eigentliche Produktinnovationsprozeß.

Der Produktinnovationsprozeß ist einem ständigen Entscheidungsprozeß unterworfen, wie im vorangegangenen Kapitel gezeigt wurde. Das Grundent-
scheidungsproblem, ob eine Produktinnovation weiter betrieben, forciert oder
eingestellt werden soll (Klassisches *Go or No* Problem) ist von verschiedenen
Kriterien abhängig. In der Anfangsphase liegt das Gewicht bei endogenen Er-
folgs- und Mißerfolgsfaktoren wie Nutzen der Innovation, Projektmanagement
oder Synergieeffekte. Mit zunehmendem "Produktalter" verlagert sich das Gewicht stärker auf exogene Erfolgs- und Mißerfolgsfaktoren wie Markt- und Konkurrenzverhältnisse. Eine Zwischenstellung nehmen dabei die Marketingaktivitäten ein, die sowohl endogene wie auch exogene Bezugspunkte besitzen. Die
inhärente Beurteilung der Absatzentwicklung im Produktinnovationsprozeß ist
in den verwendeten Verfahren einer Dynamik unterworfen. Bestimmte Diffusionsmodelle eignen sich für bestimmte Produkte, einige Diffusionsmodelle
sind nur bei fortgeschrittenem "Produktalter" anwendbar, Hochrechnungen lassen sich nur auf der Basis von Markttests durchführen.

Nach Abschluß des Produktinnovationsprozesses, d.h. mit Erreichen der
Wachstumsphase sollte die Beurteilung der Absatzentwicklung nicht abrupt
beendet werden. Vielmehr muß auch während der folgenden Phasen im Produktlebenszyklus des Produktes eine konstante Beurteilung der Absatzentwicklung erfolgen. Allerdings umfaßt diese Beurteilung in der Regel eine Rückkehr
zu jenen Absatzprognoseverfahren, die am Anfang zu einer Identifikation von
Produktinnovationschancen führten.

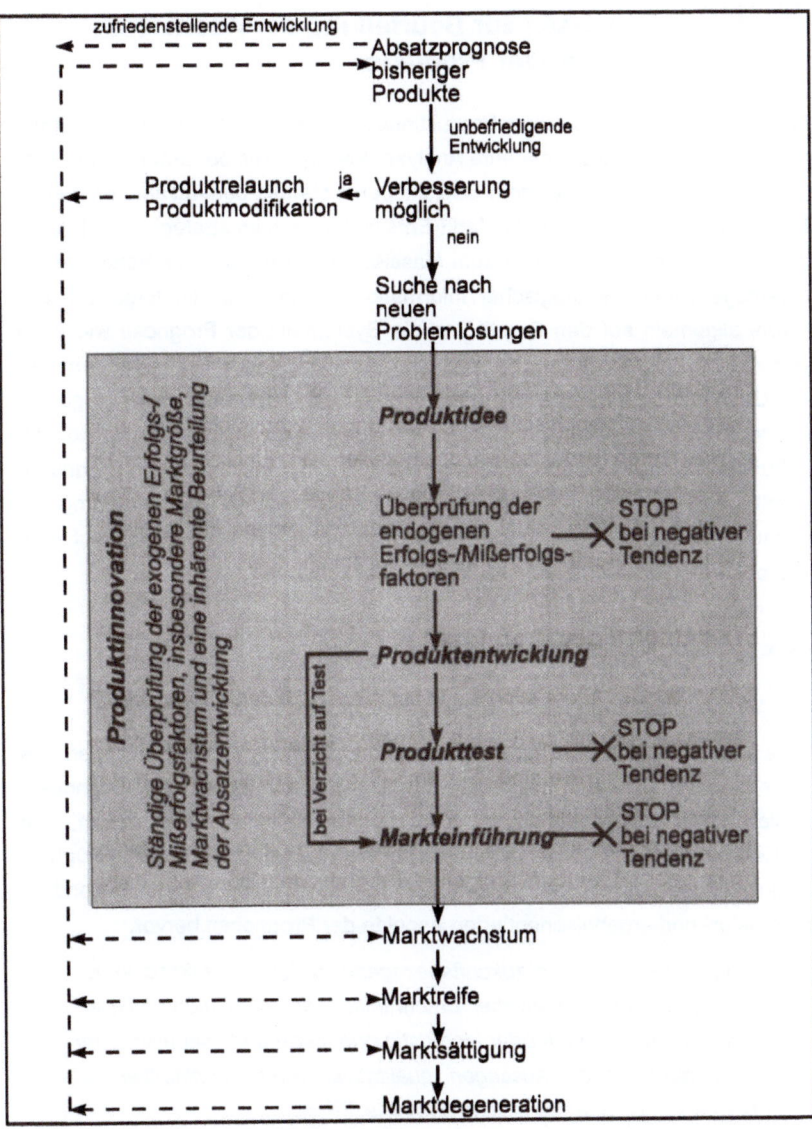

Abb. 3-1: Beurteilungsansätze für Absatzentwicklungen im erweiterten Produktinnovationsprozeß[132]

---

[132] Eigene Darstellung des Verfassers.

3.1 Absatzprognosen zur Beurteilung der Absatzentwicklung bisheriger Produkte

Um möglichst frühzeitig einen Produktinnovationsbedarf ermitteln zu können, ist es notwendig, eine permanente Analyse des Absatzes der produzierten Produkte durchzuführen. Unter dem Gesichtspunkt ständig bedeutsamerer, weit in die Zukunft reichender Produkt-Markt-Entscheidungen im strategischen Marketing[133] haben sich Prognosen zum klassischen Instrument zur Bereitstellung zukunftsgerichteter, strategischer Informationen entwickelt. Im folgenden soll sowohl allgemein auf den Begriff und die Systematik der Prognose wie auch speziell auf die Bedeutung von Markt- und Absatzprognosen eingegangen werden. Um einen Einblick in die Prognosepraxis von Unternehmungen zu gewinnen, werden zwei empirische Untersuchungen vorgestellt, ehe anhand von Glättungsverfahren und Regressionsmodellen ein Einblick in die Prognosetechnik gegeben wird. Im Abschluß dieses Kapitels erfolgt eine Erörterung der Prozeß- und Resultatsevaluation von Absatzprognosen im Hinblick auf eine mögliche Identifizierung von Produktinnovationschancen.

3.1.1 Der Begriff der Prognose

"Predictions of future events and conditions are called forecasts"[134]

Diese sehr weit gefaßte Aussage ist eine von vielen Prognosedefinitionen, die in der Literatur zu finden sind. Sie umfaßt den Zentralpunkt von Prognosen, nämlich die Zukunftsorientierung. Jede Prognosetätigkeit beruht darauf, daß aus Kenntnissen über vergangene Geschehnisse Erwartungen über zukünftige Ereignisse gebildet werden. Folgende Prognosedefinition hebt insbesondere die struktur- und ergebnisorientierten Aspekte der Prognosen hervor.

"Prognosen beinhalten zukunftsbezogene, aufgrund praktischer Erfahrungen oder theoretischer Erkenntnisse ein- oder mehrmalig erarbeitete, kurz-, mittel- oder langfristig orientierte und zeitpunkt- oder zeitraumbetreffende Aussagen qualitativer oder quantitativer Art über natürliche oder künstliche Systeme."[135]

---

[133] Vgl. Weßner/Prognoseverfahren/S. 209.

[134] Bowerman; O´Connell/Time Series Forecasting/S.2.

[135] Weber/Wirtschaftsprognostik/S.1.

In dieser Definition werden die wichtigsten Prognoseeigenschaften angesprochen. Die Unterteilung des Prognosehorizontes nach kurz-, mittel- und langfristig ist allgemein verbreitet, doch unterscheiden sich häufig die einzelnen Zeitintervalle.[136] Am weitesten verbreitet ist folgende Einteilung:

- kurzfristige Prognosen -
  beziehen sich auf einen Zeitraum bis zu drei Monaten,
- mittelfristige Prognosen -
  betreffen einen Zeitraum zwischen drei Monaten und zwei Jahren,
- darüber hinaus gehende Prognosen gelten als langfristig.

Der optimale Planungshorizont muß situationsspezifisch bestimmt werden.[137] Er ist abhängig von der Zielsetzung der einzelnen Prognose. Aufgrund einer empirischen Erhebung von Hüttner/Czenkowsky wurde festgestellt, daß der als strategisch bezeichnete Zeithorizont zwischen 2 und 5 Jahren schwankt.[138] Abhängig ist der Prognosehorizont auch von den beabsichtigten Diagnose- bzw. Analyseinformationen. In Abhängigkeit davon unterscheidet man zwei mögliche Ziele.[139] Beim *"retrospektiven Ziel"* wird versucht, den Charakter des bisherigen Verlaufs zu analysieren. Dabei geht es um die Analyse und Isolierung von Gesetzmäßigkeiten im bisherigen Datenverlauf ebenso wie um die Unterscheidung zwischen systematischen Gesetzmäßigkeiten und Zufallserscheinungen. Beim *"prospektiven Ziel"* kommt es darauf an, die analysierten Gesetzmäßigkeiten im bisherigen Datenverlauf möglichst genau in die Zukunft zu extrapolieren. Gleichzeitig sollen sich im Ursachensystem abzeichnende Veränderungen erkannt und ihre Auswirkungen abgeschätzt werden. Mit der Ausweitung des Prognosehorizontes verschiebt sich der Akzent vom prospektiven zum retrospektiven Ziel, um aufgrund einer möglichst vollständigen Analyse der Ursachen und Strukturen der bisherigen Entwicklung eine zuverlässige Projektion der Zukunft zu erhalten.[140] Entsprechend unterscheidet man zwischen *"Ex-post"*-Prognosen, bei denen das prognostizierte Ereignis in der Vergangenheit oder in der Gegenwart liegt, und *"Ex-ante"*-Prognosen, sogenannten echten Zukunftsvorhersagen, die bezüglich ihrer Erstellung zeitlich vor dem Eintritt des Ereignisses liegen.

---

[136] Vgl. Makridakis;Reschke;Wheelwright/Prognosetechniken für Manager/S.17.

[137] Vgl. Teichmann/Der optimale Planungshorizont/S.295.

[138] Vgl. Hüttner; Czenkowsky/Zum Stande von Marktforschung/S. 3.

[139] Vgl. Langkamp/Prognosen/S. 9.

[140] Vgl. Weßner/Prognoseverfahren/S. 211.

Aufgrund von "Ex-post"-Prognosen kann eine Vorhersageüberprüfung erfolgen und damit die Prognosefähigkeit der angewandten Methode überprüft werden. Mit einer Prognose können somit sowohl Angaben zum System an einem bestimmten Zeitpunkt wie zu einem Verhalten des Systems im Zeitablauf gemacht werden.

Konzeptionell läuft der Prognoseprozeß in mehreren Stufen ab:[141]

♦ Festlegung des Prognoseproblems,

♦ Datenerhebung und -aufbereitung,

♦ Auswahl des Prognoseverfahrens,

♦ Prognoseerstellung,

♦ Prozeß- und Resultatsevaluation.

Zwischen den beiden Phasen Datenerhebung und -aufbereitung sowie Auswahl des Prognoseverfahrens gibt es häufig eine interaktive Beziehung, wenn ausgewählte Prognoseverfahren zusätzliche Daten erfordern, bzw. wenn die auf die erhobenen Daten anzuwendenden Prognoseverfahren kein zufriedenstellendes Prognoseergebnis ermöglichen.

3.1.2 Systematik der Prognosearten

Im nachfolgenden Ansatz werden drei Ebenen zur Systematisierung der Prognosearten vorgestellt.[142] Die Grenzen dieser Dreiteilung sind zwangsläufig fließend. Einzelne Merkmale lassen sich auch zwei dieser drei Hauptgruppen zuordnen, da diese in gegenseitiger Abhängigkeit stehen.

Gegenstand der Prognose	Merkmale, die sich aus quantitativer und qualitativer Sicht auf den Prognosegegenstand beziehen, also auf den vorauszusagenden Themenbereich oder auf die Anzahl oder die Art der Variablen und ihre Beziehungen.
Aufbereitung der Prognose- variablen	Merkmale, die die verschiedenen Möglichkeiten der Aufbereitung der Variablen kennzeichnen beispielsweise, ob ein punktgenaues Ergebnis prognostiziert wird oder ob mögliche Bandbreiten angegeben werden.
Funktion der Prognose	Grundsätzliche Funktion von Prognosen, zu deren Erfüllung sie erstellt werden.

Tab. 3-1: Merkmale zur Systematisierung von Prognosearten[143]

---

[141] vgl. hierzu beispielhaft die beiden Phasenschema von Weber/Wirtschaftsprognostik/S.8 und Hoff/Practical guide/S. 39 - 40.

[142] Vgl. Mattmüller/Marketing-Prognosen/S.87.

[143] Vgl. Mattmüller/Marketing-Prognosen/S.72.

Auf der Basis dieser drei Ebenen können folgende Systematisierungskriterien und davon ableitbare Prognosearten unterschieden werden:

Systematisierungsebene	Systematisierungskriterium	Prognoseart
Gegenstand der Prognose	Thematik der Prognose	-Eschatologische Prognose -Prognose zur allgem. Umwelt -Ökologische Prognose -Technologische Prognose -Politische Prognose -Soziodemograph. Prognose -Psychographische Prognose -ökonomische Prognose
	Aggregationsgrad der Variablen	-Totalprognose -Partialprognose
	Abhängigkeit der Variablen	-bedingte Prognose -unbedingte Prognose
	Beeinflussungsgrad der Variablen	-Entwicklungsprognose -Wirkungsprognose
	Prognosehorizont	-kurzfristig -mittelfristig -langfristig
Aufbereitung der Prognosevariablen	Aussageform	-quantitative Prognose -qualitative Prognose
	Abbildung des zeitlichen Entwicklungsverlaufs	-statische Prognose -dynamische Prognose
	Abbildung der Prognosewahrscheinlichkeit	-Punktprognose -Intervallprognose
Funktion der Prognose	Funktion der Prognose	-explorative Prognose -normative Prognose -rückkoppelnde Prognose

Tab. 3-2: Systematisierung von Prognosearten[144]

3.1.3 Markt- und Absatzprognosen

Prognosewerte werden in Unternehmungen für vielfältige Zwecke eingesetzt. Beim Prognosegegenstand dominiert eindeutig die Vorausschätzung des mengenmäßigen Absatzes, danach folgt der Umsatz als Produkt aus Mengen und Preisen. Andere Bereiche, wie die Prognose von Kosten oder Beschäftigten treten erst mit niedrigerer Prioritätsangabe in Erscheinung.[145]

Absatzprognosen werden in ganz unterschiedlichen Gebieten genutzt: Finanzen, Verwaltung, Budgetierung, Produktion, Lagerkontrolle, Verkauf, Planung,

---

[144] Vgl. Mattmüller/Marketing-Prognosen/S.87.

[145] Vgl. Hüttner/Prognoseverfahren/S. 294.

Rechnungswesen, Werbung, Personalkosten, Merchandising, Forschung und Entwicklung, Versand.[146]

Dies resultiert insbesondere aus ihrer Bedeutung für Planungsüberlegungen. So sind Absatzprognosen Grundlage von Absatz-, Produktions- und Investitionsplänen. Als Absatzprognose wird die Vorhersage der Entwicklung des Absatzes von Produkten betrachtet.[147] Die Ausgangsbedingung für eine Absatzprognose ist in der Regel das gegenwärtig realisierte Absatzvolumen. Als Transformationsregel wird dessen Entwicklung in der Vergangenheit herangezogen.[148] Dabei können die mit dem Absatz verbundenen Funktionen und Tätigkeiten entweder als Vorhersagevariable in Erscheinung treten, wie z.B. die Vorausbestimmung der Preisentwicklung, des Produktäußeren oder des Erscheinens von Substitutionsprodukten, oder als Prämissen bzw. Nebenbedingungen der Prognose wirksam werden.[149] Ob die langfristige Absatzprognose eine sinnvolle Grundlage der unternehmungspolitischen Entscheidungen bilden kann, hängt jedoch von der Qualität des Informationsstandes des Managements über die die Prognose beeinflussenden Größen, zu denen vor allem die unternehmungsexternen Rahmenbedingungen zählen, ab.[150] Die einzelnen Prognoseverfahren sind z.T. in der Berücksichtigung der verschiedenen Einflußfaktoren divergent. Dies spiegelt sich bereits in den Systematisierungsansätzen für Absatzprognosen wieder. Eine sehr grobe Systematisierung von Absatzprognoseverfahren liefern Chambers, Mullick und Smith.[151] Sie unterscheiden zwischen *qualitativen Methoden* wie der Delphi-Methode, *Zeitreihenanalysemethoden* wie Box-Jenkins Modellen und *kausalen Methoden* wie beispielsweise Ökonometrische Modelle.[152] Der in der Literatur vorherrschende Ansatz differenziert nach quantitativen und qualitativen Verfahren. Hüttner schlägt folgende, inzwischen "klassische" Systematik für die Vielzahl von Prognoseverfahren vor, wobei er ebenfalls zwischen (qualitativen) "subjektiven" bzw. "intuitiven" und (quantitativen) "objektiven" Verfahren unterscheidet.

---

[146] Vgl. Dalrymple/Sales Forecasting Practices/S. 379 - 381.

[147] Vgl. Heinrich/Absatzpolitik/S. 62.

[148] Vgl. Marr/Absatzprognose/Sp.88,
Heinrich/Absatzprognose/S. 62.

[149] Vgl. Rogge/Methoden und Modelle der Prognose/S.16 f.

[150] Vgl. Heinrich/Absatzpolitik/S. 63.

[151] Vgl. Chambers; Mullick; Smith/Right Forecasting Technique/S. 45 - 74.

[152] Vgl. Mahajan; Wind/Innovation Diffusion Models/S. 3.

I Qualitative Methoden	
A Befragungsauswertung	- Vertreterbefragungen
	- Expertenbefragungen
	- Verbraucherbefragungen
B Indikatoren-Methode und Analyse der Nachfragekomponenten	
C Methoden der technologischen Prognose bzw. Zukunftsforschung	
II Quantitative Verfahren	
A Kausale Methoden	- Regressionsanalytische Verfahren
	- Ökonometrische und Marketing-Modelle
B Zeitreihenmodelle	- Gleitende Durchschnitte
	- Herkömmliche Kleinstquadrateschätzung
	- Exponential Smoothing
	- Verfahren nach Box-Jenkins
	- Adaptive Verfahren

Tab. 3-3: Systematik von Prognoseverfahren (nach Hüttner)[153]

Die Abgrenzung der Verfahren innerhalb dieser Systematik ist jedoch nicht kritikfrei. Geyer differenziert beispielsweise bei den Verfahren nach Box-Jenkins. So ordnet er die multivariaten ARIMA-Modelle sowohl den Zeitreihenmodellen wie den Kausalmodellen zu.[154] Auch die Differenzierung nach quantitativen und qualitativen Methoden im obigen Ansatz ist nicht trennscharf, worauf auch ihre Befürworter hinweisen. In quantitative Strukturierungen sind zu einem großen Teil auch qualitative Überlegungen einzubringen und letztendlich stellt bereits die Entscheidung für bzw. gegen ein bestimmtes Verfahren eine qualitative, also *zum Großteil auf Expertenwissen und -erfahrung* beruhende Überlegung dar.

Andererseits sind zur korrekten Anwendung qualitativer Prognoseverfahren oft mathematische Teilschritte unerläßlich, wie etwa die Berechnung der Quartilswerte bei der Delphi-Prognose.[155] Als Konsequenz lassen sich einige Verfahren (z.B. Delphi-Methode, Szenario-Technik) überhaupt nicht oder zumindest nicht eindeutig zuordnen.[156]

---

[153] Vgl. Hüttner/Prognoseverfahren/S. 4 f.

[154] Vgl. Geyer/Marketingprognosen/S. 77.

[155] Vgl. Henschel/Wirtschaftsprognosen/S.16,
Meyer/Das Absatzmarktprogramm/S. 78,
Kneschaurek; Graf/Wirtschafts- und Marktprognosen/S.37.

[156] Vgl. Wheelwright; Makridakis/Forecasting Methods/S. 6.

Diese der Systematik inhärente Schwäche kann auch nicht von der zu Recht erhobenen Forderung überdeckt werden, daß bei der praktischen Umsetzung oftmals quantitative und qualitative Verfahren im Rahmen eines "Prognosesystems" zu kombinieren sind.[157] Über ihre methodologische Problematik hinaus hat die "klassische" Systematisierung aufgrund ihrer Terminologie zu offensichtlichen Konsequenzen geführt. Aufgrund dieser Unterteilung haben die sogenannten qualitativen und vermeintlich unexakten Methoden in der deutschsprachigen Literatur lange Zeit eine untergeordnete Rolle gespielt. Teilweise wurden sie sogar als unwissenschaftliches Instrumentarium abgelehnt.

> Sie suggerieren *"...eine angebliche, aber in der Regel nur scheinwissenschaftliche Exaktheit der mathematischen Verfahren, welche in ihrer Mehrheit von einer einfachen Übertragung heutiger Strukturen auf die Zukunft ausgehen.*"[158]

In diesem Zusammenhang sollte nicht vernachlässigt werden, daß qualitative Verfahren neben der expliziten Eingliederung subjektiver Schätzungen einzelner oder Gruppen auch die Erkenntnis involvieren, daß der Entscheidungsträger einigen Einfluß auf zukünftige Entwicklungen besitzt.[159] Doch auch die bereits erwähnte Kluft zwischen den Erwartungen vieler Prognosenutzer und der tatsächlichen Leistungsfähigkeit heutiger Prognoseverfahren ist zu einem Großteil als "Spätfolge" der durch die Systematisierung begründeten und nach außen hin auch vertretenen Vorherrschaft der quantitativen Methoden zu verstehen. Trotz immer wieder geübter Kritik zeigt sich die Systematik der Prognoseverfahren bis heute weitgehend unverändert. Mit den übergeordneten, konzeptionellen Schwächen werden dabei immer wieder auch Fehler im Detail übernommen.

Selbst in der neueren Literatur wird beispielsweise die Befragung, etwa in Form der einfachen Expertenbefragung, als qualitatives Prognoseverfahren eingeordnet. Im Prinzip kann aus den gleichen Gründen auch das über mehrere Befragungsrunden ablaufende "Delphi-Verfahren" nicht als Prognoseverfahren eingestuft werden, denn die Befragung liefert als Methode zur Datenbeschaf-

---

[157] Vgl. Badelt; Clement/Methoden der Zukunftsforschung/S. 411,
Becker/Marketing-Konzeption/S. 385,
Raffée, H./Prognosen als ein Kernproblem der Marketingplanung/S. 151 f.

[158] Meyer; Mattmüller/Problematik handelsspezifischer Prognosen/ S.31.

[159] Vgl. Rowe; Mason; Dickel/Strategic Management,
zitiert bei Poh/Demand Forecasting/S. 388.

fung zwar die benötigten Informationen und damit die Basis für Prognosen, sie stellt jedoch kein Prognoseverfahren im eigentlichen Sinne dar.

Graff spricht in diesem Zusammenhang von *"scheinbaren Prognosemethoden"*, die zur Einholung oder Erlangung von Aussagen über die Zukunft dienen, aber eben keine Prognose erstellen.[160] Zum anderen belegt diese fehlerhafte Einordnung erneut die Problematik der Differenzierung nach quantitativen und qualitativen Verfahren. Es ist unmittelbar nachvollziehbar, daß spätestens Befragungen in größerem Umfang unter Umständen viel mehr quantitative als qualitative Aspekte aufweisen können, weshalb sie eigentlich als quantitatives Verfahren zu systematisieren wären.[161] Ungeachtet dieser berechtigten Einwände weist die Mehrzahl der vorhandenen Systematisierungsansätze nach wie vor diesen Mangel auf.

Eindeutiger ist hingegen die Unterscheidung der Prognoseverfahren nach univariaten und multivariaten Verfahren. Schon allein die Entscheidung für oder gegen eine Bezugsgröße hat die Nichteignung einiger Prognoseverfahren zur Folge.[162] Beim Verzicht auf jede Bezugsgröße (Datenbasis besteht nur aus Absatzdaten) können univariate Verfahren zur Anwendung kommen, während bei der Entscheidung für Bezugsgrößen automatisch multivariate Verfahren eingesetzt werden müssen. Bezugsgrößen können eingeteilt werden in Orientierungsgrößen und Einflußfaktoren.[163] Bei Orientierungsgrößen besteht kein direkter Zusammenhang zum Absatz. Eine Veränderung dieser Variablen verursacht nicht unmittelbar eine Änderung des Absatzes, aber es ist anzunehmen, daß ihre Entwicklung in die gleiche Richtung geht. Bei Einflußfaktoren besteht hingegen ein echter Kausalzusammenhang. Veränderungen des Einflußfaktors haben mittelbar oder unmittelbar Veränderungen des Absatzes zur Folge. Die Wirkung der Einflußfaktoren kann direkt oder indirekt sein. Eine direkte Beeinflussung liegt vor, wenn die Wirkung durch keine anderen Faktoren vermindert, verstärkt oder sonstwie verändert wird. Bei indirekter Beeinflussung wird die Wirkung des Faktors erst durch andere Faktoren vermittelt.

---

[160] Vgl. Graff/Die Wirtschaftsprognose/S. 1.

[161] Vgl. Hüttner/Markt- und Absatzprognosen/S. 36.

[162] Vgl. Rogge/Methoden und Modelle der Prognose/S. 105.

[163] Vgl. Rogge/Methoden und Modelle der Prognose/S. 105.

Insbesondere im Rahmen der strategischen Marktforschung kommt es verstärkt zur kombinierten Anwendung zweier oder mehrerer Prognoseverfahren. Das Ziel besteht darin, durch ein isoliert eingesetztes Verfahren prognostizierte Ergebnisse durch den Einsatz eines zweiten Verfahrens abzusichern oder die spezifischen Vorteile einzelner Verfahren durch ihren kombinierten Einsatz zu verbinden. Welche Prognosekombinationen zu wählen ist, hängt von den jeweils vorhandenen Daten und der Struktur ihrer Verläufe ab. Einen ersten Überblick über die Kombinationsmöglichkeiten liefert die folgende Abbildung.

Datenverlauf / Datenbasis	Turbulenz, Strukturbrüche	Weitgehende Gesetzmäßigkeiten
unstrukturierte qualitative Daten	Kombinierte Anwendung zweier qualitativer Verfahren	Kombinierte Anwendung zweier qualitativer Verfahren
Zeitreihen	Kombinierte Anwendung eines quantitativen und qualitativen Verfahrens	Kombinierte Anwendung zweier quantitativer Verfahren

Abb. 3-2: Prognosesysteme als Instrumente strategischer Marktforschung[164]

---

[164] Vgl. Wimmer; Weßner/Prognosesysteme/S. 972.

3.1.4 Prognosepraxis in Unternehmungen

Prognoseverfahren werden ständig in Unternehmungen zu den vielfältigsten Zwecken eingesetzt. In Abhängigkeit von ihrer Komplexität, ihrem notwendigen Datenbedarf oder ihrer Aussagefähigkeit für die einzelnen Einsatzgebiete variiert jedoch ihr Nutzungsgrad. Im folgenden soll ein Überblick über die eingesetzten Verfahren gegeben werden. Zur Prognosepraxis in Unternehmungen liegen mehrere Untersuchungen vor. Mit dem aktuellen Stand des Einsatzes von Prognoseverfahren in der Praxis in den USA beschäftigen sich insbesondere vier Erhebungen: die Arbeiten von Mentzer/Cox[165], Rothe[166], Wheelwright/Clarke[167] sowie von D. Dalrymple[168].

Prognoseverfahren	Jury of executive opinions	Customer expectations	Sales force composite	Regression	exponentielle Glättung	gleitende Durchschnitte	Trendanalyse	klass. Dekomposition	Simulation	Lebenszyklus	Straight line projection	Box-Jenkins
Nutzungsgrad %[169]	74	59	70	62	65	70	25	44	41	33	58	29
zufrieden[170]	54	45	43	67	60	58	58	55	54	40	32	30
neutral	24	23	25	19	19	21	28	14	18	20	31	13
nicht zufrieden	22	32	32	14	21	21	15	31	28	40	37	57
Prognosehorizont kurz (3 Mon.) [171]	37	25	37	14	24	24	21	9	4	1	13	5
Prognosehorizont mittel (3 Mon.-2 Jahre)	42	24	36	36	17	22	28	13	9	5	16	6
Prognosehorizont lang (über 2 Jahre)	38	12	8	28	6	5	21	5	10	12	10	2

Tab. 3-4: Prognosepraxis in den USA (nach Mentzer/Cox)[172]

---

[165] Vgl. Mentzer; Cox/Sales Forecasting Techniques/S.27-36.

[166] Vgl. Rothe/Sales Forecasting Methods/S. 114 - 118.

[167] Vgl. Wheelwright; Clarke/Corporate Forecasting/S. 40 - 64.

[168] Vgl. Dalrymple/Sales Forecasting Practices/S. 379 - 391.

[169] In % der befragten Unternehmen.

[170] In % des Nutzungsgrades.

[171] In % der Fälle (n=160).

[172] Vgl. Mentzer; Cox/Sales Forecasting Techniques/S. 31.

Für Deutschland gibt es eine Untersuchung von Hüttner aus dem Jahre 1981.[173] Für Deutschland und die Schweiz liegt eine Untersuchung aus dem Jahre 1988 von Weber vor.

Prognoseverfahren	Vertreterbefragung	allg. Expertenbefragung	Delphi-Expertenbefragung	Kunden-/Verbraucherbefr.	Szenario	Regression	einf. Glättung	expon. Glättung	Wachstumsmodelle	Ökonometrische Modelle	Simulation	Zeitreihenzerlegung	Standardmodelle Box-Jenkins	Spezialmodelle Box-Jenkins
Bekanntheit %	91	97	75	96	95	95	98	85	68	76	84	87	41	32
Nutzung in %	66	68	17	83	56	67	75	44	26	27	43	55	11	3
Nutzungsb. Unternehm. [174]	35	55	50	32	78	53	35	47	44	63	65	29	18	0
Nutzungsb. Absatzbereich	93	64	58	77	51	55	51	63	44	37	10	53	71	100
Prognosehorizont kurz[175]	60	23	18	34	10	27	52	46	5	27	14	35	44	40
Prognosehorizont mittel	35	36	35	42	27	44	39	32	47	46	38	38	34	40
Prognosehorizont lang	5	41	47	24	63	29	9	22	48	27	48	27	22	20
Progn.-freq.[176] monatl. für 1 J.	11	4	0	10	7	19	23	17	12	14	31	9	.	100
Progn.-freq. jährlich für 1 J.	20	8	7	26	5	19	23	17	12	14	31	9	.	0
Progn.-frequenz unregelmäßig	46	53	50	34	39	30	23	30	31	7	13	30	.	

Tab. 3-5: Prognosepraxis in der Bundesrepublik Deutschland (Alte Bundesländer) und der Schweiz (nach Weber)[177]

---

[173] Vgl. Hüttner/Anwendung von Markt- und Absatzprognosen.

[174] In % der das Verfahren als "unternehmensintern benutzt" meldenden Unternehmungen.

[175] In % der Fälle.

[176] In % der Fälle; Rest betrifft weniger häufige Prognosefrequenzen (vierteljährlich für 1 bis 2 Jahre, jährlich für 5 Jahre, jährlich für 7 oder 10 Jahre).

[177] Vgl. Weber/Wirtschaftsprognostik/S. 21.

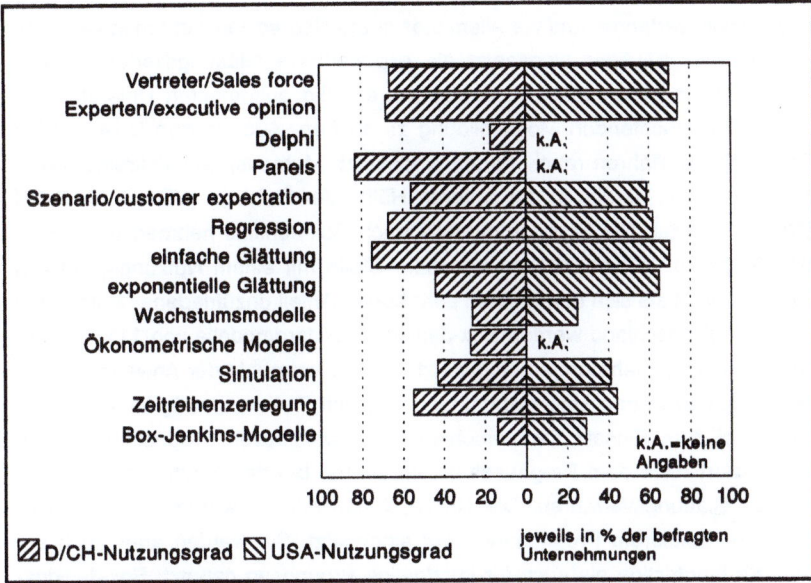

Abb. 3-3: Gegenüberstellung der Nutzung von Prognoseverfahren in D/CH und den USA[178]

Die Ergebnisse der beiden Untersuchungen zeigen trotz der angesprochenen Kritik an qualitativen Verfahren eine eindeutige Bevorzugung dieser Verfahren sowohl in den USA (Expertenbefragung an erster Stelle des Nutzungsgrades = 74%) wie in Deutschland/D und Schweiz/CH (Es führen Kunden- und Verbraucherbefragungen bei einem Nutzungsgrad von 83%; dicht gefolgt im Absatzbereich von Vertreterbefragungen).[179] Bei den quantitativen Verfahren werden schwerpunktmäßig die einfachen Glättungsmethoden (USA 70%; D/CH 75%) eingesetzt. Bereits etwas komplexere Verfahren wie exponentielle Glättung verzeichnen eine geringere Nutzung (USA 65%; D/CH 44%). Der deutlich geringere Wert der exponentiellen Glättung für Deutschland und Schweiz im Vergleich zur USA überrascht. Durch eine andere Untersuchung von Gaul/Förster/Schiller über den Nutzungsgrad verschiedener Prognoseverfahren in Marktforschungsinstituten wird dieser geringe Wert jedoch bestätigt.[180]

---

178 Vgl. Weber/Wirtschaftsprognostik/S. 21,
   Mentzer; Cox/Sales Forecasting Techniques/S. 31.

179 Zu einem ähnlichen Ergebnis kommt Hüttner beim Vergleich von älteren Verfahren. Vgl. Hüttner/Prognoseverfahren/S. 295.

180 Vgl. Gaul; Förster; Schiller/Typologie deutscher Marktforschungsinstitute/S. 164.
   Neben den Werten für die Nutzung der exponentiellen Glättung werden in dieser Untersuchung zum Nutzungsgrad von Prognoseverfahren in Marktforschungsinstituten auch

Regressionsverfahren und vor allem die lineare Regression werden in Deutschland/Schweiz häufiger eingesetzt als exponentielle Glättungsverfahren. Der Grund hierfür ist vor allem in der softwaremäßig ausgereiften Unterstützung und der einleuchtenden Modellbildung zu suchen. Auch in den USA werden Regressionsverfahren relativ häufig eingesetzt. Methoden zur Zeitreihenzerlegung rangieren bereits in der unteren Hälfte der Nutzung (USA 44%; D/CH 55% bzw. 50%). Die Standardmodelle nach Box-Jenkins nehmen den untersten Platz ein. In den USA an vorletzter Stelle mit einem Nutzungsgrad von 29% zeichnen sie sich durch einen sehr hohen Anteil unzufriedener Nutzer aus (57%). In Deutschland werden Box-Jenkins-Standardmodelle von 11% der untersuchten Unternehmungen eingesetzt. Der Schwerpunkt der Anwendung dieser Verfahren in den Unternehmungen liegt mit 71% eindeutig im Absatzbereich. Bei dem Einsatz der verschiedenen quantitativen Prognoseverfahren, differenziert nach dem Prognosehorizont, führen bei den kurzfristigen Verfahren die Glättungsverfahren. Die Regressionsverfahren werden schwerpunktmäßig bei mittlerem Prognosehorizont eingesetzt. Sie werden aber auch sowohl für langfristige als auch für kurzfristige Prognosen genutzt. Box-Jenkins-Verfahren werden gleichgewichtig für kurz- und mittelfristige Prognosen eingesetzt, zum Teil auch für langfristige Prognosen. Bei langfristigen Prognosen ist eine eindeutige Bevorzugung bestimmter Verfahren schwer zu erkennen. In Deutschland und der Schweiz liegt hier der Schwerpunkt bei der Szenariotechnik, einem Prognoseverfahren, das bei Mentzer/Cox nicht erhoben wurde. Vergleichbar ist hier die Methodik der "customer expectation" zu sehen. In den USA hingegen wird die Lebenszyklusanalyse schwerpunktmäßig bei der langfristigen Prognose eingesetzt. Dieses Verfahren wurde von Weber nicht erhoben. Zusammengefaßt zeigen die Umfrageergebnisse, daß längerfristig orientierte Prognosen im allgemeinen unregelmäßig vorgenommen werden; bei kurzfristigen Prognosen werden vorzugsweise einfache Verfahren verwendet.[181] Dieses Ergebnis spiegelt sich auch im Rahmen einer empirischen Untersuchung des Verfassers über den Prognoseeinsatz bei nordhessischen Unternehmungen wieder, die im einzelnen im Kapitel 5.1 vorgestellt wird.

Um einen Einblick in die Prognosetechnik zu erhalten, sollen im folgenden mit den einfachen und exponentiellen Glättungsverfahren sowie der Regression Prognoseverfahren vorgestellt werden, die einen verhältnismäßig hohen Nut-

---

die Werte für Ökonometrische Modelle, Zeitreihenzerlegung und Standardisierte Box-Jenkins-Modelle bestätigt.

[181] Vgl. Weber/Wirtschaftsprognostik/S. 21 - 23.
Vgl. Weber/Wirtschaftsprognostik (Art.)/S. 73.

zungsgrad in den empirischen Untersuchungen besitzen und gleichzeitig aufgrund ihrer Methodik kurz darstellbar sind. Die Probleme, die mit diesen Verfahren in bezug auf Absatzprognosen verbunden sind, werden dabei ausführlich dargestellt. Inwieweit diese Problematiken auch bei der Anwendung von anderen Prognoseverfahren bestehen, wird ebenfalls diskutiert werden.

3.1.5 Einführung in Absatzprognoseverfahren

Die Absatzprognose setzt sich wie jede andere Prognose aus drei Phasen zusammen: der Datenanalyse, der eigentlichen Prognoseerstellung und der Resultatspräsentation.

> *"Die Datenanalyse (data analysis) dient zur konzisen, auf wesentliche Merkmale ausgerichteten Beschreibung verfügbaren Datenmaterials. Sie kann in elementarer oder differenzierter Form erfolgen."*[182]

Der elementaren Datenanalyse sind Häufigkeitsverteilungen (stetig oder diskret), Lagewerte (Median und Quartile), Mittelwerte (arithmetisches und geometrisches Mittel) und Streuungsmaße (Spannweite, Quartilsabstand, Standardabweichung und Varianz) zuzuordnen. Zur differenzierten Datenanalyse sind die graphische Datenanalyse, die funktionsbezogene Datenanalyse sowie die Regressions- und Korrelationsanalyse zu zählen. Das zu untersuchende Datenmaterial bezieht sich auf Zeitreihen und basiert damit auf mehrperiodisch (kontinuierlich oder diskontinuierlich) ablaufenden Prozessen, über die zeitpunkt- oder zeitraumbezogen erfaßte Meßwerte verfügbar sind.[183]

> Eine (zeitlich) geordnete Folge x_t, t=1,...,n von Beobachtungen einer Größe wird als univariate Zeitreihe bezeichnet, wenn für jeden Zeitpunkt t von n Beobachtungszeitpunkten dabei genau eine Messung vorliegt.[184]

Die graphische Darstellung -der Plot- der Zeitreihe ist in der Regel der erste Schritt bei der Analyse von Zeitreihen. Aus dem Plot lassen sich in der Regel die ersten Charakteristika ersehen.[185]

---

[182] Weber/Wirtschaftsprognostik/S.25.

[183] Vgl. Vandaele W./Applied Time Series and Box-Jenkins Models/S. 3.

[184] Schlittgen; Streitberg/Zeitreihenanalyse/S. 1.
Das Problem der fehlenden Werte (missing values) wird an dieser Stelle noch vernachlässigt.

[185] Greensted; Jardine; Macfarlane/Essentials of Statistics in Marketing/S. 212.

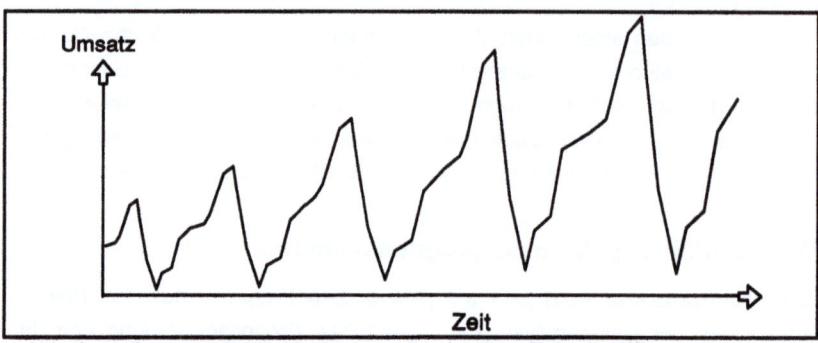

Abb. 3-4: Systematische Veränderungen in einer Zeitreihe[186]

Häufig ist es jedoch recht schwierig, anhand von Plots Charakteristiken oder
Datenmuster zu erkennen. Während in obiger Grafik ziemlich leicht systematische Veränderungen in der Zeitreihe zu erkennen sind, ist dies in der folgenden Grafik kaum möglich.

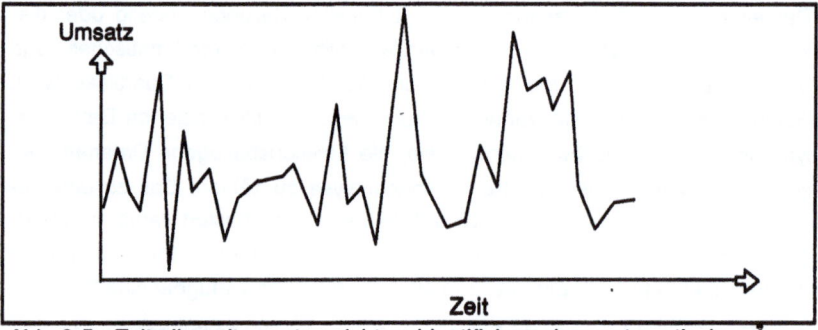

Abb. 3-5: Zeitreihe mit spontan nicht zu identifizierenden systematischen Änderungen[187]

Wesentliche Kenngrößen einer Zeitreihe sind das arithmetische Mittel und die
Standardabweichung.

---

[186] Eigene Darstellung des Verfassers.

[187] Eigene Darstellung des Verfassers.

Das arithmetische Mittel $\bar{x} = \frac{1}{n}\sum_{t=1}^{n}x_t$ liefert den mittleren Wert, um den die Beobachtungen schwanken. Die durchschnittlichen quadratischen Schwankungen werden durch die empirische Varianz $s^2 = \frac{1}{n}\sum_{t=1}^{n}(x_t - \bar{x})^2$ oder durch die Standardabweichung $s = \sqrt{s^2}$ erfaßt.

Besitzt die beobachtete Zeitreihe keine saisonale Komponente oder keine konstante Saisonfigur mit $S_t = S_{t+k}$ für t=1,...,n-k, bzw. bestätigt sich die Annahme, daß die Zeitreihe neben einem stabilen Grundmuster nur zufällige Fluktuationen enthält, bietet sich als ein Prognoseverfahren ein Glättungsverfahren an.

3.1.5.1 Elementare Glättungsverfahren

3.1.5.1.1 Gleitendes Durchschnittsverfahren

Die naivste Ex-ante-Prognose besteht darin, aufgrund aller Zeitreihenwerte das arithmetische Mittel zu berechnen und diesen Wert als Prognosewert zu verwenden.[188] Enthält die Reihe nur "zufällige Fluktuationen", gilt sie als optimale Prognose. Sie eignet sich jedoch keinesfalls, wenn ein Trend in der Absatzreihe erkennbar ist. Das arithmetische Mittel paßt sich im Zeitablauf nur langsam einer Niveauveränderung an, da die früheren Zeitreihenwerte genauso gewichtet werden wie die Werte am aktuellen Rand. In der folgenden Abbildung ist eine Zeitreihe mit Trend x1 und eine Zeitreihe mit "zufälligen Fluktuationen" x2 dargestellt, die beide das gleiche arithmetische Mittel besitzen. Es ist klar ersichtlich, daß der Prognosewert des arithmetischen Mittels nur für die Zeitreihe x2 geeignet erscheint.

---

[188] Vgl. zu global constant mean model
Gilchrist/Statistical Forecasting/S. 41 - 48.

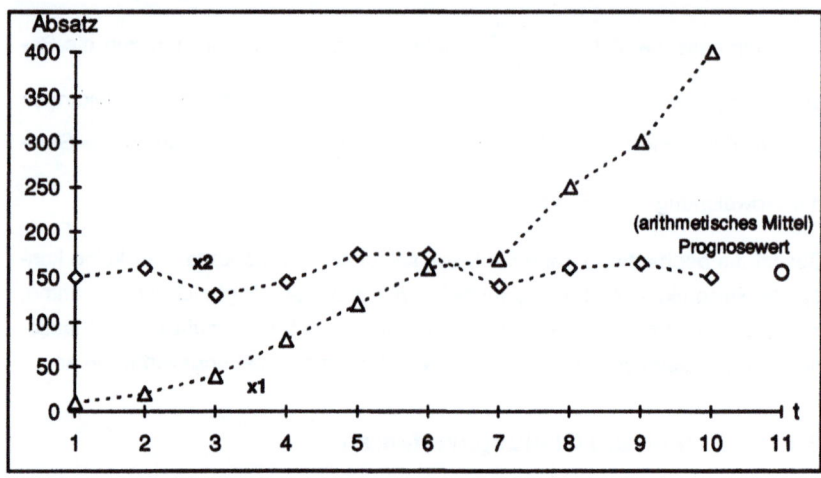

t	1	2	3	4	5	6	7	8	9	10
$x1_t$	10	20	40	80	120	160	170	250	300	400
$x2_t$	150	160	130	145	175	175	140	160	165	150

Abb. 3-6: Beispiel für eine Absatzreihe und naive Prognose[189]

Um systematische Veränderungen in der Zeitreihe leichter erkennen zu können, werden gleitende Durchschnitte eingesetzt. Mit Hilfe eines gleitenden
Durchschnitts werden die irregulären Schwankungen ausgeschaltet, während
Trendentwicklungen bzw. Strukturbrüche berücksichtigt bleiben können. Die
einzelnen Beobachtungen x_t werden durch ein lokales arithmetisches Mittel y_t
ersetzt.[190]

$$y_t = \frac{1}{2m+1} \sum_{j=-m}^{m} x_{t+j}$$

Die Glättung der Zeitreihe wird um so stärker, je größer m gewählt wird. Zu berücksichtigen ist jedoch, daß an den Rändern der Zeitreihe jeweils m Werte
wegfallen.

---

[189] Eigene Darstellung des Verfassers.

[190] Vgl. zu local constant mean model
    Gilchrist/Statistical Forecasting/48 - 50,
    Brown/Smoothing, Forecasting and Prediction/S. 98 f.

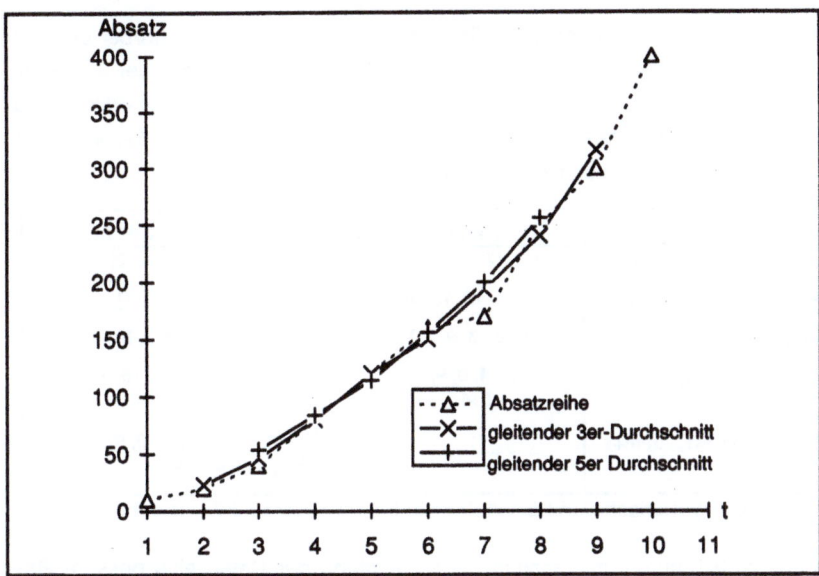

Abb. 3-7: Gleitende Durchschnitte[191]

Für den praktischen Einsatz dieses Verfahrens bedeutet dies, daß beispielsweise bei saisonalen, monatlichen Schwankungen Daten von mindestens 2
Jahren notwendig sind, da m so gewählt werden muß, daß die Auswirkungen
saisonaler Schwankungen oder Unregelmäßigkeiten (oder beides) eliminiert
werden. Problematisch wird dieses Verfahren, wenn sprunghafte Niveauver-
schiebungen auftreten. Ursachen für solche Strukturbrüche einer Absatzreihe
können z.B. Aufnahme oder Abwanderung eines Großkunden, Eröffnung oder
Schließung einer Geschäftsstelle, Aufnahme oder Aufgabe einer Artikelvariante
(Packungsgröße) innerhalb einer Absatzgruppe sein.[192]

Die unrealistische Unterstellung, daß alle Daten mit der gleichen Gewichtung in
die Berechnung eingehen, wird beim folgenden Verfahren aufgegeben. Auch
der Nachteil der fehlenden Randwerte verliert sich bei der Berechnung der ge-
wogenen gleitenden Durchschnitte, einer Weiterentwicklung der gleitenden
Durchschnitte. Auch hier werden die einzelnen Beobachtungen x_t durch ein
lokales arithmetisches Mittel y_t ersetzt.

$$y_t = \sum_{j=-m}^{m} k_j x_{t+j} \text{ wobei für die Gewichte } k_j \text{ gelten muß: } \sum_{j=-m}^{m} k_j = 1$$

---

[191] Eigene Darstellung des Verfassers.

[192] Vgl. Scheer/Absatzprognosen/S. 91.

Dabei werden die Gewichte für die jüngeren Daten wesentlich größer gewählt als für ältere. Für den Randbereich, d.h. die letzten m Glieder der Zeitreihe, und den ersten Ex-ante-Prognosewert tritt ein Wechsel von symmetrischen zu asymmetrischen Filtern ein. In der folgenden Tabelle sind die Filter für einen 5er und einen 7er Durchschnitt angegeben.[193]

	5er Durchschnitt [m=2]	7er Durchschnitt[194] [m=3]
k_i für y_t mit t=1,...,n-m	1/35[-3, 12, 17, 12, -3][195]	1/21[-2, 3, 6, 7, 6, 3, -2]
k_i für y_t mit t=1,...,n-m+1	1/35[-5, 6, 12, 13, 9][196]	1/14[-2, 1, 3, 4, 4, 3, 1]
k_i für y_t mit t=1,...,n-m+2	1/35[3, -5, -3, 9, 31]	1/14[-1, 0, 1, 2, 3, 4, 5]
k_i für y_t mit t=1,...,n-m+3	1/5[3, -3, -4, 0, 9] $\hat{x}_{t=n+1} = 514$	1/42[5, -3, -6, -4, 3, 15, 32]
k_i für y_t mit t=1,...,n-m+4	– – – – – – – – – –	1/7[3, -1, -3, -3, -1, 3, 9] $\hat{x}_{t=n+1} = 482{,}86$

Tab. 3-6: symetrische und asymetrische Filter für 5er und 7er Durchschnitte[197]

Dem Vorteil, durch unterschiedliche Gewichtung der Daten eine bessere Repräsentanz und damit Prognose zu erreichen, stehen immer noch die Nachteile gegenüber, durch verschiedene Wahl der Gewichte k_j und m relativ unterschiedliche Prognosewerte zu erhalten. In den beiden nachfolgenden Grafiken wurde ein 5er und ein 7er Durchschnitt gewählt, dementsprechend ergibt sich ein Prognosewert $\hat{x}_{11}$ von 514 (5er-Durchschnitt) bzw. 483 (7er-Durchschnitt).

---

[193] Vgl. Hartung, Elpelt, Klösener/Statistik/S. 664.

[194] Vgl. Kendall, Ord/Time-Series/S. 30.

[195] Vgl. Kendall, Ord/Time-Series/S. 30.

[196] Vgl. Kendall, Ord/Time-Series/S. 272.

[197] Eigene Darstellung des Verfassers.

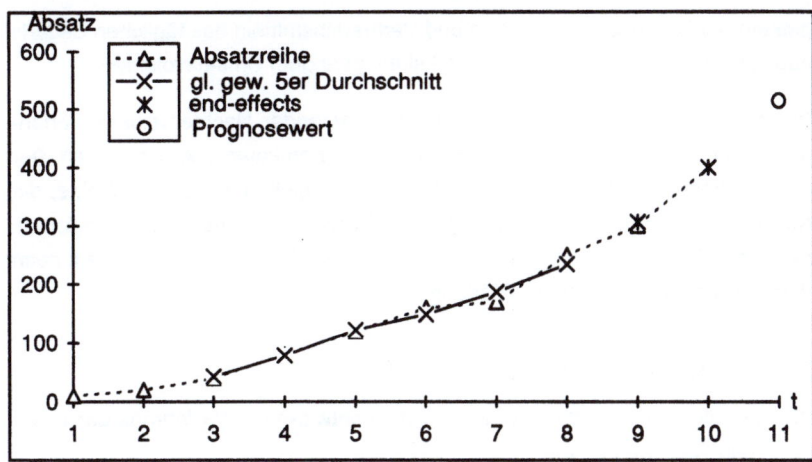

Abb. 3-8: Prognose mit 5er Durchschnitt

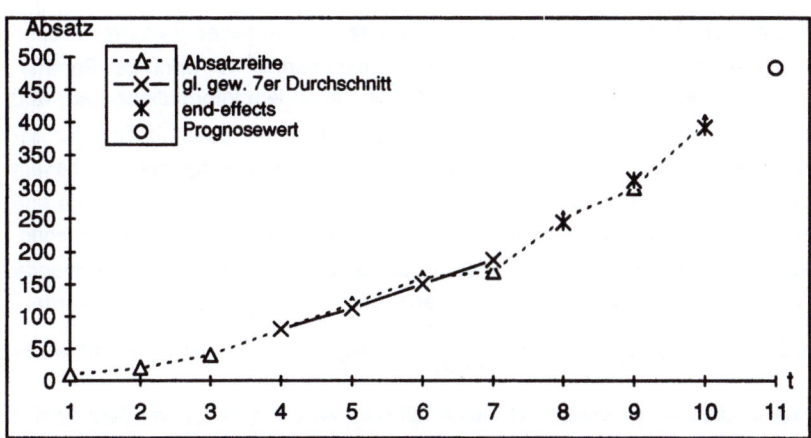

Abb. 3-9: Prognose mit 7er Durchschnitt[198]

Die Genauigkeit dieses Prognoseverfahrens ist vom Prognosehorizont abhängig. Für kurzfristige Prognosen sind durchaus gute Ergebnisse zu erzielen, aber bereits für mittelfristige Prognosen sind die Ergebnisse kaum noch brauchbar. Für langfristige Prognosen ist dieses Verfahren überhaupt nicht geeignet. Im Bereich der Absatzprognosen liegen die typischen Anwendungs-

---

[198] Eigene Darstellung des Verfassers.

gebiete bei Grundnahrungsmitteln und Verbrauchsmitteln des täglichen Bedarfs oder Lagerbestandskontrollen für Artikel mit geringem Umsatzvolumen.

Bei diesen Anwendungen kommt ein entscheidender Nachteil dieses Verfahrens kaum zum Tragen: Trendwendepunkte können kaum erkannt werden. Der früher entscheidende Nachteil der Methode der gleitenden Durchschnitte, die Notwendigkeit, daß zur Berechnung alle n Daten gespeichert werden müssen, relativiert sich im Rahmen einer DV-Verarbeitung. Dieser Nachteil entfällt beim Verfahren der exponentiellen Glättung.

3.1.5.1.2 Exponentielle Glättung

Die Grundformel des 1959 von R.G. Brown entwickelten Verfahrens der exponentiellen Glättung lautet:[199]

$$\hat{x}_t = \sum_{j=0}^{\infty} c_j x_{t-j-1} \quad \text{wobei } c_j = \alpha(1-\alpha)^j \text{ für } j = 0,1,2,3,\ldots$$

Aus diesen Gewichten c_j erklärt sich auch der Name dieses Verfahrens, denn die Gewichte c_j nehmen mit wachsendem j exponentiell ab, wenn der Parameter α zwischen 0 und 1 gewählt wird. Mit zunehmendem Informationsalter j wird der Einfluß der Daten (exponentiell fallend) kleiner; die gesamte Struktur der Koeffizienten ist damit durch den Glättungsparameter α festgelegt. Bei diesem Verfahren braucht nur noch die letzte Beobachtung, die letzte Vorhersage und ein Wert für α gespeichert zu werden, um eine neue Vorhersage zu machen. Positiv kommt hinzu, daß den älteren beobachteten Werten eine abnehmende Gewichtung gegeben ist, da α zwischen 0 und 1 liegt. Es kann gezeigt werden, daß die Bedingung $\sum_{j=1}^{\infty} c_j = \alpha \left(\frac{1}{1-(1-\alpha)} \right) = 1$ erfüllt ist[200], da es sich hierbei um eine unendliche geometrische Reihe mit dem Anfangswert α und dem Faktor $(1-\alpha)$ handelt, der die Bedingung für die Konvergenz dieser Reihe ($|1-\alpha|<1$) erfüllt.

$$\sum_{j=0}^{\infty} c_j = \alpha(1-\alpha)^0 + \alpha(1-\alpha)^1 + \ldots = 1$$

Theoretisch muß die betrachtete Zeitreihe unendlich lang sein. Da eine reale Absatz-Zeitreihe stets nur aus endlich vielen Werten $x_1,\ldots x_n$ besteht, ist das exponentielle Glätten nur für sehr große n zu empfehlen. Jedoch hat das Ver-

---

[199] Vgl. Brown/Statistical Forecasting for Inventory Control.

[200] Vgl. Moosmüller/Exponentielle Glättung als Prognoseinstrument/S. 211.

fahren den Vorteil, daß mit seiner Hilfe der unbekannte Wert $\hat{x}_{t+1}$ prognostiziert werden kann, falls n hinreichend groß ist.

$$\hat{x}_{t+1} = \sum_{j=0}^{n-1} c_j x_{n-j} = \sum_{j=0}^{n-1} \alpha(1-\alpha)^j x_{n-j}$$

Ein besonderer Vorteil des exponentiellen Glättens besteht darin, daß während eines über mehrere Perioden laufenden Prognoseprozesses jeweils nur der letzte tatsächliche und der prognostizierte Wert gespeichert werden müssen.

$$\hat{x}_{t+1} = \alpha x_t + (1-\alpha)\hat{x}_t$$

Die Wahl des Glättungsparameters α wirkt sich bei Auftreten von Impulsen (Einfluß von Zufallsschwankungen) bzw. signifikanten Niveauveränderungen auf die Schnelligkeit der Bereinigung bzw. Anpassung und damit auf die Prognosegüte aus. Die Reaktion auf plötzliche Veränderungen kann nämlich durch gezielte Wahl von α gesteuert werden. Je größer α gewählt wird, umso stärker reagiert der Glättungswert auf einen Impuls, benötigt dafür aber weniger Perioden, um wieder auf das alte Niveau zurückzufallen. Ein Modell mit großem α paßt sich schnell an Niveauveränderungen an. Ein kleines α liefert dagegen stabile Vorhersagewerte, reagiert nicht zu stark auf Zufallsschwankungen, benötigt aber vergleichsweise lange Zeit, um Niveauveränderungen zu verkraften.

Voraussetzung für ein zufriedenstellendes Prognoseergebnis ist eine geeignete Bestimmung von α. Eine Möglichkeit, ein geeignetes α zu bestimmen, besteht darin, für verschiedene α die 1-Schritt-Prognosen mit den Reihenwerten zu vergleichen und den Wert zu wählen, für den gilt: $\sum_{t=m}^{n-1}(\hat{x}_{t+1} - x_{t+1})^2 = \text{min}!$ Die untere Summationsgrenze m wird dabei so groß gewählt, daß der Effekt des Startwertes vernachlässigbar ist.

Liegt ein trendförmiger Verlauf der Form $\hat{x}_{t+1} = a + bt = A_t + B_t t$ den Absatzzahlen zugrunde, hat die exponentielle Glättung erster Ordnung den Nachteil, den tatsächlichen Absatzzahlen nachzueilen. Um diesen Nachteil zu verringern wird eine Glättung zweiter Ordnung angewendet. Hierbei wird der tatsächlich beobachtete Wert x_t durch den Glättungswert erster Ordnung ersetzt:

$$\hat{x}_{t+1}^{(1)} = \alpha x_t + (1-\alpha)\hat{x}_t^{(1)}$$
$$\hat{x}_{t+1}^{(2)} = \alpha \hat{x}_{t+1}^{(1)} + (1-\alpha)\hat{x}_t^{(2)}$$

Davon ausgehend werden die Koeffizienten

$$A_t = 2\hat{x}_{t+1}^{(1)} - \hat{x}_{t+1}^{(2)}$$

und

$$B_t = \left[\frac{\alpha}{(1-\alpha)}\right]\left(\hat{x}_{t+1}^{(1)} - \hat{x}_{t+1}^{(2)}\right)$$

bestimmt.

Zur Bearbeitung von Zeitreihen mit nichtlinearem Trend der Form $\hat{x}_{t+1} = a + bt + \frac{1}{c}dt^2$ wird die dreistufige exponentielle Glättung eingesetzt.

Die exponentielle Glättung (allgemein n-ter Ordnung) ist im Vergleich zu anderen Verfahren eine sehr einfache Methode der kurzfristigen Prognoserechnung. Sie ist ein Verfahren, das gerade bei Vorliegen einer großen Zahl von Zeitreihen in der Praxis zu durchaus befriedigenden Ergebnissen führt und damit ihre Verwendung auf vielen Gebieten rechtfertigt.[201] Sie eignet sich für kurzfristige Prognosen und bedingt für mittelfristige. Einsatz findet sie überwiegend bei Produktions- und Lagerbestandskontrollen, Projektion von Gewinnspannen und anderen Finanzdaten. Bei saisonalen Schwankungen sind auch hier Daten von mindestens zwei Jahren notwendig. Für Produktinnovationen ist sie nicht geeignet, da zur Bestimmung des α in der Regel eine Vergangenheit des Produktes vorhanden sein muß.

---

[201] Vgl. Moosmüller/Exponentielle Glättung als Prognoseinstrument/S. 209 - 216.

Standardverfahren	Anwendungsgebiet
einstufige exponentielle Glättung[202]	leichter Trend, ohne rasch aufeinander folgende Richtungsänderungen
zweistufige exponentielle Glättung[203]	starker linearer Trend
dreistufige exponentielle Glättung[204]	exponentielles Wachstum oder rückläufiger Trend
Spezialmodelle	Anwendungsgebiet
Verfahren nach Holt[205]	starker linearer Trend
Verfahren nach Winters[206]	linearer oder nichtlinearer Trend, additive oder multiplikative Saison

Tab. 3-7: Exponentielle Glättungsverfahren[207]

Die einfachen Glättungsverfahren werden für strategische Prognosen kaum eingesetzt, unter anderem deshalb, da sie für Zeitreihen, die einen Trend oder eine Saison aufweisen, nicht angewendet werden können.[208] Auch wenn diese Einschränkung für die erweiterten Verfahren und insbesondere die Spezialmodelle wie die Winterssche Glättung nicht gilt, so läßt sich doch feststellen, daß Glättungsverfahren primär für Kurzfristprognosen verwendet werden sollten. Durch die Bildung von Durchschnittswerten wird eine "Grundrichtung" in die Zeitreihe hineininterpretiert, die zwar kurzfristig richtig sein kann, aber keinesfalls langfristig gelten muß.[209]

---

[202] Vgl. Brown/Statistical Forecasting for Inventory Control.

[203] Vgl. Brown/Smoothing Forecasting and Prediction.

[204] Vgl. Montgomery; Johnson/Forecasting and Time Series Analysis. Levenbach; Cleary/Modern forecaster.

[205] Vgl. Holt/Forecasting Seasonals and Trends.

[206] Vgl. Winters/Exponentially Weighted Moving Averages/S. 324 - 342.

[207] Eigene Zusammenstellung des Verfassers.

[208] Vgl. Berekoven; Eckert; Ellenrieder/Marktforschung/S. 243.

[209] Vgl. Weßner/Prognoseverfahren/S. 214.

3.1.5.2 Regressionsmodell

Bei der Analyse von Absatzdaten versucht man häufig, für die langfristige Entwicklung einen Trend zu approximieren, d.h. an die Trendkomponente kann
eine Funktion der Zeit angepaßt werden, die von unbekannten, zu schätzenden
Parametern $b_1,...,b_k$ abhängt. Mit Hilfe des Kleinst-Quadrate-Kriteriums können
die Parameter einer solchen Funktion ermittelt werden, falls die Abstände zwischen den einzelnen Beobachtungen äquidistant sind.

Für Trendfunktionen sprechen folgende Argumente:[210]

Die Einflußfaktoren auf den Absatz sind nicht immer bekannt. So weiß man
zum Beispiel nicht, welche Faktoren das Rauchen von Zigaretten bestimmen.
Es besteht jedoch ein eindeutiger Trend im Zigarettenverbrauch, mit dessen
Hilfe sich erfahrungsgemäß ziemlich sichere Vorhersagen gewinnen lassen.
Selbst bei bekannten Einflußfaktoren kann nicht immer die Intensität des
Einflusses gemessen werden. Das betrifft z. B. den Einfluß der Mode auf den
Bedarf nach Oberbekleidung für Jugendliche. Allerdings weist die Nachfrage
nach modischer Oberbekleidung einen bestimmten, erfaßbaren Trend auf.

Es ist nicht immer ökonomisch gerechtfertigt, die im Vergleich zu Trendberech-
nungen aufwendigen Untersuchungen über die Wirkung von Einflußfaktoren
aufzustellen. Beispielsweise braucht man keinesfalls jedes Jahr erneut die
Faktoren zu analysieren, die den Verbrauch der Bevölkerung von Zündhölzern
bestimmen, wenn sich herausgestellt hat, daß dieser Bedarf zu einem konstanten Niveau tendiert.

Ist die Funktion $\hat{x}_t(t;b_1,...,b_k)$ konstant in den Parametern können die Methoden der linearen Regression eingesetzt werden. Als Maß für die Güte der Anpassung eines linearen Trendmodells wird das Bestimmtheitsmaß B herangezogen. Für die lineare einfach Regression $\hat{x}_t = a + bt$ gilt:

$$B = r^2 = \frac{\sum_{t=1}^{n}(\hat{x}_t - \bar{x})^2}{\sum_{t=1}^{n}(x_t - \bar{x})^2}, \text{ wobei B das Verhältnis der erklärten zur totalen Streuung}$$

wiedergibt.

---

[210] Vgl. Schmutzler; Krieger; Dalichow/Statistische Methoden/S. 46.

Ist die Funktion $\hat{x}_t$ nichtlinear in den Parametern, so kann diese Minimierung entweder direkt mittels Gradientenverfahren oder durch Nullsetzen der partiellen Ableitungen $Q^2 = \sum_{t=1}^{n}(x_t - \hat{x}(t;b_1,...,b_k))^2$ nach den Parametern $b_1,...,b_k$ mit Lösen des dadurch erzeugten Gleichungssystems, etwa mit Newton-Verfahren erfolgen.

Bei diesem Trendmodell ist zu beachten, daß es sich zwar oftmals gut zur Beschreibung der beobachteten Reihe eignet, jedoch als langfristige Prognose ungeeignet ist, da Polynome außerhalb des Anpassungsbereiches rasch gegen $\pm\infty$ streben können. Es ist jedoch unrealistisch, für Wachstumsprozesse eine unbeschränkte Expansionsfähigkeit zu unterstellen, wie dies bei einem linearen Trend oder einer Polynomanpassung der Fall ist. Vielmehr ist häufig eine obere Grenze für das Wachstum einer Erscheinung anzunehmen. Im Falle von Absatzprognosen ist dies durch das Marktpotential vorgegeben. Auf die einzelnen Möglichkeiten für nichtlineare Trendfunktionen in Form von exponentiellem oder logistischen Trend wird im nächsten Kapitel zur Diffusion ausführlich eingegangen werden.

Über die reine Trendschätzung hinaus kann die Regressionsanalyse auch dazu verwendet werden, aufgrund von k Merkmalen einen funktionalen Zusammenhang der Gestalt $\hat{x}(r_1,...,r_k) = a + b_1 r_1 + b_2 r_2 + ... + b_k r_k = a + \sum_{j=1}^{k} b_j r_j$ zur Erklärung von $\hat{x}_t$ einzusetzen.[211]

In der "Standardform" wird die Anzahl und Reihenfolge der unabhängigen Variablen vor der Berechnung spezifiziert. Im Unterschied zu diesem eher simultanen Ansatz geht die schrittweise Regression sukzessive vor, die Einbeziehung der unabhängigen Variablen geschieht in einzelnen Schritten.

In der praktischen Arbeit mit multiplen Regressionsfunktionen tauchen bei der Schätzung der Koeffizienten immer wieder Probleme auf, wenn eine Multikollinearität der Regressoren r_k auftaucht. Von Multikollinearität spricht man, wenn neben der Beziehung zwischen abhängiger und unabhängiger Variablen auch zwischen den unabhängigen Variablen Korrelationen bestehen. Gerade im Bereich der Markt- und Absatzprognosen ist häufig eine versteckte Form der Mul-

---

[211] Vgl. zu Multiplen linearen Regressionsmodellen z.B. Weber/Wirtschaftsprognostik/S. 99 - 113.

tikollinearität anzutreffen, d.h. der Zusammenhang zwischen den unabhängigen Variablen läßt sich nicht exakt als lineare Funktion ausdrücken.

Regressionsmodelle liefern gute bis sehr gute kurz- und mittelfristige Prognosen. Besonders eignen sie sich für Prognosen von Absatzzahlen nach Produktgruppen und Prognosen von Handelsspannen. Für ihre Anwendung sind jedoch in der Regel historische Quartalsdaten für mehrere Jahre notwendig.

In ökonomischen Zeitreihen sind oft ausgeprägte Saisonfiguren, d.h. relativ regelmäßige zyklische Schwankungen mit Jahresperiode, enthalten. Um eine Aussage über die zukünftige Entwicklung einer Größe zu machen, nimmt man häufig eine Saisonbereinigung vor, um die Entwicklung der glatten Komponente möglichst gut beurteilen und eine Trendwende dieser Komponente unbeeinflußt von saisonalen Einflüssen frühzeitig diagnostizieren zu können.[212] Moderne Ansätze zur Saisonbereinigung basieren auf der Theorie stochastischer Prozesse. Ihr Einsatzgrad für Markt- und Absatzprognosen ist gering, daß sie im Rahmen dieser Arbeit nicht weiter behandelt werden sollen. Zur Theorie sei auf die umfangreiche Literatur verwiesen.[213]

---

[212] Prospektive Zielsetzung der Prognose.

[213] Vgl. Hüttner/Absatzprognosen nach Box-Jenkins/S. 37,
Box; Jenkins/Time Series Analysis/S. 19,
Hanke; Reitsch/Business Forecasting/S.290-307,
Pankratz/Univariate Box-Jenkins Models/S. 17,
Hüttner/Prognoseverfahren/S. 135.

3.1.6 Prozeß- und Resultatsevaluation

Neben den beiden großen Verfahrensgruppen Glättungsverfahren und Regressionsverfahren gibt es für Absatzprognoseverfahren eine Vielzahl von anderen Verfahren. Im Kapitel 4 wird eingehend auf verschiedene Ansätze zur
Methodenauswahl für Absatzprognosen eingegangen werden. Im folgenden
sollen deshalb nur allgemeingültige Kriterien im Hinblick auf Produktinnovationen erläutert werden. Die Wahl für oder gegen ein bestimmtes Prognoseverfahren fällt in der Regel aufgrund folgender Kriterien:

- Bedeutung der Entscheidung,
- Prognosekosten,
- Prognosequalität.

Bei grundlegenden Entscheidungen wie der Einführung eines neuen Produktes
braucht man besonders gut fundierte Prognosen. Man wird hierfür umfassen-
dere, evtl. komplexere und damit kostspieligere Prognoseverfahren heranzie-
hen als bei Routineentscheidungen. Eine nur auf der Zeit basierende Transformationsregel für den Absatz wie insbesondere beim gleitenden Durchschnitt,
aber auch eine Transformation mittels Zeit und bestimmter konstanter Größen
wie bei der exponentiellen Glättung (α) oder der Einfach-Regression (a und b)
erweist sich auf Dauer zur Abbildung eines dynamischen Prozesses wie dem
Absatzverlauf als ungenügend. Die vorhergehenden Ausführungen zu Prognoseverfahren zeigten auf, daß diese Verfahren nicht ausreichen, um den Absatzverlauf von Produktinnovationen in der Einführungsphase zu prognostizieren, da die vorhandenen Daten für eine Modellbildung nicht ausreichen.

Nach der Klärung der Bedeutung der Entscheidung sind die Prognosekosten
für die einzelnen Verfahren zu vergleichen. Die Prognosekosten lassen sich
unterteilen in:

- fixe Kosten für die Entwicklung bzw. Beschaffung der Prognosesoftware
  sowie ihre Implementierung auf einer DV-Anlage, einschließlich der Dokumentation und
- variable Kosten für Rechenzeit und Speicherbedarf für die Prognoserechnung, Datenbeschaffung und -aufbereitung, Auswertung, Prüfung und kritische Kommentierung der Prognoseergebnisse.

Bei der Anwendung von Prognoseverfahren können Abweichungen zwischen
dem prognostizierten und dem tatsächlich eintretenden Wert nicht vermieden
werden. Im Gegenteil, eine exakte Übereinstimmung beider Werte kann nur
zufällig sein. Dieses ist darauf zurückzuführen, daß es nicht gelingt, alle Ein-

flußfaktoren einer Absatzreihe vollständig zu kontrollieren. Die Abweichungen zwischen den Prognosewerten und den Beobachtungswerten dienen der Charakterisierung der Prognosequalität eines Prognoseverfahrens. Wie bereits z.B. anhand der gleitenden Durchschnitte geschildert, können für die Perioden eines zurückliegenden Zeitraums, für den die Beobachtungswerte bekannt sind, anhand mehrerer Verfahren Prognosen simuliert werden (sog. ex-post-Prognosen) und deren Genauigkeit miteinander verglichen werden. Dazu werden aus den Abweichungen Maßzahlen für den Prognosefehler berechnet. Bei einer der Struktur der zu prognostizierenden Zeitreihe gut angepaßten Prognosefunktion sind die Prognoseabweichungen systemimmanent. Da sich dann positive und negative Abweichungen aufheben, ist der Erwartungswert $E[\sum_{t=1}^{n}(x_t - \hat{x}_t)] = 0$

und auch bei empirischer Betrachtung der Mittelwert nahe Null. Quantitative Fehlermaße werden aus dem Prognosefehler $e_t = x_t - \hat{x}_t$ abgeleitet.[214, 215] Zur Konstruktion von Fehlermaßen verwendet man üblicherweise den absoluten Prognosefehler $|e_t|$, den quadratischen Prognosefehler e_t^2 oder den relativen absoluten Prognosefehler $\dfrac{|e_t|}{x_t}$.

Ein gebräuchliches Fehlermaß ist die mittlere absolute Abweichung MAA $= \dfrac{1}{n}\sum_{t=1}^{n}|x_t - \hat{x}_t|$. Sie stellt das arithmetische Mittel der absoluten Prognosefehler im Zeitablauf dar und verhindert das Saldieren positiver und negativer Abweichungen. Darüberhinaus gewichtet dieses Fehlermaß alle Prognosefehler gleich. Die mittlere quadratische Abweichung MQA $= \dfrac{1}{n}\sum_{t=1}^{n}(x_t - \hat{x}_t)^2$ ist das arithmetische Mittel der quadratischen Prognosefehler und verhindert ebenfalls ein Saldieren positiver und negativer Abweichungen. Im Unterschied zur mittleren absoluten Abweichung erhalten jedoch größere Abweichungen durch das Quadrieren ein höheres Gewicht, was nicht immer gewünscht ist. Zieht man die Wurzel aus der mittleren quadratischen Abweichung erhält man die Standard-

---

[214] Vgl. Makridakis/ Wheelwright/Interactive Forecasting/S.19 f,
Brockhoff/Prognoseverfahren für die Unternehmensplanung/S.55 f;
Lewandowski/Prognose- und Informationssysteme/S.192 f.

[215] Vgl. hierzu in der angloamerikanischen Standardliteratur:
Gilchrist/Statistical Forecasting/S. 29 - 32,
Makridakis; Wheelwright; McGee/Forecasting/S.44 - 50,
Mahmoud/The evaluation of Forecasting/S.504 - 522,
Farnum; Stanton, La Verne/Quantitative Forecasting Methods/S.22 - 25.

abweichung des Prognosefehlers. Legt man jedoch die Fehlermaße als Auswahlkriterien für Prognoseverfahren an, ergeben sich einige Probleme. Das
wohl gravierendste ist die Entscheidung für eine ex-post Minimierung des
Prognosefehlers. Eine ex-post-Betrachtung kann trotz minimalem
Prognosefehler eine völlig unzureichende Prognose nach sich ziehen. Alle
diese Fehlermaße erlauben es, Prognoseverfahren im Hinblick auf ihre
Anpassungsgenauigkeit an Vergangenheitswerte zu vergleichen und das
Verfahren zu wählen, welches den kleinsten Wert des Fehlermaßes liefert. Sie
sagen jedoch nichts darüber aus, ob eine Prognose allgemein als gut oder als
schlecht zu beurteilen ist, da ein kritischer Wert für ein solches Urteil fehlt. Der
Ungleichheitskoeffizient von Theil bietet einen Lösungsansatz. Ausgangspunkt
ist die sogenannte naive Prognose, die den letzten Beobachtungswert als
Prognosewert verwendet $\hat{x}_t = x_{t-1}$. Der Ungleichheitskoeffizient ist so konstru-
iert, daß er im Fall der naiven Prognose den Wert 1 annimmt.[216]

$$Th = \sqrt{\frac{\sum_{t=1}^{n}(x_t - \hat{x}_t)^2}{\sum_{t=1}^{n}(x_t - x_{t-1})^2}}$$

Erreicht man mit einem Prognoseverfahren einen Wert Th<1, so ist das Prognoseergebnis "gut", bei Th>1 dagegen "schlecht". Die ideale Prognose $\hat{x}_t = x_t$
ergibt Th=0.

Um den Prognosefehler stärker bei der Angabe der Prognosewerten zu
berücksichtigen, kann anstelle eines einzelnen Prognosewertes pro Zeitperiode
(Punktprognose) ein Prognosebereich angegeben werden (Bereichsprognose),
in dem der Absatz mit einer bestimmten Wahrscheinlichkeit erwartet wird.[217] In
praktischen Anwendungen werden jedoch häufig Punktprognosen den Be-
reichsprognosen vorgezogen, weil die Absatzprognosewerte Ausgangswerte
für weitere Planungsprobleme (Produktionsplan, Vertriebsplan) sind und dafür
Punktwerte leichter zu verarbeiten sind. Hinzu kommt, daß bei relativ hohem
Wert der Sicherheitswahrscheinlichkeit der Prognosebereich sehr breit sein
kann und für praktische Vorgaben ungeeignet ist. Trotzdem ist auf eine Be-

---

[216] Vgl. Hansmann/Prognosefehlermaße/S. 971.

[217] Vgl. Scheer/Absatzprognosen/S. 24.

rechnung des ex-ante-Prognosebereichs nicht zu verzichten, weil er zumindest dem Prognostiker Hinweise für die Sicherheit seiner Prognose gibt.[218]

Die mechanische Funktionalität mathematischer Absatzprognoseverfahren täuscht vielfach eine Genauigkeit vor, die in den wenigsten Fällen gegeben ist. Die Vorbehalte sollten jedoch keinesfalls zu einer pauschalen Ablehnung längerfristig orientierter, strategischer Prognoseverfahren führen. Sie müssen vielmehr Anlaß für eine methodische Neuorientierung sein. Für die Beurteilung der Absatzentwicklung bedeutet dies: weg von quantitativer "Scheingenauigkeit", hin zu einem quantitativ-qualitativen Nachdenken über die Zukunft. Notwendigerweise belassen Absatzprognoseverfahren ihre Anwender in unterschiedlich hohen, oft unkalkulierbaren Stadien der Unsicherheit. Dies führt zu völlig neuen Anforderungen an die Nutzer von Prognoseinformationen. Informationsnutzer dürfen angesichts der unstrukturierten "soft-facts" nicht warten, bis sich diese besser strukturieren bzw. erhärten lassen.[219] Gerade im Bereich von Absatzentwicklungen wäre dies eine Unterlassungssünde, die unter Umständen fatale Folgen hätte. Die Nutzer würden es dadurch versäumen, strategische Informationen als solche, d.h. in noch "weicher" Form in Marketingentscheidungen einfließen zu lassen. Erst die subjektive Verknüpfung, Interpretation und Umsetzung strategischer Informationen macht jedoch ihren Nutzen aus. Ist sich der Anwender dieser Besonderheit nicht bewußt, steht er Prognoseverfahren mit strategischem Anspruch möglicherweise schon wegen ihrer impliziten Charakteristika skeptisch gegenüber. In diesem Zusammenhang ist auch darauf zu verweisen, daß strategische Prognoseforschung nicht mehr den Eindruck vollständiger Informationen und umfassender Verläßlichkeit erwecken darf, sondern vielmehr unvollständige Informationen integriert.[220] Für die Beurteilung der Absatzentwicklung bisheriger Produkte können somit verschiedene Verfahren eingesetzt werden. Je nach berücksichtigten Einflußgrößen kann das Ergebnis der Beurteilung des Absatzes unterschiedlich ausfallen. Wichtig ist vor allem, möglichst viele Anhaltspunkte über den Absatzverlauf und sein Verhältnis u.a. zum Marktpotential, zu den verursachenden Kosten und Erlösen in langfristiger Sicht zu erhalten. Eine Möglichkeit, zu überprüfen, ob die Absatzentwicklung der bisherigen Produkte dauerhaft und nicht nur zeitweilig unbefriedigend ist, bietet die Theorie des Produktlebenszyklus.

---

[218] Vgl. Scheer/Absatzprognosen/S. 24.

[219] Vgl. Reiner; Weßner; Wimmer/Strategische Prognose/S. 72.

[220] Vgl. Gerken/Der neue Manager/S. 52f.

3.2 Die Theorie des Produktlebenszyklus

3.2.1 Entstehung und Entwicklung des Produktlebenszyklus

Das Produkt-Lebenszyklus-Konzept besagt, daß die Absatzentwicklung eines Produktes oder einer Marke im Laufe der physischen Marktpräsenz einem ganz bestimmten Verlauf folgt. Ziel des Produkt-Lebenszyklus-Konzeptes ist nicht allein die Vorherbestimmung des weiteren Absatzverlaufes, sondern gleichzeitig die Nutzung des Konzeptes als Instrument der Marketingplanung. Um zu ermitteln, ob die Absatzentwicklung der bisherigen Produkte so unbefriedigend ist, weil das Produkt überholt ist, bzw. "stirbt", sollte für ein Produkt seine derzeitige Lage im Produktlebenszyklus ermittelt werden. So können die Wachstumschancen für die absetzbare Menge geschätzt werden und folglich kann eine entsprechende Ausrichtung der langfristigen Produktionsprogrammplanung erfolgen.[221]

Die ersten Ansätze eines Produktlebenszykluskonzepts reichen bis 1950 zurück. Dean entwickelte für einzelne Phasen eines "Cycles" Preisstrategien, wobei er zwischen Strategien für die Pionier-Phase und die Reife-Phase(n) unterscheidet.[222] Ebenfalls aus den fünfziger Jahren stammt das PLZ-Modell von Patton.[223] Das Modell dient als Planungsinstrument für das Management und erläutert Aufgabenfelder und Schlüsselaktivitäten für die einzelnen Phasen.

In der Marketinglehre findet das Konzept seit Mitte der sechziger Jahre größere Verbreitung. Frühe empirische Arbeiten stammen von Cox[224] und Polli/Cook[225]. In Deutschland haben sich insbesondere Brockhoff[226], Meffert[227] und Pfeiffer/Bischoff[228] mit dem Produktlebenszyklus beschäftigt. Obwohl das Konzept in der Theorie und Praxis mittlerweile weitgehend akzeptiert worden ist, wird

---

[221] Vgl. Meffert/Strategische Unternehmensführung/S. 53.

[222] Vgl. Dean/Pricing Policies for New Products/S. 50.

[223] Vgl. Patton/Product Life Cycle//S. 9-14; 67-79.

[224] Vgl. Cox/Product Life Cycles/S. 375 - 384.

[225] Vgl. Polli; Cook/Validity of the Product Life Cycle/S. 385 - 400.

[226] Vgl. Brockhoff/Technologischer Wandel/S.619 - 635.

[227] Vgl. Meffert/Aussagewert des Produktlebenszyklus-Konzeptes/S.85 - 134.

[228] Vgl. Pfeiffer; Bischof/Produktlebenszyklen4/S. 635 - 666.

mit Kritik nicht gespart. Zu den "Klassikern" zählt der Aufsatz von Dhalla/Yuspeh[229] mit dem Titel "Forget the product lifecycle concept".

3.2.2 Phasencharakteristika

Üblicherweise wird der Verlauf eines idealtypischen Produktlebenszyklus in Form einer Glockenkurve dargestellt. Das Modell bildet dabei die Nachfrage bzw. die Verbreitung einer Innovationadoption durch Einzelpersonen bzw. Organisationen im Zeitablauf ab.[230] Konkrete Verlaufsmuster von Produktlebenszyklen können in der Praxis wie in der Theorie zum Teil erheblich von diesem idealtypischen Verlauf abweichen.[231]

Der Verlauf läßt sich in verschiedene Phasen unterteilen, wobei in der Literatur zwischen vier bis sieben unterschiedlichen Phasen unterschieden wird. In der angelsächsischen Literatur haben sich die vier Phasen Innovation, Growth, Maturity und Decline durchgesetzt.[232]

Im deutschsprachigen Raum sind es zumeist die fünf Phasen Einführung, Wachstum, Reife, Sättigung und Degeneration[233], wobei neuere Entwicklungen weiter gehen und den Zeitraum vor der Markteinführung mit berücksichtigen[234].

---

[229] Vgl. Dhalla; Yuspeh/Forget the product lifecycle/S. 102 - 112.

[230] Vgl. Höft/Lebenszykluskonzepte/S. 23.

[231] Vgl. Easingwood/Product lifecycles patterns/S. 27,
Rink; Swan/Product Life Cycle Research/S. 222.

[232] Vgl. Patton/Product Life Cycle/S. 9-14;S. 67-79,
Cox/Product Life Cycles/S. 375-384,
Fox/Product Life Cycle/S. 107-112,
Twiss/Managing technological innovation,
Baker/Marketing New Industrial Products,
v. Stritzky/Lebenszyklen von Produkten/S. 281 - 291,
Mason/Product Maturity and Marketing Strategy/S. 36 - 47,
de Kluyver/Innovation and Industrial Product Life Cycle/S. 21-33,
Rink; Dodge/Industrial Sales Emphasis/S. 305 - 310,
Barksdale;Harris/Portfolio Analysis and the Product Life Cycle/S. 74 - 83,
Etienne/Product R&D and Process Technology/S. 22 - 27.

[233] Vgl. Scheuing/Product Life Cycle/S. 111 - 124,
Brockhoff/Produktlebenszyklen/Sp. 1763 - 1770,
Meffert/Aussagewert des Produktlebenszyklus-Konzeptes/S. 85 - 134,
Hofstätter/Die Erfassung der langfristigen Absatzmöglichkeiten.

[234] Vgl. Potucek/Produkt-Lebenszyklus/S. 83 - 86,
Ziebart/Forschung und Entwicklung/S. 37 - 59,
Mullick/Life-Cycle Forecasting/S. 321 - 335,
Scholz/Schwachstellen des Technologietransfers/S. 3 - 11.

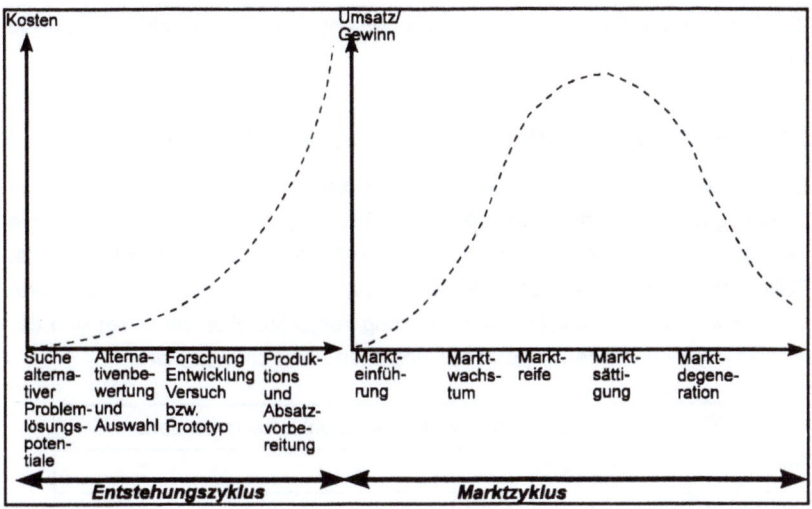

Abb.3-10: Integrierter Produktlebenszyklus[235]

Die Hypothese eines allgemeingültigen, idealtypisch S-förmigen Lebenszyklus ist empirisch widerlegt worden. Teilweise wird versucht, die mit dem Konzept des Produktlebenszyklus verbundene Unsicherheit hinsichtlich der Absatzentwicklung auch graphisch in Form von Quasi-Intervallen zu verdeutlichen.

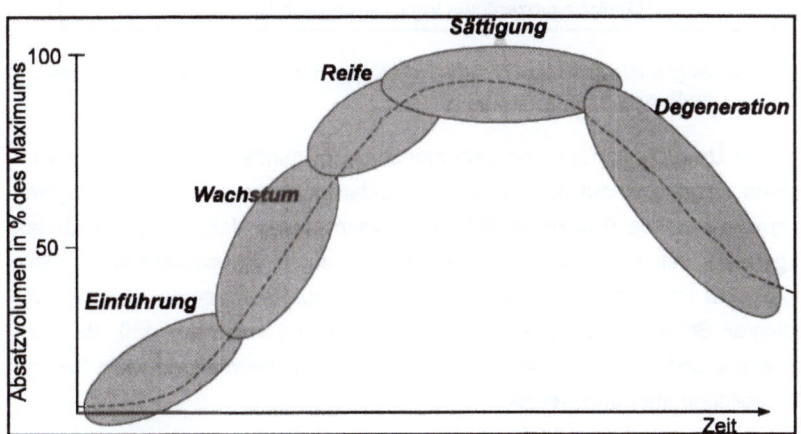

Abb.3-11: Alternative Darstellungsform des Produktlebenszyklus[236]

---

[235] In Anlehnung an Pfeiffer; Bischoff/Produktlebenszyklen/S. 136
[236] In Anlehnung an Ader/L´analyse stratégique/S. 17.

Zur Abgrenzung der einzelnen Phasen bedient man sich sowohl quantitativer wie auch qualitativer Merkmale.

3.2.3 Quantitative Merkmale zur Phasenabgrenzung

Quantitative Merkmale sind in der Literatur bisher nur selten und nur für den Konsumgüterbereich diskutiert worden.[237] Als Meßgröße dient in der Regel die Veränderungsrate des Umsatzes bzw. die Höhe der Einkünfte/Erträge. Polli/Cook (1969) verwenden als Abgrenzungskriterium eine standardisierte Umsatzveränderungsrate (zur Ausschaltung konjunktureller Einflüsse) und definieren einzelne Phasen anhand der jährlichen Abweichungsraten.

Einführung	U_j^* kleiner als 5% des (geschätzten) Umsatzvolumens
Wachstum	$+0,05 < U_j^*$
wachsende Reife	$+0,01 < U_j^* < +0,05$
Reife	$-0,01 < U_j^* < +0,01$
sinkende Reife	$-0,05 < U_j^* < -0,01$
Verfall	$U_j^* < -0,05$
$U_i =$	jährliche Verkäufe des Produkts i dividiert durch die Summe der Verkäufe aller Produkte einer Produktklasse
$U_j^* =$	jährliche prozentuale Veränderung von U_i

Tab. 3-8: Abgrenzungskriterien nach Polli/Cook auf der Basis jährlicher prozentualer Veränderungen[238]

Sind die Umsatzveränderungsraten monatlich für mindestens zwei Jahre vorhanden, kann auch auf der Basis der Standardnormalverteilung eine Abgrenzung erfolgen. Die Phasenidentifikation beginnt damit, daß die Umsatzänderungsraten aller relevanten Produkte, darunter auch alle Produkte einer übergeordneten Produktgruppe zum Vergleich und zur Eliminierung konjunkturell bedingter Schwankungen, ermittelt werden. Nimmt man an, daß sie normalverteilt sind, so können sie in eine Standardnormalverteilung wie in folgender Abbildung überführt werden.

---

[237] Vgl. Cox/Product Life Cycles/S. 377-380,
       Polli; Cook/Validity of the Product Life Cycle/S. 388 - 393,
       Brockhoff/Produktlebenszyklen/Sp. 1767 - 1768.

[238] Vgl. Polli; Cook/Validity of the Product Life Cycle/S. 385 - 400.

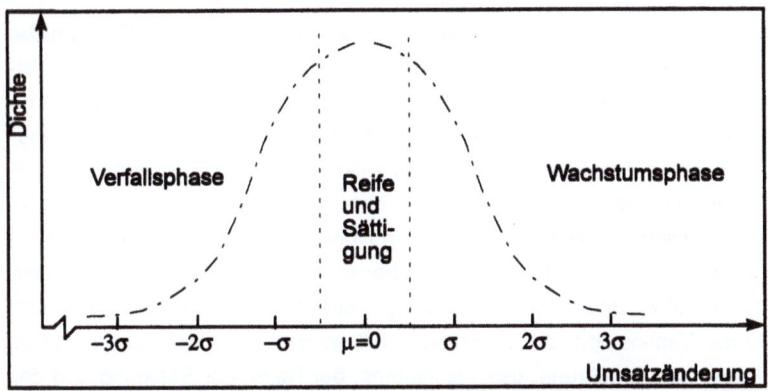

Abb. 3-12: Standardnormalverteilung der Umsatzveränderungsraten aller Produkte einer Produktklasse als Phasenidentifikationskriterium[239]

Anschließend geht man von folgenden Konventionen aus: Das betrachtete Produkt wird der Degenerationsphase zugeordnet, wenn seine Umsatzänderung kleiner als $\mu-0.5\sigma$ ist. Ist sie größer als $\mu+0.5\sigma$, wird es als in der Wachstumsphase befindlich angesehen. Die Reife- bzw. die Sättigungsphase wird diagnostiziert, wenn die Umsatzänderung bei dem interessierenden Produkt zwischen den zwei genannten Werten liegt. Auf die Einführungsphase ist nach Polli/Cook zu schließen, solange die erzielten Umsätze weniger als 5% eines geschätzten Maximal-Umsatzes betragen. Angesichts der Probleme bei der Datenbeschaffung und der Abschätzung von Maxima dürfte es schwierig sein, auf diese Weise eine Abgrenzung der Phasen vorzunehmen, und zu identifizieren, ob sich ein bisheriges Produkt unveränderlich in einer Degenerationsphase befindet. Die konkreten Prozentwerte sind ebenfalls nicht auf jede beliebige Unternehmung zu übertragen. Bei vielen potentiellen Mitbewerbern bzw. vielen Substitutionsprodukten können die Werte viel geringer gewählt werden. Außerdem wird ein idealtypischer Produktlebenszyklus-Verlauf unterstellt, der viele denkbare andere Verläufe unberücksichtigt läßt. In diesem Zusammenhang soll auf die Möglichkeit der Ausweitung des individuellen Produktlebenszyklus für ein einzelnes Produkt auf den Nachfrage-Technologie-Zyklus mit sehr vielen Produkten auch aus anderen Unternehmungen hingewiesen werden.[240]

Plötzlich abbrechende Produktlebenszyklen, wie z.B. beim Schwarz-Weiß-Fernseher, erhalten auf diese Weise eine Erklärung im Rahmen eines zusam-

---

[239] Vgl. Polli; Cook/Validity of the Product Life Cycle//S. 390.

[240] Vgl. Ansoff/Implanting Strategic Management.

menhängenden Nachfrage-Technologie-Zyklus und können als Teilbereiche
eines Gesamtzyklusses in bestimmte Phasen eingeordnet werden. Ein Bedürfnis wird im Laufe der Zeit durch verschiedene Technologien erfüllt. So wurde
das Bedürfnis Unterhaltungselektronik zunächst durch Schwarz-Weiß-Fernseher, dann durch Farbfernseher und schließlich durch Videorecorder erfüllt.[241]
Jede neue Technologie erfüllt normalerweise das Bedürfnis besser als die alte.[242] Jede Technologie der Nachfrageerfüllung folgt einem bestimmten Kurvenverlauf, nämlich dem Technologie-Lebenszyklus, der für drei Technologien
mit T1, T2 und T3 unterhalb der Nachfrage-Lebenszykluskurve veranschaulicht
wird. Jede Technologie der Nachfrageerfüllung weist in ihrem Lebenszyklus
eine Phase der Einführung, des Wachstums, der Reife, der Sättigung und der
Degeneration auf.

Während des Lebenszyklusses einer bestimmten Technologie wird eine Folge
von Produktformen (P1, P2, P3 ...) entstehen, die das vorhandene Bedürfnis
jeweils zufriedenstellen.[243]

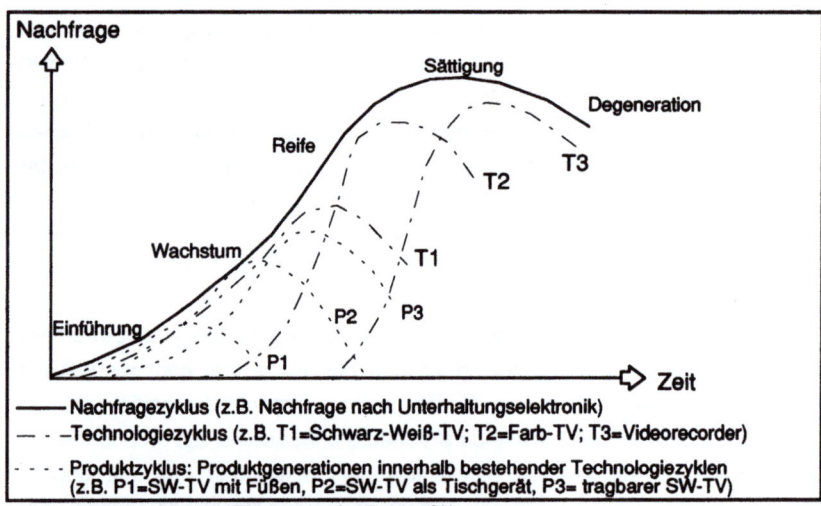

Abb. 3-13:Nachfrage-Technologie-Zyklus[244]

---

[241] Vgl. Berndt; Fantapie Altobelli/Die Diffusion/S. 246.

[242] Vgl. Kotler/Marketing-Management/S. 540.

[243] Vgl. Berndt; Fantapie Altobelli/Die Diffusion/S. 245.
Lange Zeit waren drei inkompatible Systeme auf dem Markt: Betamax; VHS; Video2000.

[244] Vgl. Meffert/Strategische Unternehmensführung/S. 34,
Ansoff/Implanting Strategic Management/S. 41.

Diese Unterscheidungen sind insofern von Bedeutung, als eine Unternehmung, die sich lediglich auf den Lebenszyklus ihrer eigenen Produktform konzentriert, die übergeordneten Zusammenhänge aus den Augen verliert[245], und unter Umständen eine sich ändernde Technologie zu spät erkennt. Ein graphisches Verfahren zur Phasenabgrenzung verwendet Scheuing (1969). Als Maßstab werden die Größen Umsatz- und Marktvolumen, Veränderungsrate des Marktvolumens und die Gewinn- und Verlustentwicklung verwendet. Auch an diesem Verfahren bestehen einige Kritikpunkte. Scheuing geht von der unrealistischen Annahme aus, daß bei sinkenden Umsatzzahlen keine Gewinne realisiert werden können, bzw. daß Verluste während der Reife- und Sättigungsphase ausgeschlossen werden.[246] Ferner ist nicht eindeutig, für welches Aggregationsniveau dieses Verfahren angewendet wird. Aufgrund der Verwendung des Indikators Gewinn/Verlust liegt die Vermutung nahe, daß es sich um Zyklen auf unternehmungsindividueller Ebene handelt.[247]

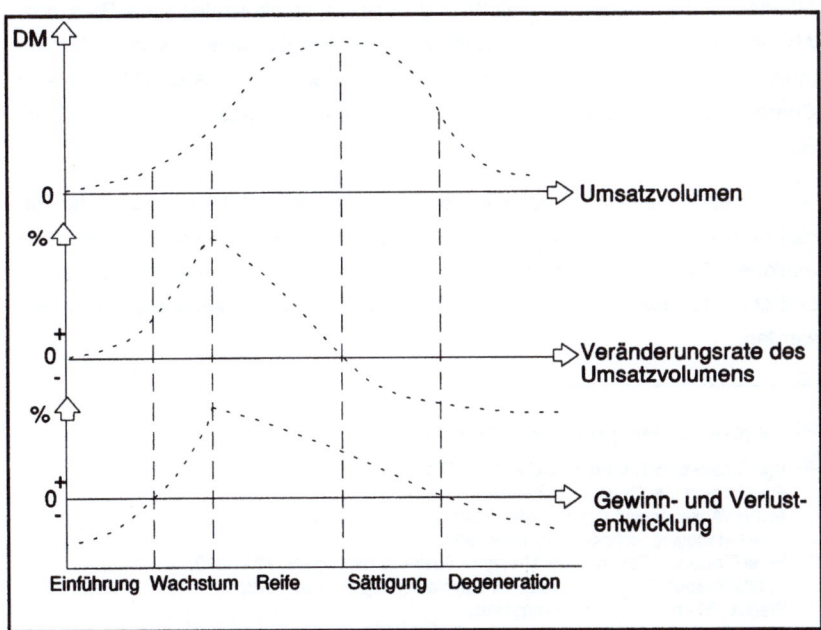

Abb. 3-14: Phasenabgrenzung nach Scheuing[248]

---

[245] Vgl. Kotler/Marketing-Management/S. 540 f.

[246] Vgl. Scheuing/The Product Life Cycle/S. 111 - 124.

[247] Vgl. Höft/Lebenszyklusanalyse/S. 34.

[248] Vgl. Scheuing/The Product Life Cycle/S. 115.

3.2.4 Qualitative Merkmale

Neben der Anwendung quantitativer Ansätzen zur Phasencharakterisierung und Phasenabgrenzung erweist es sich als sinnvoller, qualitative Kriterien heranzuziehen, um die Stellung des Produktes im Lebenszyklus zu bestimmen, insbesondere auch, um den übergeordneten Produktkontext für den Lebenszyklus seiner eigenen Produktform (z.B. in Form der Konkurrenten) zu berücksichtigen.[249]

Bei der Vielzahl der Kriterien unterscheidet man zwischen:[250]

♦ Betriebswirtschaftlichen Kenngrößen,

♦ Produkt- und Anbieterkriterien,

♦ Markt- und Wettbewerbscharakteristika,

♦ Sonstigen Kriterien.

Veränderungen im Lebenszyklus werden durch die Strukturmerkmale von Märkten und Branchen beeinflußt und besitzen somit strategische Relevanz. Als unmittelbare Folge dieser Entwicklungsprozesse passen sich Unternehmungen in ihrem Verhalten diesen Veränderungen an.[251] Die Ermittlung dieser Charakteristiken ermöglicht eine umfassende Einschätzung des zukünftigen Absatzes.

Anhand einer intelligenten Checkliste für die einzelnen Kriterien, d.h. unter Berücksichtigung von Interdependenzen oder Einbeziehung ergänzender Informationen, kann der Informationsstand über die Produkte erheblich verbessert und der Unsicherheitsgrad über die Stellung im Produktlebenszyklus verringert werden.

---

[249] Vgl. Kotler/Marketing-Management/S. 540 f.

[250] Vgl. Smallwood/The Product Life Cycle/S. 85 - 91,
Fox/Product Life Cycle/S. 107 - 112,
Meffert/Aussagewert des Produkt-Lebenszyklus Konzeptes,
Twiss/Managing technological innovation,
Hofer/Toward a Contingency Theory of Business Strategy/S. 784 - 810,
Dhalla;Yuspeh/Forget the product life cycle concept/S. 102 - 112,
Pfeiffer; Bischof/Produktlebenszyklen,
Moore;Tushman/Managing Innovation/S. 131 - 150,
Meffert/Konkurrenzstrategien/S. 13 - 19,
Hinterhuber/Strategische Unternehmensführung/S. 3,
Meffert/Erfolgreiche Unternehmens- und Marketingstrategien/S. 3 - 33,
Tushman;Nadler/Organizing for Innovation/S. 75 - 92,
Ofir;Raveh/Forecasting Demand in International Markets/S. 41 - 50,
Mumpower; Livingston; Lee/S. 51 - 65,
Bierfelder/Innovationsmanagement,
Torré,de la; Neckar/Forecasting political risks/S. 221 - 241.

[251] Vgl. Meffert/Strategische Unternehmensführung/S. 53.

3.2.4.1 Betriebswirtschaftliche Kenngrössen

Phasen Kriterien	Einführung	Wachstum	Reife	Sättigung und Verfall
Absolute Umsatzveränderung	geringes absolutes Umsatzwachstum	starkes absolutes Umsatzwachstum	Abs. Umsätze noch zunehmend; erreichen Maximum	Umsätze nehmen ständig ab
Relative Umsatzveränderung (Änderungsrate)	Zuwächse zunächst schwach; dann stetig steigend	Zuwachsraten erreichen Maximum	Zuwachsraten stark sinkend, aber positiv	Zuwachsrate ist negativ und sinkt weiter
Gewinne/ Profite	Niedrig; Break-Even bildet Grenze zur Wachstumsphase	Hoch bis maximal; Maximum bedeutet Beginn der Reifephase	positiv, aber auf geringerem Niveau	zunehmender Druck auf Gewinn; sinkend
Verlauf der Ertragssituation	Hohe Einführungs-/ Vorbereitungskosten	Gewinnmaximum, da zunächst nur wenige Wettbewerber	Gewinne sinken (Preisverfall und steigende Kosten)	sinkende Erlöse und Gewinne; Erreichung der Verlustgrenze leitet endgültig den Verfall ein
Deckungsbeitrag	Negativ (hohe Investitionen für Produktion/ Vertrieb)	Positiv (steigende Umsätze)	Deckungsbeitrag erreicht Maximum	Deckungsbeiträge gehen stark zurück

Tab. 3-9: Betriebswirtschaftliche Kenngrößen[252]

An erster Stelle der zu überprüfenden Kriterien stehen die typischen betriebswirtschaftlichen Kenngrößen Umsatz und Umsatzveränderungsrate, die, wie bereits dargestellt, zur quantitativen Phasenabgrenzung eingesetzt werden können. Schwierig gestaltet sich hier ebenso wie bei den quantitativen Abgrenzungsmerkmalen nach Polli/Cook eine Quantifizierung bzw. Einschätzung der Stärke dieser Größen, so daß häufig auf qualitative Aussagen zurückgegriffen wird. In Abhängigkeit von der Marktstruktur bestehen branchenmäßige Unterschiede für starke oder schwache Zuwachsraten. Konkrete Einschätzungen müssen für jede Unternehmung im einzelnen gemacht werden, wobei Experten- bzw. Erfahrungswissen über Produkt, Branche und Unternehmung berücksichtigt werden muß.[253]

Ist bei allen Kennzahlen ein Rückgang zu verzeichnen, so kann mit großer Sicherheit eine Degenerationsphase für ein Produkt identifiziert werden. Ob es sich um eine vorübergehende oder dauerhafte Phase handelt, kann anhand der folgenden Produkt- und Anbieterkriterien geprüft werden.

---

[252] In Anlehnung an Höft/Lebenszykluskonzepte ergänzt durch den Verfasser.

[253] Auf die Problematik der Darstellung dieser Unschärfe wird an späterer Stelle unter 4.2.3.2 eingegangen.

3.2.4.2 Produkt- und Anbieterkriterien

Phasen / Kriterien	Einführung	Wachstum	Reife	Sättigung und Verfall
Technologie-/ Innovations- niveau	wesentliche tech- nische Innova- tion; Schrittma- chertechnologien	Produkt- und Verfahrensinno- vationen; Schlüsseltech- nologien	Produkt- und Verfahrensop- timierung; Basis- technologien	nur noch kleinere Modifikationen; zunehmende Veralterung der Technologie
Produktion	häufig Werkstatt- fertigung; Aufbau einer leistungsfä- higen Produktion	zunehmende Automatisie- rungs- bemühungen	Fließfertigung oder flexible Fer- tigung	Graduelle Opti- mierung der Fer- tigung
Kapazitäten/ Auslastungs- grad	zu Beginn Über- kapazität; später Unterkapazität	vielfach noch Unterkapazitäten	Kapazitäten aus- gelastet	Steigende Ten- denz zu Überka- pazitäten; Abbau von Fertigungs- anlagen
Produktqualität	Produkte häufig nicht ausgereift	gut	sehr gut	unterschiedlich; u.U. sinkend, da veraltete Produk- tionsverfahren
Sortiment	Spezialisiertes, flexibles Produkt- spektrum und gr. Dienstleistungs- vielfalt, beruhend auf großem techn. KnowHow	Intensivierung des Wettbewerbs Erweiterung von Produktspektrum und Dienstlei- stungsangebot	Sortimentsbe- reinigung	Weiterer Abbau des Produkt- spektrums, Segmentierung des Marktes
Produktvaria- tionen/ Pro- duktvielfalt	ein Produkt	Produktfamilien; - linien; Speziali- sierung	sehr breites An- gebotsspektrum	Programmberei- nigung; "Rest"- Produktpro- gramm
Marketing- aktivitäts- niveau	sehr hoch; Ein- führungs- marketing	hohe Marketing- aktivität	hoch (Stützung des Marktanteils)	zunehmend rückläufig
Kostenredukti- onsmöglich- keiten	gering	viele	weniger	kaum
Preisdurchset- zungspotential	hoch	mittel	gering	gering; gegen Ende steigend

Tab. 3-10: Produkt- und Anbieterkriterien[254]

Die Produkt- und Anbieterkriterien verlangen einen umfassenden Überblick über den Produktionsprozeß des Produktes. Darüberhinaus ist eine Einschät- zung der Technologie ist nur möglich, wenn auch über die Unternehmung hinaus geblickt wird. Das bedeutet, daß zur Überprüfung aller Kriterien unter Umständen verschiedene Fachleute herangezogen werden müssen, z.B. Ferti- gungsingenieure für Fragen zum Produktionsprozeß und Marketingfachleute für Fragen zum Marketingniveau oder zum Preisdurchsetzungspotential. Ein

---

[254] In Anlehnung an Höft/Lebenszykluskonzepte ergänzt durch den Verfasser.

Teil dieser Kriterien kann Anhaltspunkte zur Verbesserung der Absatzsituation liefern. Veraltete Produktionsverfahren könnten eventuell auf Möglichkeiten zur Produktmodifikation hinweisen, ein rückläufiges Marketingaktivitätsniveau könnte bei einer Reaktivierung zum Produktrelaunch genutzt werden. Eine besondere Bedeutung zur Identifikation der Möglichkeiten zur Produktmodifikation oder zum Produktrelaunch besitzen ebenfalls die Markt- und Wettbewerbscharakteristiken.

3.2.4.3 Markt- und Wettbewerbscharakteristika

Die verschiedenen Kriterien zur Markt- und Wettbewerbsituation dienen zwei Zielen. Zum einen können sie aufzeigen, daß bearbeitete Geschäftsfelder zu starkem Wettbewerbsdruck unterliegen, und zum anderen können sie chancenreiche Bereiche offenlegen. Für den strategischen Planungsprozeß ist deshalb zum einen eine vergangenheits- und gegenwartsbezogene Konkurrenzanalyse und zum anderen eine zukunftsbezogene Konkurrenzprognose notwendig, die sich auf die Markt- und Wettbewerbsverhältnisse, die Wettbewerbsstärke, die Ziele und Strategien sowie das Wettbewerbsverhalten der Wettbewerber (d.h. deren Reaktionen auf angekündigte und vollzogene Aktivitäten der betrachteten Unternehmung) bezieht.[255]

Ziel der Konkurrenzforschung ist die Beantwortung der Frage, welche Güter bzw. welche Unternehmungen mit welchen Mitteln gegenwärtig (und zukünftig) um gleiche Marktpotentiale konkurrieren (werden). Um die Stärke der Konkurrenzbeziehungen zu messen, bedient man sich sogenannter Kreuzelastizitäten. Je nachdem ob der Quotient aus relativer Absatz- und relativer Preisänderung positiv oder negativ wird, verzeichnet man substitutive oder komplementäre Güter. Zur empirischen Ermittlung wird im einfachsten Fall auf Erfahrungswerte zurückgegriffen, die auf der Auswertung vergangener Abverkaufsdaten beruhen. Sollen solche Auswertungen in ihrer Aussagekraft jedoch über die eines ex-post-facto Experiments hinausgehen, kann man sich z.B. kontrollierter Marktexperimente bedienen, wie sie im Rahmen kommerzieller Testsysteme, etwa von der GfK (Behavior-Scan) oder von Nielsen (Telerim) angeboten werden.[256]

---

[255] Vgl. Römer/Konkurrenzforschung/S. 481.

[256] Zu Testmärkten vgl. Kap. 3.5.2.

Phasen / Kriterien	Einführung	Wachstum	Reife	Sättigung und Verfall
Zahl der Wettbewerber	zunächst wenige (Pioniere)	zunehmend Markteintritte; viele Wettbewerber; Höchstwert Fusionen	hohe Zahl der Wettbewerber, Konkurrenten ohne Produkt-/ Kostenvorteile scheiden aus	zunächst viele Wettbewerber; steigende Zahl von Marktaustritten
Grad/Intensität des Wettbewerbs	unbedeutend; keine festen Wettbewerbsregeln	steigende Konkurrenzintensität	hohe Intensität; "first major shake out"	starke Verdrängung; danach geringer Wettbewerb
Marktpotential [257]	unsicher; noch nicht bestimmbar	unsichere Bestimmung; steigendes Ausschöpfen potentieller Nachfrage	Begrenzt und überschaubar; steigender Ersatzbedarf	zunächst wie Reifephase; später nur Ersatzbedarf mit sinkender Tendenz
Marktanteilsverteilung	nicht abschätzbar; hohe Intensität	Ansätze zur Konzentration; Schwankungen	Konzentration; rel. Stabilität	Konzentration und zunehmende Stabilisierung der Marktanteile
Ein- und Austrittsbarrieren	Markteintrittsbarrieren gering, wenn kein dominierender Wettbewerber den Markt beherrscht	hohe Markteintrittsbarrieren abhängig von Kapitalkraft, tech. Know-How und Risikobereitschaft	hohe Markteintritts und austrittsbarrieren	hohe Marktaustrittsbarrieren
Absatzmärkte	lokale/ nationale Märkte	nationale/ internationale Märkte; Entstehung von Nischen	multinationale Märkte; Nischen	multinationale Märkte; Nischen
Abnehmer	Risikobereite Unternehmungen (Erstkäufer); Innovatoren	Viele Erstkäufer; Early Adopters	Erst- und Wiederholungskäufer; Early Majority	Überwiegend Wiederholungskäufer; Late Majority; später Leggards
Grundlage des Wettbewerbs	Leistungsmerkmale des Produkts	Produktdifferenzierung	Preis; Image; Differenzierung	zunächst Preis und Serviceorientierung später Lieferfähigkeit
Produktherstellertypen	Pioniere; Schnelle Folger	weitere Schnelle Folger; Imitatoren	Imitatoren, Anpasser	---
Preiselastizität der Nachfrage	sehr gering	zunehmende Preiselastizität	relativ hohe Preiselastizität; Reaktion auf alternative Preise	maximale Preiselastizität, danach deutliches Absinken

Tab. 3-11: Markt- und Wettbewerbscharakteristika[258]

---

[257] Vgl. ein mathematisches Modell hierzu bei Schlittgen/Sizes of markets/S.220.

[258] In Anlehnung an Höft/Lebenszykluskonzepte ergänzt durch den Verfasser.

Die Tätigkeit gegenwärtiger und möglicher Konkurrenten kann den Erfolg oder Mißerfolg des unternehmerischen Handelns entscheidend beeinflussen und wird zudem von der Unternehmungsführung nicht selbst gesteuert. Daher ist sie ein externer strategischer Faktor[259], so daß sie als Element in den strategischen Planungs- und Entscheidungsprozeß involviert werden muß. Informationen über Aktionen der Konkurrenten in bestimmten regionalen oder produktbezogenen Teilmärkten, über Veränderungen der Wettbewerbssituation und das Auftreten neuer Konkurrenten etc. haben einen maßgeblichen Einfluß auf die Entscheidung über zukünftige Tätigkeitsfelder der Unternehmungen.[260] Sie zeigen chancenreiche bzw. (jetzt oder zukünftig) hart umkämpfte Marktsegmente auf.[261] Neben der aktuellen Konkurrenz aus dem abgegrenzten Umweltbereich können aber auch potentielle Konkurrenten relevant sein. Potentielle Konkurrenten kommen aus verschiedenen Bereichen:[262]

Produktexpansion: Konkurrenten mit technisch ähnlichen Anlagen, die bisher andere Produkte herstellten, aber in der Lage sind, die Anlagen ohne größere Schwierigkeiten umzustellen.

Marktexpansion: Konkurrenten aus anderen Märkten können z.B. eine räumliche Marktgrenze überspringen oder dringen durch Sortiments- bzw. Produkterweiterung in unternehmungseigene Marktsegmente ein und werden so zu aktuellen Konkurrenten.

Rückwärtsintegration: Bisherige Kunden können im Rahmen der Wertschöpfungskonkurrenz bezogene Produkte durch eigene Produkte ersetzen.

Vorwärtsintegration: Auch Lieferanten sind in der Lage, durch den Aufbau einer eigenen Produktion zu aktuellen Konkurrenten zu werden. Fusion und Aufkäufe: Durch Fusionen oder Aufkäufe durch finanzstarke Unternehmungen können kleine, bisher nicht beachtete Konkurrenten zu großen Wettbewerbern werden sowie *Auftreten neuer Substitutionsprodukte.*

Anhand dieser Kriterien ist es möglich, eine umfassende Einschätzung des Produktes im Produktlebenszyklus zu treffen. Um eine abschließende Beurteilung zu ermöglichen, sollten jedoch auch noch ergänzende Kriterien überprüft werden.

---

[259] Vgl. Kreikebaum; Grimm/Die Analyse strategischer Faktoren/S. 7f.

[260] Vgl. Gutenberg/Grundlagen der Betriebswirtschaftslehre/S. 55 f.

[261] Vgl. Hoffmann/Konkurrenzuntersuchung/S. 206.

[262] Vgl. Römer/Konkurrenzforschung/S. 490.

3.2.4.4 Sonstige Charakteristika

Phasen Kriterien	Einführung	Wachstum	Reife	Sättigung und Verfall
Arbeitskräfte- bedarf	gering bis mittel	sehr hoch; evtl. Engpässe bei Fachkräften	Bedarf ist gedeckt	zunehmender Perso- nalabbau; innerbetrieb- liche Umschichtungen
Risiko	sehr hoch	mittel	gering	deutlich ansteigend
Hauptprobleme/ Schlüssel- aktivitäten	Timing; Marke- ting; Technologie	Produktion; Mar- keting	Kunden- orientie- rung	Kostenmanagement; Rationalisierung; Desinvestition

Tab. 3-12: Sonstige Charakteristika[263]

Bei der großen Summe der zu überprüfenden Kriterien, ist eine eindeutige Zu-
ordnung zu einer bestimmten Phase kaum gegeben. Anhand von unterneh-
mungsspezifischen Anforderungen oder Möglichkeiten ist jedoch in den
meisten Fällen eine klare Tendenz zu erkennen. Fällt das Ergebnis aus der
Produktlebenszyklusanalyse nicht befriedigend aus, sollte überprüft werden, ob
der Absatz durch Marketingmaßnahmen forciert werden kann, bzw. ob ein
Produktrelaunch oder eine Produktmodifikation Erfolg verspricht. Im Rahmen
der Arbeit soll diese Problematik nicht weiter vertieft werden. Hierzu sei auf die
entsprechende Literatur verwiesen. Für die folgenden Ausführungen soll davon ausgegangen werden, daß eine Produktidee kreiert wurde.

3.3 Erfolgs- und Mißerfolgskriterien für Produkt-
innovationen

Die Suche nach neuen Produkten basiert zum großen Teil auf Portfolioanalysen über Wettbewerbsaussichten oder Marktaussichten, aber auch auf Konkur-
renzanalysen. Aufgrund erfolgversprechender Identifikation von Marktlücken
oder Nischen wird zumeist eine Produktidee geboren. Trotz aller strategischen
Anstrengungen zur Planung von Produktinnovationen soll jedoch nicht verges-
sen werden, auf die Rolle von dynamischen Unternehmern und Erfindern hinzuweisen, die ohne Marktanalyse aufgrund ihrer Kreativität Produktideen besitzen.

Die erfolgreiche Durchführung von Produktinnovationen ist von unterschiedlichen Faktoren abhängig.[264] Zum Teil sind diese Faktoren endogen, wie die
bereits zu Beginn angesprochenen Eigenschaften einer Produktinnovation,

---

[263] In Anlehnung an Höft/Lebenszykluskonzepte ergänzt durch den Verfasser.

[264] Einen ersten Überblick über die empirische Literatur liefern Lilien und Yoon
Lilien; Yoon/Determinants/S. 3 - 10.

nämlich Nutzen, Kompatibilität, Komplexität, Möglichkeit der Erprobung und Wahrnehmbarkeit.[265] Ein überwiegender Teil der Faktoren, die einen Erfolg oder Mißerfolg bewirken, ist hingegegen exogen, wie beispielsweise Konkurrenzverhältnisse oder Käuferverhalten. Über die Erfolgsfaktoren neuer Produkte gibt es verschiedene empirische Untersuchungen, die verschiedene Gruppen von Einflußfaktoren für Erfolg bzw. Mißerfolg bestimmen.

Untersuchungsgegenstand	Empirische Untersuchung
Diskriminanten des Erfolgs *und/oder* Mißerfolgs	SAPPHO (Rothwell et al.)[266]
	Utterback[267]
	Cooper[268]
	Calantone & Cooper[269]
	Maidique & Zirger[270]
	Yoon & Lilien[271]
	Baker et al.[272]
	Perillieux[273]
	Lee[274]
Ausschließlich Determinanten des Mißerfolgs	Lazo[275]
	National Science Industrial Conference Board[276]
	Constandse[277]
	Hopkins[278]

Tab. 3-13: Empirische Untersuchungen über Erfolgs- und Mißerfolgsfaktoren[279]

---

[265] Vgl. Rogers/Diffusion of Innovations/S. 15.

[266] Vgl. Rothwell; Freeman; Horsley et al./Sappho updated/S. 258 - 291.

[267] Vgl. Utterback; Allen; Hollomon; u.a./The Process of Innovation/S.3 - 9.

[268] Vgl. Cooper/Why New Industrial Products fail/S. 315 - 326, Cooper; Kleinschmidt/New Products/S. 169 - 184.

[269] Vgl. Calantone;Cooper/New Product Scenarios/S. 48 - 60.

[270] Vgl. Maidique; Zirger/A Study of Success and failure/S. 192 - 203.

[271] Vgl. Yoon; Lilien/New Industrial Product performance/S. 134 - 144.

[272] Vgl. Baker; Bean;Green/Why R&D Projects Succeeed or Fail/S. 29 - 34.

[273] Vgl. Perillieux/Zeitfaktor im strategischen Technologiemanagement.

[274] Vgl. Lee; Kim./Determinants of New Product Outcome/S. 143 - 156.

[275] Vgl. Lazo/Finding a Key to Success/S. 74 - 77.

[276] National Science Industrial Conference Board/Why new products fail.

[277] Vgl. Constandse/Why new product management fail/S. 16 - 19.

[278] Vgl. Hopkins/New-Product Winners.

[279] Eigene Zusammenstellung des Verfassers.

Untersuchungs- gegenstand	Empirische Untersuchung
Ausschließlich Erfolgs- determinanten	Glove, Levy & Schwarz[280]
	Roberts & Burke[281]
	Rubinstein et al.[282]
	Cooper[283]
	Gerstenfeld[284]
	Kulvik[285]
	Link[286]
	Yoon & Lilien[287]
	Voss[288]
	Myers; Marquis[289]
	Kotzbauer[290]

Tab. 3-14: Empirische Untersuchungen über Erfolgs- oder Mißerfolgsfaktoren[291]

3.3.1 Determinanten der Erfolgsmessung

Im folgenden sollen die einzelnen Faktoren und ihre Ermittlung in den empirischen Untersuchungen eingehend dargestellt werden. Ein Problem bei allen Studien stellte die Festlegung der Größe "Erfolg" und damit die Einordnung in die entsprechende Kategorie Mißerfolg oder Erfolg dar. Die Messung eines ökonomischen Erfolges ist noch relativ einfach durchführbar. Darüber hinaus gibt es jedoch weitere, vor allem qualitative Erfolgsmerkmale, deren Messung schwieriger ist. Ein kommerzieller Fehlschlag kann beispielsweise trotzdem einen Erfolg für die Unternehmung darstellen, wenn die gewonnenen Erfahrungen in bezug auf Produkt oder Technologie sich als wertvoll erweisen.

---

[280] Vgl. Glove; Levy; Schwartz/Key Factors/S. 8 - 15.

[281] Vgl. Roberts; Burke/Six New Products/S. 21 - 24.

[282] Vgl. Rubinstein; Chakrabati; O'Keefe/Factors Influencing Success/S. 258 - 291.

[283] Vgl. Cooper/The Dimension of Industrial New Product Success/S. 93 - 103.

[284] Vgl. Gerstenfeld/A Study of Successful Projects/S. 116 - 123.

[285] Vgl. Kulvik/Factors Underlying the Success.

[286] Vgl. Link/Keys to New Product Success/S. 109 - 118.

[287] Vgl. Yoon; Lilien/New Industrial Product Performance/S. 134 - 144.

[288] Vgl. Voss/Determinants of Success/S. 122 - 129.

[289] Vgl. Myers; Marquis/Successful Industrial Innovations.

[290] Vgl. Kotzbauer/Erfolgsfaktoren(Teil I)/S. 4 - 20,
Kotzbauer/Erfolgsfaktoren(Teil II)/S. 108 - 128.

[291] Eigene Zusammenstellung des Verfassers

In der Regel werden die erzielten Erlöse und die verursachten Kosten zu einer Erfolgsgröße zusammengezogen.[292] In den empirischen Untersuchungen wurden unterschiedliche Faktoren zur Erfolgsmessung herangezogen[293], wie beispielsweise:

- Profitrate,
- Amortisationsdauer,
- Heimischer Marktanteil,
- Internationaler Marktanteil,
- Relative Erlöse.

Die unterschiedlichen Erfolgskriterien sind insbesondere auf die unterschiedlichen Zielsetzungen der Studien zurückzuführen. Während einige Untersuchungen nur Erfolgs- bzw. nur Mißerfolgsfälle untersuchen und somit Determinanten erfolgreicher oder erfolgloser Produkte ermitteln, versuchen andere Studien durch Einbezug von Erfolgen und Mißerfolgen Unterscheidungskriterien zwischen erfolgreichen und erfolglosen Produkten zu erarbeiten.[294]

Die folgenden zwei Tabellen geben einen Überblick über die verwendeten statistischen Verfahren zur Erfolgsmessung:[295]

---

[292] Vgl. hierzu S. 29.

[293] Vgl. Kotzbauer/Erfolgsfaktoren (Teil I)/S. 8 - 10, S. 12 - 17.

[294] Vgl. Perillieux/Zeitfaktor im strategischen Technologiemanagement/S. 90.

[295] Vgl. Kotzbauer/Erfolgsfaktoren (Teil I)/S. 8 - 10, S. 12 - 17,
Yoon; Lilien/Determinants of New Industrial Product Performance/S. 7 - 9.

Autor/Jahr	Erfolgskriterium	statistische Verfahren
N I C B (1964)[296]	----[297]	Häufigkeitsanalyse
Myers/Marquis (1969)[298]	klarer wirtschaftlicher Erfolg	Häufigkeitsanalyse
Rothwell u.a. (1974)[299]	wirtschaftlicher Erfolg (dichotom/ kategorial) Gesamtunternehmungserfolg (kategorial)	univariate Auswertungen, Faktoren-, Cluster-, Hauptkomponentenanalyse
Cooper (1975)[300]	klarer wirtschaftlicher Mißerfolg (am häufigsten genanntes Kriterium: "niedrigere Umsätze als erwartet")	Häufigkeits-, Faktorenanalyse
Gerstenfeld (1976)[301]	als Erfolg eingestuft, wenn mindestens 1 Jahr Entwicklungsarbeit aufgebracht wurde und das Projekt zur Markteinführung gelangte; Mißerfolg, wenn keine Markteinführung gelang	Häufigkeitsanalyse, Zusammenhangsanalyse
Utterback u.a. (1976)[302]	wirtschaftlicher Erfolg (dichotom)	Häufigkeitsanalyse, Zusammenhangsanalyse
Rubinstein (1976)[303]	wirtschaftlicher Erfolg (dichotom), technischer Erfolg i.S. der Lösung gestellter technischer Probleme (dichotom)	Korrelationsanalyse (Kendall's Tau)
Kulvik (1977)[304]	wirtschaftlicher Erfolg (nicht näher bezeichnet)	Signifikanztests (z-Test, Binomial-Test)
Cooper (1979)[305]	wirtschaftlicher Erfolg (dichotom)	Faktoren-, Diskriminanzanalyse
Little (1979)	wirtschaftlicher Erfolg (dichotom und 3 metrische Maße; u.a. Exportanteil des Neuproduktes im Verhältnis zum Exportanteil der Gesamtunternehmung)	Häufigkeitsanalyse
Hopkins (1980)[306]	allgemeiner Erfolgsbegriff	Häufigkeitsanalyse

Tab. 3-15: Erfolgsmessung in verschiedenen empirischen Untersuchungen (1964-1980)[307]

---

[296] Vgl. National Science Industrial Conference Board/Why New Products Fail.

[297] vom Verfasser nicht vollziehbare unklare Messung

[298] Vgl. Myers; Marquis/Successful Industrial Innovations.

[299] Vgl. Rothwell; Freeman; Horlsey u.a./Sappho Updates/S. 258 - 291.

[300] Vgl. Cooper/Why New Industrial Products Fail/S. 315 - 326.

[301] Vgl. Gerstenfeld/A Study of Successful Projects/S. 116 - 123.

[302] Vgl. Utterback; Allen; Hollomon u.a./The Process of Innovation/S. 3 - 9.

[303] Vgl. Rubinstein; Chakrabati; O'Keefe/Factors Influencing Success/S. 15 - 20.

[304] Vgl. Kulvik/Factors Underlying the Success.

[305] Vgl. Cooper/The Dimension of Industrial New Product Success/S. 93 - 103.

[306] Vgl. Hopkins/New Product Winners.

Autor/Jahr	Erfolgskriterium	statistische Verfahren
Cooper/Calantone (1981)[308]	wirtschaftlicher Erfolg	Cluster-, Varianzanalyse, Duncan multiple rangeTest
Maidique/ Zirger (1984)[309]	wirtschaftlicher Erfolg i.S. des Erreichens des finanziellen Break-Even-Punkts (dichotom)	Signifikanztest (Binomial-Test), Clusteranalyse
Voss (1985)[310]	drei Erfolgsmessungen: - Installation; - wirtschaftlich; -global (Diffusionsgeschwindigkeit) (jeweils dichotom)	Korrelationsanalyse
Yoon/Lilien (1985)[311]	kurz- und langfristige Verkaufsergebnisse (metrisch); eine dichotome Erfolgs-/ Mißerfolgsmessung erfolgt erst im Verlauf der Studie	Mittelwerttest, Varianz-, Regressions- und Diskriminanzanalyse
Baker/Green/ Bean (1986)[312]	ganzheitlicher Produkterfolg (ein Produkt mußte sowohl technisch als auch wirtschaftlich erfolgreich sein, um als Produkterfolg zu gelten; dichotome Einstufung	Diskriminanzanalyse
Lee/Kim (1986)[313]	technischer Erfolg/ Befriedigung der Marktbedürfnisse als kurzfristige Erfolgskriterien; wirtschaftlicher Erfolg als Globalkriterium (alle metrisch)	Varianzanalyse
Perillieux (1987)[314]	wirtschaftlicher Erfolg (dichotom)	Kontingenz-, Diskriminanz-, Faktorenanalyse
Cooper/Kleinschmidt (1987)[315]	wirtschaftlicher Erfolg (dichotom) und 10 weitere Meßgrößen des strategischen, finanziellen und marktbezogenen Erfolgs (metrisch)	Faktoren-, Varianz-, Korrelationsanalyse
Cooper/Kleinschmidt(1990)	Kills = nicht plazierte Produkte[316]	Häufigkeitsanalyse; Duncan multiple range test
Kotzbauer (1992)[317]	subjektive Schätzung des finanziellen Erfolgs	Diskriminanzanalyse

Tab. 3-16: Erfolgsmessung in verschiedenen empirischen Untersuchungen (1981-1992)[318]

---

[307] Eigene Zusammenstellung des Verfassers

[308] Vgl. Calantone; Cooper/New Product Scenarios/S. 48 - 60.

[309] Vgl. Maidique; Zirger/A Study of Success and Failure /S. 192 - 203.

[310] Vgl. Voss/Determinants of Success/S. 122 - 129.

[311] Vgl. Yoon; Lilien/New Industrial Product Performance/S. 134 - 144.

[312] Vgl. Baker; Green; Bean/Why R&D Projects Succeed or Fail/S. 29 - 34.

[313] Vgl. Lee; Kim/Determinants of New Product Outcome/S. 143 - 156.

[314] Vgl. Perillieux/Zeitfaktor.

[315] Vgl. Cooper; Kleinschmidt/New Products/S. 169 - 184.

[316] Vgl. Cooper; Kleinschmidt/New Product Success Factors/S. 47 - 63.

[317] Vgl. Kotzbauer/Erfolgsfaktoren(Teil II)/S. 117f.

[318] Eigene Zusammenstellung des Verfassers

Zwar unterscheiden sich die Erfolgskriterien in den einzelnen vorgestellten Untersuchungen zum Teil erheblich, doch tendieren sie alle in Richtung wirtschaftlicher Erfolg. Die ermittelten Faktoren werden in den einzelnen Untersuchungen
bestätigt, so daß weder die verschiedenen Erfolgskriterien noch die verwendeten statistischen Verfahren zur Klassifizierung der Innovationen eine Ergebnis-
beeinflussung induzieren.

3.3.2 Ausgewählte empirische Untersuchungen

Wie problematisch und schwierig die "richtige" Vorhersage eines Erfolges oder
Mißerfolges für eine Produktinnovation ist, läßt sich am Scheitern unzähliger
Prognosen nachvollziehen. Schnaars und Berenson untersuchten 90 Prognosen über wachsende Märkte aus den Jahren 1960 bis 1977.[319] Von diesen 90
Prognosen waren 42 zutreffend und 48 waren falsch. Als Gründe für das Scheitern wurden u.a. Überbewertung von technischen Wundern,[320] Änderungen in
den Nachfragepräferenzen, Änderungen in sozialen und demografischen Entwicklungen, technische Probleme, übertriebener Pessimismus und politische
Entscheidungen angeführt.[321] In den nachfolgenden empirischen Untersuchungen wurde versucht, objektive Kriterien dafür zu finden, ob eine Produktinnovation erfolgreich auf dem Markt sein wird oder ob sie aus irgendeinem Grund
"versagen" wird.

3.3.2.1 SAPPHO

Eine der bekanntesten Studien zum Thema Erfolgsfaktoren von Innovationen
ist das Projekt SAPPHO (Scientific Activity Predictor from Patterns with Heuri-
stics Origins).[322] In der Phase I des Projektes wurden 29 Paare von erfolgreichen und nicht erfolgreichen Innovationen anhand von 122 Merkmalen analysiert und verglichen. In Phase II kamen noch einmal 43 weitere Paare hinzu.
Die Ergebnisse aus Phase I, die durch die Ergebnisse aus Phase II bestätigt
werden konnten, lassen sich wie folgt zusammenfassen.

---

[319] Vgl. Schnaars; Berenson/Growth Market Forecasting Revisited/S. 71 - 88,
     Schnaars/Musterbeispiele für Marktfehlprognosen/S. 21.

[320] Schnaars/Musterbeispiele für Marktfehlprognosen/S. 83.

[321] Schnaars/Musterbeispiele für Marktfehlprognosen/S. 155 - 169.

[322] Vgl. Rothwell; Freeman; Horsley u.a./Sappho updates/S. 251 - 291,
     Chakrabati; Souder/Critical Factors/S. 257 - 261,
     Maidique ./Key Success FactorsS. 173 - 175,
     Cooper/Project NewProd/S. 280 - 281.

Innovationen sind tendenziell erfolgreich, wenn:

♦ Kundenbedürfnisse und -probleme besser verstanden werden,

♦ ein Schwerpunkt auf den Marketingaktivitäten liegt
   (Einführungsmarketing),

♦ die Entwicklungsarbeit sorgfältig und effizient durchgeführt wird,

♦ externes technologisches und wissenschaftliches Wissen genutzt wird
   (Know-How-Transfer),

♦ die Unternehmungsleitung stärker in das Vorhaben involviert ist und entsprechende Verantwortung trägt.[323]

3.3.2.2 NewProd-Cooper

Das Projekt NewProd befaßte sich mit der Identifikation der Determinanten des
kommerziellen Erfolgs von Produktinnovationen in der Investitionsgüterindustrie.[324] Untersucht wurden in der ersten Phase 195 Produktinnovationsfälle
aus 150 Unternehmungen, von denen 102 Fälle als erfolgreich klassifiziert
wurden und die übrigen 93 einen kommerziellen Mißerfolg darstellten. Die berücksichtigten Variablen wurden in von der Unternehmung kontrollierbare Variablen und sogenannte Umgebungsvariable, die nicht kontrollierbar sind, unterschieden. In den sechs Variablenblöcken wurden die Charakteristika der
Firma, die Charakteristika des Marktes, die Merkmale des Neuprodukts, die
ausgeführten Aktivitäten im Innovationsprozeß, die Vermarktungsaktivitäten
und schließlich Aspekte der Informationsgewinnung berücksichtigt.[325] In einem
weiteren Untersuchungsschritt hat Cooper mit Hilfe einer Faktorenanalyse die
verwendeten 77 Variablen zu insgesamt 18 Faktoren zusammengefaßt. Von
diesen konnten wiederum 11 als Determinanten des Produkterfolgs identifiziert
werden. Drei Faktoren waren dabei herausragend:

♦ Produktüberlegenheit und Einzigartigkeit,

♦ Marktkenntnisse und Professionalität des Marketings,

♦ Nutzen von Synergien und Erfahrungen in den Bereichen Produkttechnik
   und Produktionstechnik.

Umgekehrt konnten drei Faktoren als Barrieren des Erfolges identifiziert werden:

♦ ein im Vergleich zum Wettbewerb zu teures Produkt,

---

[323] Vgl. Rothwell; Freeman; Horsley u.a./Sappho updates/S. 259 - 261; S. 265 - 266.

[324] Vgl. Cooper/The Dimension of Industrial New Product Success/S. 93 - 103.
       Cooper;Kleinschmidt/New Products/S. 169 - 184.

[325] Vgl. Cooper/The Dimension of Industrial New Product Success/S. 94 - 96.

♦ das Eintreten bzw. Agieren in einem dynamischen Markt mit sehr vielen
   Neuprodukteinführungen,

♦ das Eintreten bzw. Agieren in einem gesättigten (reifen) Markt mit hoher
   Wettbewerbsintensität.

Schließlich hat Cooper den Einfluß der drei dominierenden Schlüsselfaktoren
auf die Erfolgswahrscheinlichkeit eines innovativen Investitionsgutes hin untersucht. Dabei ergab sich bei einer einzelnen Betrachtung dieser drei Faktoren
folgendes Bild. Werden alle drei Schlüsselaktivitäten optimal durchgeführt, so
steigt die Erfolgswahrscheinlichkeit eines neuen Produktes auf 90 %. Bei einer
Kombination der Faktoren professionelles Marketing und Einzigartigkeit bzw.
Überlegenheit des Produktes wird immerhin noch eine Erfolgsrate von 74%
erreicht. Allerdings führt der letzte Faktor auch schon allein zu einer
Erfolgsquote von 62%.[326]

3.3.2.3 SINPRO

Die erfolgsbestimmenden Faktoren von Innovationen in der Elektroindustrie
wurden in einer Studie der Standfort University untersucht.[327] Von den in SIN-
PRO (Standfort Innovation Projekt) erhobenen 158 Innovationen waren je die
Hälfte erfolgreich bzw. ein Mißerfolg. Auf der Grundlage der Studie konnten
sieben Faktoren bestimmt werden:

♦ Die Unternehmung verfügt über eine weitreichende Kenntnis von Abneh-
   merbedürfnissen und Markt, um ein neues Produkt mit einem günstigen
   Preis-Leistungsverhältnis anbieten zu können.

♦ Zwischen den einzelnen betrieblichen Funktionsbereichen (Produktent-
   wicklung/F&E, Fertigung, Marketing) besteht eine enge Zusammenarbeit
   und Kommunikation.

♦ Das neue Produkt ermöglicht eine hohe Gewinnspanne.

♦ Das neue Produkt kann von den in der Unternehmung vorhandenen Po-
   tentialen im technologischen und Marketingbereich in starkem Maß profi-
   tieren (Nutzen von Synergien).

♦ Die Unternehmung verfügt über ein ausreichendes Maß an Marketinger-
   fahrung und ist in der Lage, ausreichende Ressourcen für eine Markter-
   schließung bereitzustellen.

♦ Der F&E-Prozeß wird sorgfältig geplant und durchgeführt.

---

[326] Vgl. Cooper/Project NewProd/S. 285 - 290.

[327] Vgl. Maidique; Zirger/The New Product Learning Cycle/S. 299 - 313.

♦ Die Unternehmungsleitung muß in das Neuproduktprojekt von der Entstehung an bis hin zur Markteinführung in ausreichendem Maß involviert sein und das Projekt entsprechend fördern.

3.3.2.4 Cooper/Kleinschmidt NewProd II

Die in NewProd I erzielten Ergebnisse wurden in der Nachfolgestudie NewProd II anhand 203 neuer Produkte *("Winners and Losers")*[328] im wesentlichen bestätigt.[329] Als der wichtigste Erfolgsfaktor wurde die Überlegenheit des Produktes gegenüber Konkurrenzprodukten ermittelt.[330]

3.3.2.5 Kotzbauer

In der Studie wurden 120 Neuprodukte von 74 Firmen, bevorzugt aus den Branchen Maschinen- und Gerätebau sowie Elektronik, einbezogen.[331] Die in Anlehnung an Cooper/Kleinschmidts Newprod II durchgeführte Studie bestätigt erneut die Erfolgsfaktoren.[332] Die von einem Neuprodukt gebotenen Vorteile auf technisch-funktionaler Ebene (Produktvorteil), die erwarteten Kostenvorteile und die erwarteten Risiken aus einer Übernahme (Produktrisiko) werden als entscheidend dafür ausgewiesen, daß ein neu am Markt eingeführtes Produkt zum Erfolg bzw. Mißerfolg wird. Der finanzielle Produkterfolg ist somit, wie auch die Faktoren der Managementeinbindung, der Planungsqualität und des Marketingaktivitätsniveaus zeigen, in einem hohen Maße durch Anbieterunternehmungen steuerbar, wenngleich der Erfolgseinfluß von Konkurrenzaktivitäten (Wettbewerbsdruck) und des durch Marktcharakteristika gesetzten Rahmens der Absatzmöglichkeiten (Marktpotential) nicht zu unterschätzen ist. Als Faktoren ohne signifikanten Erfolgseinfluß erweisen sich das vorhandene Synergiepotential und der Grad der Neuigkeit des Produktes (Betriebsneuheit) auf Anbieterebene sowie die Neigung zur Übernahme neuer Produkte (Innovationsneigung) auf Abnehmerebene. Diese drei Faktoren wurden auch in anderen empirischen Untersuchungen als relevante Einflußgrößen des Innovationserfolges herausgearbeitet.

---

[328] Vgl. Cooper; Kleinschmidt/New Products/S. 169.

[329] Vgl. Cooper; Kleinschmidt/Success Factors/S. 215 - 223.

[330] Vgl. Cooper; Kleinschmidt/New Products/S. 180.

[331] Vgl. Kotzbauer/Erfolgsfaktoren(Teil II)/S. 111ff.

[332] Vgl. Kotzbauer/Erfolgsfaktoren(Teil II)/S. 122.

3.3.2.6 Hopkins

Hopkins hat in einer Studie 91 Innovationsfälle in der Investitionsgüterindustrie und weitere 57 Fälle in der Konsumgüterindustrie untersucht.[333] Als eine wesentliche Ursache für Mißerfolge wird auch hier unzureichende Marktforschung genannt. Der zweithäufigste Grund sind technische Probleme bei der Entwicklung bzw. Produktion. Hervorzuheben ist in diesem Zusammenhang auch der Fall eines over-engineering, das dazu führt, daß ein neues Produkt zu teuer wird und infolgedessen nicht mehr konkurrenzfähig ist.[334] An dritter Stelle wird ein schlechtes Timing als Grund für das Scheitern eines neuen Produkts genannt. In der Untersuchung wurden die Unternehmungen auch nach den ihrer Meinung nach ausschlaggebenden Kriterien für einen Markterfolg ihrer neuen Produkte befragt. In der nachfolgenden Abbildung sind die Ergebnisse nach Konsumgütern und Investitionsgütern differenziert dargestellt, um die unterschiedliche Gewichtung in den beiden Bereichen darzustellen.

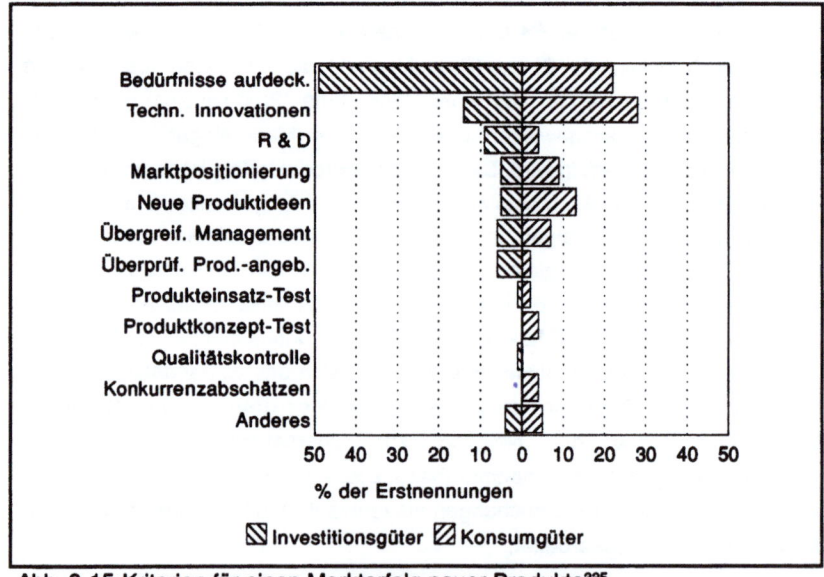

Abb. 3-15: Kriterien für einen Markterfolg neuer Produkte[335]

---

[333] Vgl. Hopkins/Winners and Losers//S. 12-17.

[334] Vgl. Hopkins/New-Product Winners/S. 17.

[335] Vgl. Hopkins/New-Product Winners/S. 32 f. Eigene Darstellung des Verfassers.

3.3.3 Einflußfaktoren für Erfolg bzw. Mißerfolg

In den verschiedenen Untersuchungen[336] wurden für Konsum- und Investitionsgüter verschiedene Einflußfaktoren ermittelt, die sich in fünf Bereiche untergliedern lassen. Dabei kann zwischen endogenen, durch das Produkt vorgegebene
Faktoren und in Hinsicht auf das Produkt exogene, von der Unternehmung
beeinflußbare bzw. von außen vorgegebene, Faktoren differenziert werden.

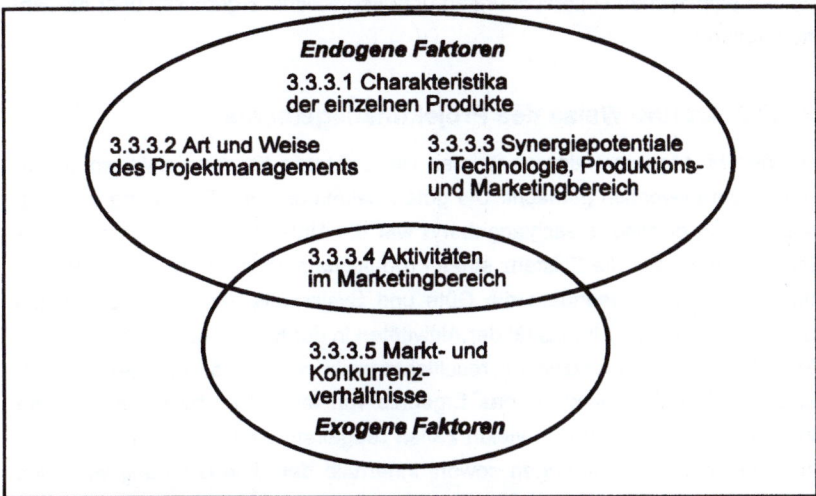

Abb. 3-16: Einflußfaktoren für Erfolg oder Mißerfolg[337]

---

[336] Vgl. National Science Industrial Conference Board/Why new products fail,
Myers; Marquis/Successful Industrial Innovations,
Rothwell; Freeman; Horsley et al./Sappho updated/S. 258 - 291,
Cooper/Why New Industrial Products fail/S. 315 - 326,
Gerstenfeld/A Study of Successful Projects/S. 116 - 123,
Rubinstein; Chakrabati; O'Keefe/Factors Influencing Success/S. 258 - 291,
Utterback; Allen; Hollomon; u.a./The Process of Innovation/S.3 - 9,
Kulvik/Factors Underlying the Success,
Cooper/The Dimension of Industrial New Product Success/S. 93 - 103,
Hopkins/New-Product Winners,
Calantone;Cooper/New Product Scenarios/S. 48 - 60,
Maidique; Zirger/A Study of Success and failure/S. 192 - 203,
Voss/Determinants of Success/S. 122 - 129,
Yeon; Lilien/New Industrial Product Performance/S. 134 - 144,
Baker; Bean;Green/Why R&D Projects Succeeed or Fail/S. 29 - 34,
Lee; Kim./Determinants of New Product Outcome/S. 143 - 156,
Perillieux/Zeitfaktor im strategischen Technologiemanagement,
Cooper; Kleinschmidt/New Products/S. 169 - 184,
Link/Keys to New Product Success/S. 109 - 118,
Kotzbauer/Erfolgsfaktoren(Teil I)/S. 4 - 20,
Kotzbauer/Erfolgsfaktoren(Teil II)/S. 108 - 128.

[337] Eigene Darstellung des Verfassers.

3.3.3.1 Charakteristika der einzelnen Produkte

Bei den Produktfaktoren wird der Produkterfolg durch einen erkennbaren Produktvorteil für den Abnehmer eindeutig positiv beeinflußt. Eindeutig negativ wirkt sich hingegen ein relativ hoher Preis des Produktes aus. Nicht so eindeutige Ergebnisse konnten bei einer hohen Innovativität des Produktes und einer Ideengenerierung vom Absatzmarkt her ermittelt werden. Hier lieferten die einzelnen empirischen Untersuchungen unterschiedliche Ergebnisse über die Einflußrichtung.

3.3.3.2 Art und Weise des Projektmanagements

Bei den Managementfaktoren werden vier Faktoren für den Erfolg eines Produktes verantwortlich gemacht. Die gute Abstimmung von Forschung und Entwicklung ist ebenso ausschlaggebend wie die Unterstützung durch das Top-Management bzw. die Existenz eines Produktchampions. Ausschlaggebend für den Erfolg ist insbesondere die Güte und Systematik der Produktplanungen und die Effizienz und Intensität der Aktivitäten in der Entwicklungsphase.

Erfolglose Produktinnovationen resultieren nicht nur aus erfolglosen Produktideen. Viel häufiger sind sie das Ergebnis von fehlendem bzw. mangelndem Innovationsmanagement. In vielen Fällen reagieren Unternehmungen auf sich abzeichnende Veränderungen sowohl innerhalb der Unternehmung wie auch bei Wettbewerbsanforderungen, Marktumfeld und Technologie zu spät mit Innovationen. Generell gilt: je später eine Unternehmung reagiert, um so geringer wird ihr Handlungsspielraum.

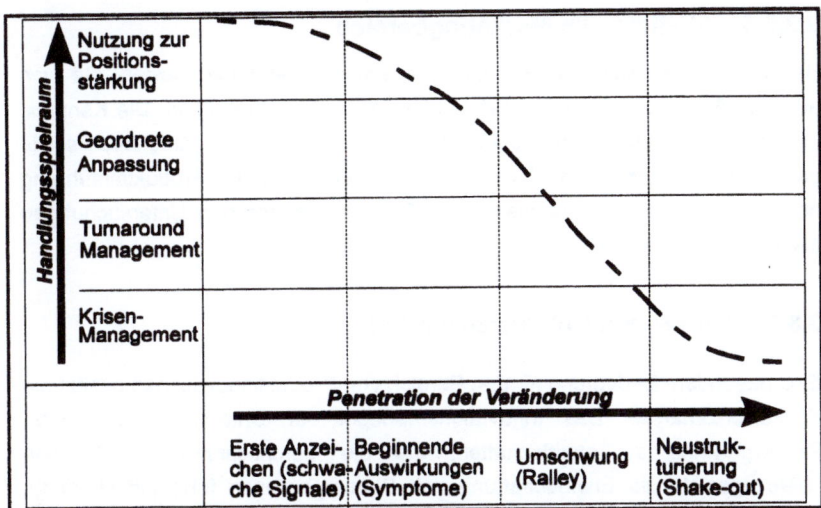

Abb. 3-17: Handlungsspielraum in Abhängigkeit der Penetration von Veränderungen[338]

3.3.3.3 Synergiepotentiale im Technologie-, Produktions- und Marketingbereich

Empirische Untersuchungen haben gezeigt, daß das Risiko einer Innovation um so geringer ist, je mehr sie auf Synergien in der Unternehmung aufbaut (z.B. gleiche Technologie, Nutzung des Vertriebswegs, Nutzung der gleichen Beschaffungsquellen).[339] Bei den Synergiepotentialen wird zwischen zwei Bereichen unterschieden. Sowohl die vorhandenen Synergiepotentiale im Bereich von Marketing und Management wie die vorhandenen Synergiepotentiale im Technologie- und Produktionsbereich wirken sich positiv auf den Erfolg eines Produktes aus.

---

[338] Vgl. Sommerlatte/Veränderungsdynamik/S. 13.

[339] Vgl. Geschka/Innovationsmanagement/S. 826.

3.3.3.4 Aktivitäten im Marketingbereich

Bei den Marketingfaktoren konnten drei Faktoren ermittelt werden, die sich ausschließlich positiv auf den Erfolg eines Produktes auswirken. Die Kenntnis der Abnehmerbedürfnisse, die Marktkenntnis und Marketingfähigkeiten sowie das Niveau der Marketingaktivitäten und die Qualität der Produkteinführung erwiesen sich bei der überwiegenden Zahl der empirischen Untersuchungen als Erfolgsfaktoren.

3.3.3.5 Markt- und Konkurrenzverhältnisse

Eine besondere Bedeutung für den Bereich von Produktinnovationen besitzt die Konkurrenzanalyse. Das Innovationsmonopol der Unternehmung erlaubt, Pioniergewinne zu erwirtschaften, die die durchschnittlichen Gewinne übersteigen.[340] Die Erwirtschaftung von Pioniergewinnen führt jedoch dazu, daß Wettbewerber auf die Innovation aufmerksam werden und versuchen, mit einem ähnlichen Produkt nachzuziehen, zu imitieren.[341] Das Auftreten von Imitatoren besitzt damit Auswirkungen auf den wirtschaftlichen Erfolg der Unternehmung und muß in der strategischen Planung Berücksichtigung finden. Ein Sonderfall ist sicherlich in stark wachsenden Märkten zu sehen, bei denen die Nachfrage durch die Hersteller nur sehr schwer zu befriedigen ist und so das Auftreten von Imitatoren nicht zu Erfolgseinbußen beim Innovator führt.[342] Bei den Markt- und Konkurrenzfaktoren gibt es nur zwei empirische Untersuchungen, die sich mit der Dynamik des Marktes beschäftigen und ihren Einfluß als negativ beurteilen.[343] Bei der Stärke des Wettbewerbs nimmt die Anzahl der empirischen Untersuchungen zu, die diesen Faktor berücksichtigen. Auch hier ist der Einfluß auf den Erfolg des Produktes stark negativ. Als positiver Erfolgsfaktor erweisen sich hingegen der *Marktbedarf* und die *Marktgröße* bzw. das *Marktwachstum*. Eine antizipative Ausrichtung der Informationsversorgung ist für eine erfolgreiche strategische Produktinnovationsplanung notwendig. Das Problem einer antizipativen Ausrichtung liegt erwartungsgemäß bei dem hohen Unsicherheitsgrad, der bei in die Zukunft gerichteten Informationen auftritt. Mit zunehmendem Neuigkeitsgrad von Produktinnovationen

---

[340] Vgl. Schumpeter/Entwicklung/ S. 98.

[341] Vgl. Schewe/Die Innovation im Wettbewerb/S. 968.

[342] Vgl. Schewe/Die Innovation im Wettbewerb/S. 984.

[343] Vgl. Cooper/Why New Industrial Products Fail/S. 315 - 326, Calantone; Cooper/New Product Scenarios/S. 48 - 60.

nimmt der Unsicherheitsgrad der Informationen über die einzelnen Erfolgs-
und Mißerfolgsfaktoren zu.

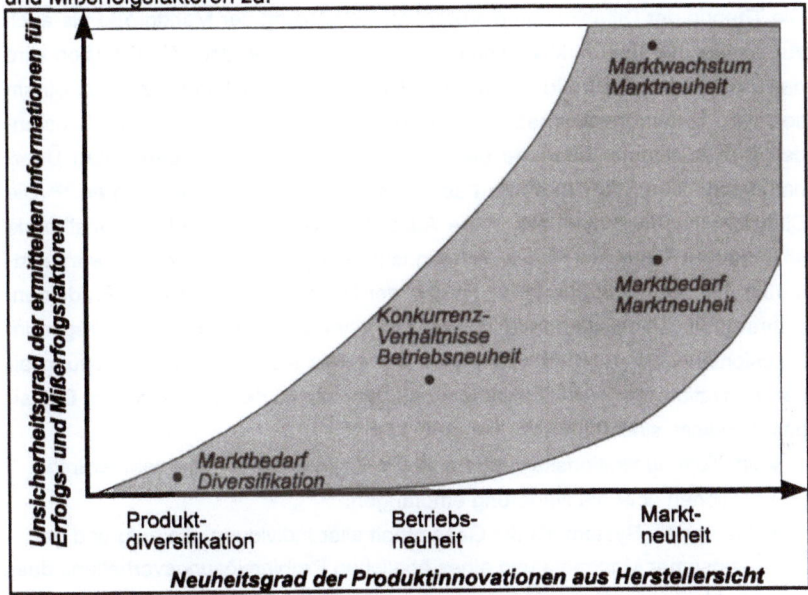

Abb. 3-18: Intervall des Unsicherheitsgrades für Informationen über Erfolg- und
Mißerfolgsfaktoren[344]

Je nach Produktinnovation und zu ermittelnder Information schwankt der Unsicherheitsgrad, so ist beispielsweise der Marktbedarf für eine Produktdiversifikation verhältnismäßig leicht zu ermitteln. Das Marktwachstum für eine Marktneuheit kann jedoch mit herkömmlichen Prognoseverfahren nur schwerlich
ermittelt werden. Auf der Basis des Produktlebenszyklus wurde die Theorie der
Diffusion ausgearbeitet, um bereits während der Produktentwicklungsphase
eine Möglichkeit zur Absatzschätzung zu erhalten.

---

[344] Eigene Darstellung des Verfassers.

3.4 Theorie der Diffusion

Die Theorie der Diffusion kann sowohl zur Schätzung der Marktgröße als auch zur Schätzung des Marktwachstums herangezogen werden. Als Diffusion wird der Prozeß der Ausbreitung einer ideellen oder materiellen Nutzung in einem sozialen System bezeichnet. Der Ausbreitungsprozeß kommt dadurch zustande, daß bestimmte Elemente des sozialen Systems, die sogenannten Übernahmeeinheiten, die Neuerung nach einer gewissen Zeit übernehmen.[345] Die Diffusionstheorie spaltet sich in die Adoptionstheorie und die Diffusionstheorie im engeren Sinne auf.[346] Die Adoptionstheorie beschäftigt sich schwerpunktmäßig mit den intrapersonellen Fragen der Übernahme von neuen Produkten, während der Diffusionstheorie im engeren Sinne die interpersonalen Fragen im Diffusionsprozeß zugeordnet werden. Der zeitliche Ablauf der Ausbreitung einer Innovation wird als Diffusionsprozeß bezeichnet. Kernelemente des Diffusionsprozesses sind neben der Neuerung selbst:

- die Kommunikationskanäle, durch die die potentiellen Übernehmer Informationen über die Neuerung empfangen,
- das soziale System als die Gesamtheit aller Individuen, die aufgrund gemeinsamer Merkmale und eines ähnlichen Problemlösungsverhaltens das Marktpotential für die Neuerung darstellen,
- die Zeit, über die sich der Diffusionsprozeß erstreckt.[347]

Abgebildet wird der Diffusionsprozeß einer Neuerung mit Hilfe von Diffusionsmodellen. Diffusionsmodelle versuchen, den Ausbreitungsprozeß einer Innovation im Zeitablauf analytisch zu formulieren und somit einer Erfassung und Steuerung zugänglich zu machen, so daß ihnen eine hohe theoretische Bedeutung zukommt. Die praktische Relevanz ist von der Realitätsnähe der Prämissen sowie von der Operationalisierbarkeit der zugrundegelegten Verhaltenshypothesen abhängig. Gelingt es, den Ausbreitungsverlauf einer Innovation durch ein Diffusionsmodell abzubilden und zu erklären, so können erstens Prognosen für die weitere Entwicklung erstellt, zweitens Anhaltspunkte für die Entwicklung geeigneter Marketingstrategien gewonnen werden.

---

[345] Vgl. Baumberger; Gmür; Käser/Übernahme von Neuerungen/S. 27.

[346] Vgl. Böcker; Gierl/Die Diffusion neuer Produkte/S. 32.

[347] Vgl. Rogers/Diffusion of Innovation/S. 10 ff.

Der Absatz eines neuen Produktes setzt sich dabei aus den folgenden fünf Komponenten zusammen:[348]

♦ Anzahl der Erstkäufer der Produktinnovation,

♦ Anzahl der Wiederkäufer der Produktinnovation,

♦ Kaufmenge des Produktes beim Erstkauf,

♦ Kaufmenge des Produktes beim Wiederholungskauf,

♦ Kaufintervalle bei Wiederholungskäufen.

Auf der Basis dieser Komponenten ergeben sich die Werte für das aktuelle Potential, den Absatz durch neue Adopter und den Absatz durch Wiederkäufer.

aktuelles Potential in t	=	maximales Potential in t	x	Wert der Über- nahmevoraus- setzungen in t		
Absatz durch neue Adopter in t	=	Anzahl der Übernahme- kandidaten	x	Übernahmewahr- scheinlichkeit der Adopter in t	x	durchschnittliche Kaufmenge eines Adopters in t
Absatz durch Wiederkäufer in t	=	Anzahl der Adopter bis t	x	Anteil der Wieder- käufer am Wieder- käuferpotential in t	x	durchschnittliche Kaufmenge eines Wiederkäufers in t

Tab. 3-17: Die Komponenten des Absatzprozesses[349]

Es wird davon ausgegangen, daß die Erstkäufe in einer potentiellen Käufer-schaft[350] einem Diffusionsgesetz unterliegen. Die Ausbreitung des Neuprodukts hängt von interpersonellen Kommunikations- und Demonstrationsprozessen ab, durch die ein Ausbreitungseffekt zwischen Erstkäufern und bisherigen Nichtkäufern initiiert wird. Ferner wird unterstellt, daß die nach dem Zeitpunkt des jeweiligen Erstkaufs differenzierbaren Erstkäuferklassen[351] sowie die Wie-derholungskäuferklassen in ihrem zeitlichen und mengenmäßigen Kaufverhal-ten bei Wiederholungskäufen differieren. Zu Erstkäufern zählen nur solche Ein-heiten, die dem aktuellen Potential angehören und die Produktinnovation noch nicht übernommen haben. Das Segment der Übernahmekandidaten stellt die maximale Anzahl der Erstkäufer einer Periode dar. Die tatsächliche Anzahl der Erstkäufer ergibt sich aus dem Produkt der maximalen Anzahl und der Wahr-

---

[348] Vgl. Gierl/Erfolg industrieller Innovationen/S. 54 - 55.

[349] Vgl. Gierl/Die Analyse des Produkt-Lebenszyklus/S. 8.

[350] Das maximale Potential umfaßt sämtliche Individuen oder Personengruppen bzw. Unternehmungen, die in der Lage sind, zu irgendeinem Zeitpunkt der Marktpräsenz eines Produktes eine positive Übernahmeentscheidung zu treffen.

[351] Vgl. hierzu Rogers/Diffusion of Innovations/S. 22. Er unterscheidet: Innovators; Early Adopters; Early Majority; Late Majority und Leggards. Geschka/Marketing Konzepte für Innovationen/S. 9. Er unterscheidet: Neuheitsbewußte; Meinungsführer; Frühe Folgekäufer; Frühe Mehrheit; Späte Mehrheit und Nachzügler.

scheinlichkeit, mit der ein Kandidat den Erstkauf vornimmt, und wird auch als Diffusionsgeschwindigkeit bezeichnet.[352]

Der Erstkäuferabsatz ist das Produkt aus durchschnittlicher Erstkaufmenge und Erstkäuferanzahl. Wiederkäufe können nur von denjenigen getätigt werden, die das Produkt vorher bereits mindestens einmal gekauft haben; sie bilden das Wiederkäuferpotential. Die Multiplikation der Wiederkäuferanzahl mit der durchschnittlichen Wiederkaufmenge ergibt den Wiederkäuferabsatz.[353]

3.4.1 Adoptionsprozeß als Grundlage des Diffusionsprozesses einer Produktinnovation

Zentrales Anliegen der Diffusionsforschung ist es, die Einflußfaktoren eines Diffusionsprozesses zu identifizieren sowie deren Richtung und Ausmaß ihrer Wirkungen festzustellen. Über die Wirkungsrichtung der einzelnen Einflußfaktoren besteht weitgehend Einigkeit, so z.B., daß verstärkte Werbeanstrengungen die Diffusion eher fördern, höhere Preise sie eher hemmen. Im Rahmen von Diffusionsmodellen können solche allgemeinen Ursache-Wirkungs-Beziehungen quantifiziert werden.[354]

Betrachtet man einen Diffusionsprozeß als eine Aggregation des Adoptionsverhaltens der einzelnen Übernehmer, so ist es für eine Untersuchung der Determinanten des Diffusionsprozesses zweckmäßig, die Betrachtungsebene zu wechseln und die Einflußfaktoren des individuellen Adoptionsprozesses zu analysieren. Dabei ist folgendes zu beachten: Potentielle Übernehmer einer Neuerung sind nicht nur private Haushalte, sondern auch -je nach Produkt- Unternehmungen. Dies bedeutet, daß die Determinanten der Adoptionsentscheidung für beide Gruppen gesondert untersucht werden müssen, da man davon ausgehen muß, daß sich die Entscheidungssituation privater Konsumenten von jener gewerblicher Organisationen unterscheidet.

---

[352] Vgl. Gierl/Die Analyse des Produkt-Lebenszyklus/S. 8.
[353] Vgl. Gierl/Die Analyse des Produkt-Lebenszyklus/S. 8.
[354] Vgl. Fantapié Altobelli/Diffusion neuer Kommunikationstechniken/S. 26.

3.4.2 Adoptionsprozeß privater Konsumenten

Unter dem individuellen Adoptionsprozeß versteht man den psychischen Prozeß, den ein potentieller Übernehmer einer Neuerung vom ersten Kontakt mit
der Innovation bis zur endgültigen Übernahme durchläuft.[355] Üblicherweise wird
der Prozeß in fünf Phasen untergliedert:[356]

◆ Erkennen: Das Individuum erfährt von der Existenz der Neuerung, ohne
daß es sich um die Gewinnung von Informationen bemüht hätte, z.B. aufgrund von Werbung.[357]

◆ Interesse: Auf dieser Stufe sucht das Individuum verstärkt nach Informationen, sofern ihm die Neuerung zur Befriedigung seiner Bedürfnisse geeignet erscheint.

◆ Bewertung: Hat der Konsument ausreichende Informationen gesammelt,
vollzieht er eine Art gedankliches Experiment, bei dem eine Bewertung im
Hinblick auf die Nutzenstiftung der Neuerung und auf den Einklang mit
sozialen Normen vorgenommen wird.

◆ Versuch: Hier wird die Neuerung in einem begrenzten Umfang getestet;
bei langlebigen Gebrauchsgütern ist dies etwa durch zeitweilige Überlas-
sung durch den Händler möglich.

◆ Annahme: Diese Phase wird erst dann erreicht, wenn sich der Konsument
endgültig für den Kauf und die Verwendung der Innovation entschlossen
hat.

---

[355] Vgl. Rogers/Diffusion of Innovations/S. 20.

[356] Vgl. Rogers/Diffusion of Innovations//S. 20 ff.
Brand/Der Lebenszyklus von Produkten/S. 21ff.

[357] Vgl. Urban/SPRINTER MOD III/S. 809.

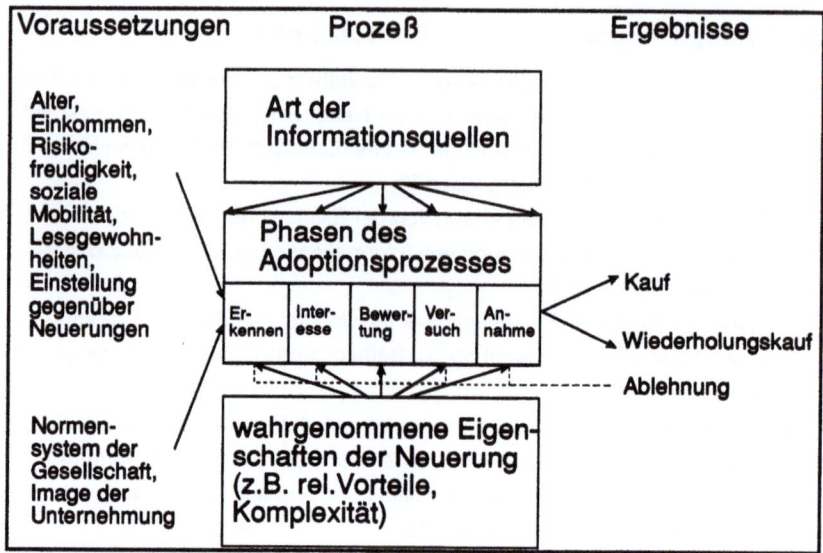

Abb. 3-19: Diffusionsprozeß[358]

Diese Prozeßstufen bilden den realen Kaufentscheidungsprozeß nur unvoll-
kommen ab. So lassen sich die einzelnen Phasen nicht klar voneinander ab-
grenzen, auch handelt es sich keinesfalls um einen notwendigerweise von
Stufe zu Stufe zu durchlaufenden Prozeß. Es können Phasen übersprungen
werden oder Rückkopplungen zu vorangegangenen Phasen stattfinden, auch
kann der Prozeß nach jeder Stufe abgebrochen werden. Unter welchen Bedingungen der Übergang zur jeweils nächsten Stufe erfolgt, ist ebenfalls ungewiß;
eine gewisse Klarheit besteht lediglich hinsichtlich der Faktoren, für die generell
ein Einfluß auf den Adoptionsprozeß angenommen werden kann.[359]

Zu den intraindividuellen Determinanten des Adoptionsprozesses gehören die
Faktoren, die in der Person selbst liegen und die die Adoptionsbereitschaft
positiv oder negativ beeinflussen. In empirischen Untersuchungen wurden einige Faktoren ermittelt, die positiv mit der Bereitschaft zum Kauf bzw. der Akzeptanz einer Innovation korrelieren.[360]

---

[358] Vgl. hierzu Rogers/Diffusion of Innovations/S. 165.

[359] Vgl. Kiefer/Die Diffusion von Neuerungen/S. 41.

[360] Vgl. Lilien; Kotler/Marketing Decision Making/S. 704 f.
      Kaas/Diffusion und Marketing/S. 24 ff.

- Demographische Merkmale:
  Für Einkommen, Lebensstandard und Bildungsniveau, jedoch nicht für das Merkmal Alter konnte eine eindeutige Beziehung zur Adoptionsbereitschaft von Produktinnovationenfestgestellt werden.[361]
- Persönlichkeitsmerkmale:
  Selbstbewußtsein, Wagemut, Spontaneität und Neugierde fördern die Adoptionsneigung.
- Soziales Verhalten:
  Aufgeschlossenheit, Weltoffenheit und Kontaktfreudigkeit beeinflussen den Übernahmeprozeß.

Unterstellt man, daß eine größere Adoptionsbereitschaft von Produkt-innovationen durch einen früheren Adoptionszeitpunkt zum Ausdruck kommt, dann können die Erstkäufer in folgende Kategorien eingeteilt werden:[362]

- Innovatoren,
- frühe Annehmer,
- frühe Mehrheit,
- späte Mehrheit,
- Nachzügler.

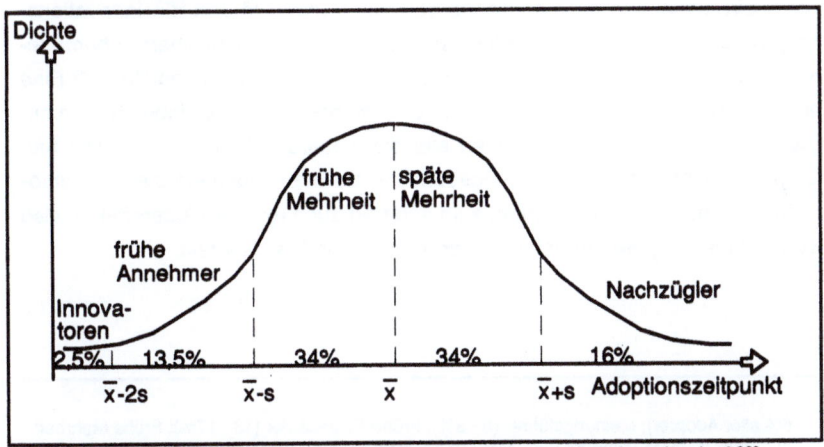

Abb. 3-20: Adopterkategorisierung aufgrund von Innovationsbereitschaft[363]

---

[361] Vgl. Gatignon; Robertson/Consumer Diffusion Theory/S. 53.

[362] Vgl. Rogers/Diffusion of Innovations/S. 22.

[363] Vgl. Rogers/Diffusion of Innovations/S. 247.
Geschka/Marketing Konzepte für Innovationen/S. 9. Er unterscheidet: Neuheitsbewußte (3 -

Von den Innovatoren bis hin zu den Nachzüglern sind die Merkmale zur Charakterisierung der Innovationsbereitschaft immer schwächer ausgeprägt. [364] Entsprechend der Trickle-Down-Theorie wird der Diffusionsprozeß von den Innovatoren in Gang gesetzt, die als Antriebskraft für die frühen Annehmer fungieren, die wiederum die frühe Mehrheit nach sich ziehen usw.[365] Aufgrund dieser Theorie ergibt sich für das strategische Marketing die Aufgabe, vor der Produkteinführung die Innovatoren zu identifizieren und sie durch zielgruppenspezifische Maßnahmen anzusprechen, um den Diffusionsprozeß in Gang zu setzen.[366] Es gibt jedoch keine allgemeingültige Identifikation von Innovatoren.

Zu den interindividuellen Determinanten des individuellen Adoptionsprozesses gehören alle jene Faktoren, welche die Beziehungen eines Individuums mit seinem sozialen Umfeld zum Gegenstand haben. Es handelt sich hierbei zum einen um Charakteristika des sozialen Systems als Ganzes, zum anderen um die Interaktion der Systemmitglieder untereinander.[367] Das soziale System mit seinen Rollenerwartungen, Normen und Wertvorstellungen bewirkt, daß sich die Gruppenmitglieder tendenziell dem Gruppenverhalten anpassen werden, um Sanktionen zu vermeiden.[368] Der Anpassungsdruck ist dabei um so stärker, je schwächer die Stellung des Individuums innerhalb des sozialen Systems ist.[369] Ein insgesamt fortschrittliches soziales System fördert die Innovationsneigung des Einzelnen, ein traditionsreiches System hemmt eher; je homogener eine Population ist, um so höher ist die Diffusionsgeschwindigkeit.[370] Eine entscheidende Rolle spielt die Interaktion zwischen den einzelnen Systemmitgliedern. Dazu gehören zum einen alle die Neuerung betreffenden Unterhaltungen, Ratschläge und Erfahrungsberichte, die man allgemein als interpersonelle Kommunikation bezeichnet, zum anderen auch reine Mitläufereffekte, also die Nachahmung des Verhaltens anderer ohne direkten Kontakt.

5% aller Adopter); Meinungsführer (5 - 8%); Frühe Folgekäufer (13 - 17%); Frühe Mehrheit (27 - 33%); Späte Mehrheit (35 - 45%) und Nachzügler (4 - 6%).

[364] Vgl. Kiefer/Die Diffusion von Neuerungen/S. 49.

[365] Vgl. Brand/Der Lebenszyklus von Produkten/S. 26.

[366] Vgl. Lilien; Kotler/Marketing Decision Making/S. 704.

[367] Vgl. Fantapié Altobelli/Die Diffusion neuer Kommunikationstechniken/S. 28.

[368] Vgl. Hesse/Kommunikation und Diffusion/S. 34 f.

[369] Vgl. Bourne/Einfluß von Bezugsgruppen/S. 143.

[370] Vgl. Gatignon; Robertson/Consumer Diffusion Theory/S. 46.

Empirische Untersuchungen zeigen, daß die Wirkung persönlicher Kommunikation in den meisten Fällen intensiver und nachhaltiger als bei Massenkommunikation ist.[371] Der stärkste Einfluß geht dabei von den sogenannten Meinungsführern aus. Damit bezeichnet man Personen, die sich auf dem betreffenden Gebiet durch eine besondere Kompetenz auszeichnen, an Massenmedien sehr interessiert, gut sozial integriert sind und Beziehungen zu Informationsquellen außerhalb ihrer engeren Umgebung haben.[372] Aus dieser Erkenntnis heraus wurde die Hypothese des two-step-flow of communication entwickelt, wonach Informationen aus Massenmedien zunächst von den Meinungsführern empfangen bzw. verinnerlicht und von diesen dann an die Gruppenmitglieder weitergeleitet werden.

Frühere Diffusionsstudien basierten auf dem sogenannten Bezugsgruppenkonzept, nach dem sich eine soziale Gruppe an dem Verhalten der jeweils übergeordneten sozialen Gruppe orientiert; neuere empirische Untersuchungen zeigen allerdings, daß jede Gruppe ihre eigenen Meinungsführer hat, an denen sie sich orientiert[373]; das Bezugsgruppenkonzept, das indirekt auch der Trickledown-Theorie zugrundeliegt, gilt damit als überholt. Die Identifikation der Meinungsführer bereitet in der Praxis allerdings Schwierigkeiten: Es gibt keine "allgemeine" Meinungsführerschaft, d.h. es ist generell nicht möglich, allgemeingültige Kriterien zur Charakterisierung von Meinungsführern festzulegen. Je nach Produkt dürften unterschiedliche Gruppenmitglieder meinungsbildend sein.[374]

Unter systemexternen Einflußfaktoren des Adoptionsprozesses sollen diejenigen Variablen subsumiert werden, die von außerhalb des sozialen Systems stammen und auf das System als Ganzes einwirken.[375] Zu den externen Einflußfaktoren gehört in erster Linie die Massenkommunikation, darunter fallen alle Informationen aus extern sendenden Quellen, etwa Film, Rundfunk oder Presse.[376] Einen hohen Stellenwert nimmt die Kommunikationspolitik einer Unternehmung ein. Auch die übrigen absatzpolitischen Instrumente, wie Preis- und Distributionspolitik, sind den externen Einflußfaktoren zuzuordnen. Der

---

[371] Vgl. Katz/Die Verbreitung neuer Ideen und Praktiken/S. 105.

[372] Vgl. Lazarsfeld; Menzel/Massenmedien und personaler Einfluß/S. 122.

[373] Vgl. Bayus; Caroll; Rao/Hranessing/S. 66f.

[374] Vgl. Gatignon; Robertson/Consumer Diffusion Theory/S. 53.

[375] Vgl. Hesse/Kommunikation und Diffusion/S. 24.

[376] Vgl. Gatignon; Robertson/Consumer Diffusion Theory/S. 46.

Einsatz von Marketinginstrumenten kann den Diffusionsprozeß beschleunigen oder auch verzögern.

Ein weiterer wichtiger Einflußfaktor des individuellen Adoptionsprozesses ist die Beschaffenheit der Innovation selbst, wobei es nicht so sehr auf die objektiven, sondern vielmehr auf die subjektiv empfundenen Produkteigenschaften ankommt. Ein positiver Einfluß auf die Adoptionsneigung ist vielmehr zu erwarten:

- ◆ je größer der relative Vorteil im Vergleich zu ähnlichen Produkten ist,
- ◆ je mehr die Neuerung mit bestehenden Meinungen und Wertvorstellungen vereinbar ist,
- ◆ je weniger komplex die Neuerung ist,
- ◆ je besser sie auf kleiner Basis getestet werden kann, und
- ◆ je leichter die mit dem Produkt gemachten Erfahrungen den übrigen Mitgliedern des sozialen Systems mitgeteilt werden können.[377]

Zu den systemexternen Einflußfaktoren gehören schließlich noch Maßnahmen der Konkurrenz, institutionale Rahmenbedingungen und gesamtwirtschaftliche Faktoren wie z.B. die Einkommensentwicklung.[378]

3.4.3 Adoptionsprozeß in Organisationen

Die Adoption von Neuerungen durch eine Organisation ist ein Sonderfall der Beschaffung, es erscheint daher sinnvoll, den Adoptionsprozeß von Organisationen aus dem allgemeinen Beschaffungsprozeß abzuleiten. In der Literatur gibt es zum Beschaffungsverhalten von Organisationen einige Ansätze.[379] Im folgenden werden die Merkmale herausgestellt, die den Beschaffungsprozeß von Organisationen vom individuellen Adoptionsprozeß unterscheiden:

- ◆ Kollektive Entscheidungsprozesse: Adoptionsentscheidungen von Organisationen werden in der Regel von einem Kollegium getroffen (Buying Center).[380] Mitglieder eines Buying Centers sind nicht nur die "eigentlichen" Entscheidungsträger, sondern auch Mitglieder der Einkaufsabteilung, Benutzer, Stäbe u.a. .
- ◆ Formalisierungsgrad der Entscheidungsfindung und des Beschaffungsablaufs: Gerade die Multipersonalität der Entscheidungsfindung erfordert ei-

---

[377] Vgl. Gatignon; Robertson/Consumer Diffusion Theory/S. 47.

[378] Vgl. hierzu Hesse/Kommunikation und Diffusion/S. 25.

[379] Vgl. Backhaus/Investitionsgütermarketing/S. 128.

[380] Vgl. Backhaus/Investitionsgütermarketing/München/S. 39,
Webster; Wind/Organizational Buying Behavior/S. 77.

ne stärkere Formalisierung der Entscheidungsabläufe wie auch eine Fixierung der Zuständigkeitsbereiche der am Entscheidungsprozeß Beteiligten.

♦ Verstärkte Bedeutung von Anreiz- und Sanktionsmechanismen: Fehlentscheidungen bei der Beschaffung können für die am Entscheidungsprozeß Beteiligten existenzielle Folgen bis hin zur Entlassung haben, während erfolgreiche Beschaffungsentscheidungen u.U. monetär oder auch nichtmonetär belohnt werden.

♦ Fremddeterminiertheit von Beschaffungsentscheidungen: In Abhängigkeit der Machtposition der Lieferanten können diese einen starken Einfluß auf die Beschaffungsentscheidung ausüben.

Je nach Sichtweise, analytischem Ziel und Untersuchungsgebiet der einzelnen Autoren fallen die Prozeßmodelle organisatorischer Kaufentscheidungen unterschiedlich aus. Die Analysen ergeben beispielsweise Stufungen von vier bis zwölf Phasen.[381] Beim organisationalen Adoptionsprozeß nach Robinson, Faris und Wind unterscheidet man folgende Phasen:[382]

♦ Problemerkennung (Feststellung eines allgemeinen Bedürfnisses und Entwurf einer allgemeinen Lösung),

♦ Feststellung der Eigenschaften und Mengen der benötigten Artikel,

♦ Beschreibung der Eigenschaften und Mengen der benötigten Artikel,

♦ Suche und Qualifikation potentieller Bezugsquellen,

♦ Einholen und Analyse von Angeboten,

♦ Bewertung der Angebote und Auswahl der Lieferanten,

♦ Festlegung der Abwicklung des Beschaffungsvorgangs,

♦ Leistungsfeedback und Neubewertung.

In verschiedenen empirischen Untersuchungen wurde versucht, den Zusammenhang zwischen den Charakteristika einer Organisation und der Innovationsbereitschaft aufzudecken. Die Ergebnisse sind nicht immer eindeutig, z.T. sogar widersprüchlich. Es lassen sich jedoch einige generelle Zusammenhänge erkennen:

♦ Unternehmungsgröße[383]

Größere Unternehmungen zeigen eine größere Adoptionshäufigkeit von

---

[381] Vgl. beispielsweise das vierstufige Modell bei: Bradley/Buying Behaviour/S. 251 ff.
Webster/Modelling the Industrial Buying Process/S. 170 ff.
das fünfstufige Modell bei Webster; Wind/Organizational Buying Behaviour/S. 31 ff.
das achtstufige Modell bei Robinson; Faris; Wind/Industrial Marketing and Creative Marketing/S.13 ff.
und das zehnstufige Modell bei Brand/The Industrial Buying Decision.

[382] Vgl. Robinson; Faris; Wind/Industrial Marketing and Creative Marketing/S. 14.

[383] Vgl. Höft/Lebenszykluskonzepte/S. 48.

Neuerungen als kleinere Unternehmungen.[384] Dies läßt sich durch die tendenziell größere Finanzkraft, durch die relativ geringere Bedeutung der Innovation bezogen auf die Unternehmung als Ganzes sowie die verstärkte
Nutzung von Economies of Scale erklären.

♦ Spezialisierung

Je größer der Spezialisierungsgrad ist, um so mehr Fachkräfte mit Detail-
wissen über ihre Sparte sind in der Unternehmung vorhanden; diese verfügen eher über Kenntnisse der für ihr Gebiet relevanten Innovationen und
sind auch eher bereit, sie durchzusetzen.[385]

♦ Dezentralisation[386]

Je größer die Entscheidungsdelegation auf unteren Führungsebenen ist,
umso größer ist die Adoptionsbereitschaft für Innovationen, die im Interesse des dortigen Managements liegen, umso größer ist aber auch der
Adoptionswiderstand für Neuerungen, die den individuellen Interessen des
mittleren Managements nicht entsprechen.[387]

♦ Zielsystem

Je eindeutiger Ziele und Prioritäten bei den Entscheidungsträgern em-
pfunden werden, umso höher ist die Innovationsbereitschaft.[388]

Eine analoge Rolle zum sozialen Umfeld der privaten Konsumenten spielt für
gewerbliche Organisationen die Unternehmungsumwelt, bestehend aus seinen
Wettbewerbern und seinen Märkten. Im einzelnen können folgende Gruppen
die Adoptionsentscheidungen einer Unternehmung beeinflussen:

♦ die Lieferanten,

♦ die Konkurrenten,

♦ die Abnehmer.

Die Verhandlungsmacht von Lieferanten und Kunden kann dazu führen, daß
auf eine Unternehmung ein gewisser Adoptionsdruck entsteht, so kann beispielsweise der Wunsch zur Aufrechterhaltung guter Geschäftsbeziehungen mit
einem Lieferanten die Adoptionsneigung positiv beeinflussen, insbesondere
dann, wenn die Unternehmung nur wenigen Lieferanten oder gar nur einem
gegenübersteht. Auch die Tatsache, daß die Konkurrenz eine bestimmte Neue-

---

[384] Vgl. Moch;Morse/Adoption of Innovations/S. 718.

[385] Vgl. Moch;Morse/Adoption of Innovations/S. 717 und 722.

[386] Vgl. Höft/Lebenszykluskonzepte/S. 48.

[387] Vgl. Moch;Morse/Adoption of Innovations/S. 722.

[388] Vgl. Robertson; Wind/Innovativeness//S. 25.

rung bereits übernommen hat, kann die Adoptionsbereitschaft einer Unterneh-mung fördern, also, ganz analog zu den privaten Konsumenten, Imitationsef-fekte auslösen.

Gierl ermittelte in einer empirischen Untersuchung, daß sozialer Druck bzw. das Beobachtungslernen (im Sinne von Nachahmungseffekten) auch für ge-werbliche Abnehmer ein bedeutsamer Einflußfaktor für die Adoption von Neue-rungen darstellt.[389] Analog zu den privaten Konsumenten wurden auch bei Organisationen eine ganze Reihe externer Einflußfaktoren identifiziert, die die Adoptionsentscheidung in mehr oder minder starkem Maße beeinflussen. Eine erste wichtige Determinante ist die Beschaffenheit der Innovation selbst. Eine empirische Untersuchung von Lutschewitz/Kutschker ergab, daß die Adopti-onszeit umso länger ist, je größer

- ◆ die Komplexität,
- ◆ der Innovationsgrad,
- ◆ die technische Neuartigkeit,
- ◆ die organisatorischen Folgeprobleme und
- ◆ der Auftragswert sind.[390]

Auch für die einzelnen absatzpolitischen Instrumente der Anbieter (Preis, Dis-tribution, Werbung, Produktpolitik) wurde eine hohe Bedeutung für die Adop-tionsentscheidung festgestellt.[391] Hinsichtlich der Entgeltpolitik gilt, daß sich mit zunehmender Auftragsgröße der Schwerpunkt der Verhandlungen von der ab-soluten Preishöhe in Richtung Konditionenpolitik bewegt. Im Rahmen der Pro-duktpolitik spielen bei der organisatorischen Beschaffung Nebenleistungen wie Wartung, Reparatur und Ersatzteile eine große Rolle, wichtig ist auch die Kom-patibilität der Neuerung mit bereits vorhandenen Anlagen sowie deren Ausbau-fähigkeit.[392] Im Bereich der Kommunikationspolitik ist auf die im Vergleich zum Adoptionsprozeß von Konsumenten verstärkte Bedeutung der persönlichen Kommunikation im Rahmen des Verkaufs wie auch von Maßnahmen der direk-ten Kommunikation hinzuweisen. Als weitere bedeutsame Einflußfaktoren wur-den ferner auch die Gesetzgebung und die Jahreszeit identifiziert.[393]

---

[389] Vgl. Gierl/Diffusion technischer Produkte/S. 245 f.

[390] Vgl. Lutschewitz; Kutschker/Die Diffusion von innovativen Investitionsgütern/S. 126.

[391] Vgl. Hesse/Kommunikation und Diffusion/S. 25.

[392] Vgl. Scheuch/Investitionsgütermarketing/S. 165 ff.

[393] Vgl. Gierl/Diffusion technischer Produkte/S. 247.

3.4.4 Einführung in Diffusionsmodelle

In der Literatur wurde bislang eine Vielzahl mathematischer Modelle vorgestellt, die den Ausbreitungsprozeß einer Innovation zu erklären versuchen. Die meisten dieser Modelle sind als Differentialgleichungen konzipiert (bei stetiger Zeitbetrachtung) bzw. als Differenzengleichungen (bei diskreter Zeitbetrachtung).[394] Die grundlegenden Charakteristiken von Diffusionsmodellen sind in folgender Tabelle dargestellt.

Charakteristiken	
Dimension	Zeit
	Raum
Einheiten der Analyse	Zahl der Adopter
	Zahl der adoptierten Einheiten
Verlauf	exponential
	"S"-förmig
Wendepunkt=Location of Point of Inflection	fest
	flexibel
Sättigungsniveau	konstant
	Funktion von Marketing-Variablen
	Funktion von exogenen Variablen

Tab. 3-18: Charakteristiken von Diffusionsmodellen[395]

Den meisten Diffusionsmodellen ist eine weitgehend einheitliche Struktur gemeinsam. Diese Struktur ist für alle klassischen Ansätze der Diffusionsforschung charakteristisch, welche im folgenden als Grundmodelle bezeichnet werden. Die neueren Ansätze sind Erweiterungen dieser Grundmodelle und basieren deshalb auf der gleichen Struktur. Aus diesem Grund ist es angebracht, nach einer Darstellung der theoretischen Grundlagen auf den grundsätzlichen Aufbau eines Diffusionsmodells einzugehen, um Unterschiede zwischen den einzelnen Modellen besser nachvollziehen zu können.

3.4.4.1 Theoretische Grundlagen

Diffusionsmodelle für Konsumgüter haben ihren Ursprung in speziellen epidemiologischen Ansätzen.[396] Die erste Trendanalyse im heutigen Sinne lieferte 1838 Verhulst, der auf der Suche nach Gesetzen der Bevölkerungsentwicklung die logistische Funktion entwickelte.[397]

---

[394] Vgl. Fantapié Altobelli/Die Diffusion neuer Kommunikationstechniken/S. 35.

[395] Vgl. Mahajan; Wind/Innovation Diffusion Models/S. 4.

[396] Vgl. Hesse/Kommunikation und Diffusion/S. 8.

[397] Vgl. Verhulst/Loi que la Population.

Da grenzenloses Wachstum im wirtschaftlichen Bereich, besonders für Absatz-zahlen, kaum angenommen werden kann, gilt das Vorhandensein eines Sätti-gungswertes als wesentliche Voraussetzung für eine geeignete Trendfunktion. Das Sättigungsniveau bezeichnet die Anzahl der Käufer, die langfristig (t→∞) die Neuerung auch tatsächlich übernehmen werden. N_{max} entspricht dem maximal erreichbaren Marktvolumen und stellt die langfristige Obergrenze für das Marktpotential einer Neuerung dar. Wachstumsmodelle ohne Sättigungsni-veau sind für Prognosezwecke nur zurückhaltend zu verwenden[398] und eignen sich keinesfalls für Absatzprognosen. Sie werden im folgenden deshalb nicht dargestellt.

3.4.4.2 Wachstumsmodelle mit Sättigungsniveau

Zur Entwicklung von Wachstumsmodellen mit Sättigungsniveau kann auf eine Vielzahl von Funktionen zurückgegriffen werden.[399] Im folgenden sollen stell-vertretend die modifizierte Exponentialfunktion und das logistische Trendmodell vorgestellt werden.

3.4.4.2.1 Modifizierte Exponentialfunktion

An erster Stelle ist die einfache modifizierte Exponentialfunktion zu erwähnen. Sie wird zumeist in der Form $x_t = a + br^t$ dargestellt.[400] In der ökonomischen Literatur werden häufig die Restriktionen a>0, 0<r<1 gesetzt, teilweise mit Be-schränkung auf den sich mit b<0 ergebenden Kurvenverlauf. Dabei ist a als Sättigungsniveau zu interpretieren. b ist die Differenz zwischen dem Anfangs-wert x_t zum Zeitpunkt t=0 und dem Sättigungswert; in r kommt das Wachs-tumsverhalten zum Ausdruck.[401]

---

[398] Vgl. Linstone; Simmonds/Futures Research/S.254,
"The Pearl, logistic or S curve...has replaced the exponential curve as the focus of forecasts."

[399] Vgl. Massy; Montgomery; Morrison/Stochastic Models of Buying Behavior//S. 279 f.
Meffert; Steffenhagen/Marketing Prognosemodelle/S. 73f.
Mahajan; Schoeman/Diffusion Process/S. 13f.

[400] Vgl. Granger/Forecasting in Business and Economics/S. 23.

[401] Vgl. Yamane/Statistics/S.706 - 711,
Yamane/Statistik/S.792 - 796,
Haustein/Prognoseverfahren/S. 60.

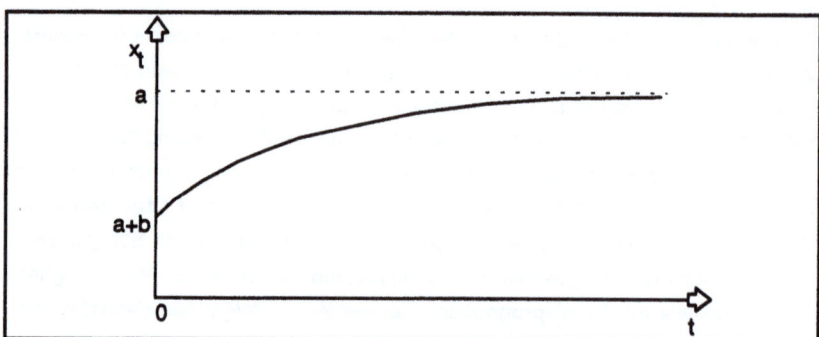

Abb. 3-21:Einfache modifizierte Exponentialfunktion, Verlaufscharakteristik mit
b<0, 0<r<1[402]

Die einfache modifizierte Exponentialfunktion wird in der Literatur häufig als
Ausgangspunkt zur Diskussion der Gompertz-Kurve verwendet: $x_t = ab^{r^t}$.[403]
Als charakteristische Eigenschaft der Gompertzfunktion gilt der asymmetrische
Kurvenverlauf. Der unter dem halben Sättigungsniveau liegende Wendepunkt
wird mit $x_t = \dfrac{a}{e}$ bei $t = \dfrac{1}{\ln r}\ln\left[\dfrac{-1}{\ln b}\right]$ erreicht.[404] Als Sättigungsniveau ergibt sich
e^a.

3.4.4.2.2 Logistisches Trendmodell

Ein weiteres Wachstumsmodell basiert auf der logistischen Funktion mit Sättigungswert a. Es hat die Form[405]

$$x_t = \frac{a}{(1 - be^{-rt})}$$

Der Wendepunkt, bei dem zugleich der halbe Sättigungswert erreicht wird, stellt
sich bei $t = \dfrac{\ln\left[\dfrac{a}{b}\right]}{\ln r}$ ein.[406] wobei a die Sättigungsgrenze angibt. Für r>0 ergibt
sich eine S-förmige Wachstumskurve, für r<0 deren Spiegelbild.

---

[402] Eigene Darstellung des Verfassers.

[403] Vgl. Bryant/Statistical Analysis/S.196 - 198,
Lewis/Business Forecasting Methods/S.112 - 115.

[404] Vgl. Lewis/Business Forecasting Methods/S.117 f.

[405] Vgl. Gregg; Hassell; Richardson/Mathematical Trend Curves/S.14,
Lewis/Business Forecasting Methods/S.118 - 120.

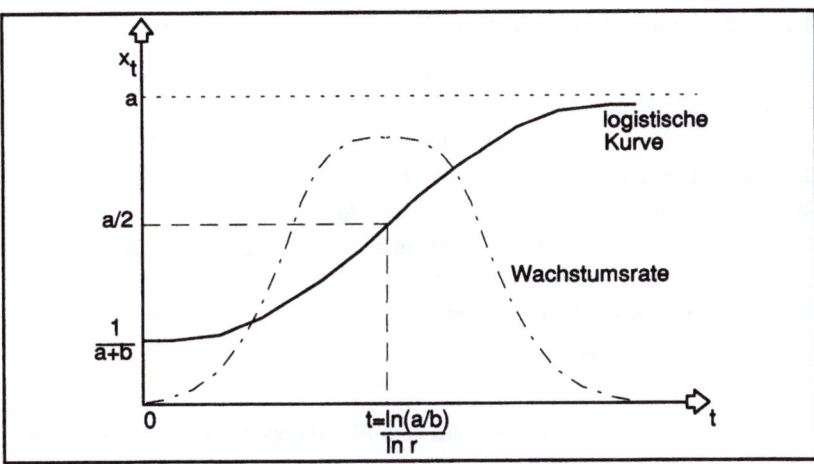

Abb. 3-22: Logistische Funktion, Verlaufscharakteristik[407]

3.4.4.3 Lebenszykluskurve mittels der abhängigen Variablen Zeit

3.4.4.3.1 Grundansatz

Rogers geht in seinem Ansatz zur Adoptionsrate im Zeitablauf von einer Glockenkurve und dementsprechend bei der kumulierten Anzahl der Adopter von einer logistischen Kurve aus.[408]

> "Adopter distributions follow a bell-shaped curve over time and approach normality."[409]

Zur Erklärung dieses Ansatzes, der nur von der Zeit als Erklärungsvariable ausgeht, sind verschiedene Modelle entwickelt worden.

---

[406] Vgl. Haustein./Prognoseverfahren/S. 164 - 165,
Schütz/Methoden der mittel- und langfristigen Prognose/S.68 - 75.

[407] Eigene Darstellung des Verfassers.

[408] Vgl. Rogers/Diffusion of Innovations/S. 243.

[409] Vgl. Rogers/Diffusion of Innovations/S. 245.

3.4.4.3.2 Albach-Brockhoff-Modell

Beim Albach-Brockhoff-Modell[410] werden mit Ausnahme der Variablen Zeit keine Erklärungsgrößen berücksichtigt.

$$x_t = a\,t^b\,e^{-ct} \qquad \text{mit } x_t = \text{Umsatz, und a,b,c =konstante Parameter}$$

Der Adoptionsprozeß wird in zwei Komponenten zerlegt, die das Erkennen der Alternative einerseits und die Entscheidung für oder gegen diese Alternative andererseits beschreiben.[411] Die Beschreibung des Erkenntnisprozesses folgt dem Weber´schen Gesetz, nach dem eine kleine Zunahme s_0 eines Stimulus der Stärke S_0 dieselbe Reaktionsänderung hervorruft wie eine Zunahme s_1 bei der Stärke S_1, wenn $\dfrac{s_0}{S_0} = \dfrac{s_1}{S_1}$ gilt.

Für die Akzeptanz des Produktes wird eine Akzeptanzwahrscheinlichkeit angenommen, die proportional zum Umsatz auf dem Gesamtmarkt zum Zeitpunkt t ist. Schließlich wirkt auf den Absatz des Produkts ein Vergessensprozeß ein, der als radioaktiver Verfallsprozeß beschrieben wird. Der Umsatzabgang entsteht dadurch, daß ein gewisser Teil der Käufer infolge der Einwirkungen der Konkurrenz, infolge Unzufriedenheit mit den gemachten Erfahrungen oder aufgrund Vergessens und Übergehens zu Altgewohntem wieder abwandert. Ebenso wie die Normalverteilungsfunktion ist das Albach-Brockhoff-Modell nur wenig geeignet, Diffusionsvorgänge bei stark variierenden Ausprägungen der Übernahmefaktoren (z.B. Absatzpolitik, soziale Interaktionen, Preissensibilität)[412] zu erklären.[413] Es mangelt diesen Modellen an einer Möglichkeit, erklärende Variablen zu berücksichtigen.[414]

3.4.5 Diffusionsmodelle für Erstkäufe

3.4.5.1 Grundmodelle der Diffusionsverläufe

Bei der Vielfältigkeit der Ansätze lassen sich bei der Darstellung der Diffusionsverläufe die Grundfunktionen "lineare", "exponentielle", "logistische" und "semilogistische" Funktion unterscheiden. In den meisten Fällen wird davon

---

[410] Vgl. Albach/Theorie des wachsenden Unternehmens/S. 9ff.
Brockhoff/Unternehmenswachstum,
Brockhoff/A Test for the Product Life Cycle/S. 472 ff.

[411] Vgl. Luhmer/Albach-Brockhoff-Formel/S. 670.

[412] Vgl. Gierl/Die Analyse des Produkt-Lebenszyklus/S. 10.

[413] Vgl. Gierl/Die Analyse des Produkt-Lebenszyklus/S. 13.

[414] Vgl. Gierl/Die Analyse des Produkt-Lebenszyklus/S. 14.

ausgegangen, daß die Population homogen, zeitunabhängig ($N_{max}=N_t=$konstant) und streng dichotomisch (z.B. Adopter und Nichtadopter) aufgeteilt ist. Die Homogenität einer Population zeichnet sich dadurch aus, daß alle Adoptionseinheiten mit gleicher Wahrscheinlichkeit auf den Kommunikationseinfluß reagieren. Die Anzahl der Adopter Y_t und Nicht-Adopter (N_t-Y_t) wird schließlich als eine Funktion der Zeit dargestellt.

Das allgemeine Diffusionsmodell lautet: $X_t = g_t(N_t$-$Y_t)$

mit $X_t = \dfrac{dY_t}{dt}$ = Übernehmerzuwachs in t und g_t = Diffusionswahrscheinlichkeit.

Für dieses allgemeine Modell gibt es zwei Ansatzmöglichkeiten:

g_t als Funktion der Zeit

g_t als Funktion der Anzahl der Adopter; $g_t = a + bY_t + cY_t^2 + ...$

Auf der Basis dieses allgemeinen Diffusionsmodells sind verschiedene Grundmodelle für den Käuferzuwachs entwickelt worden.

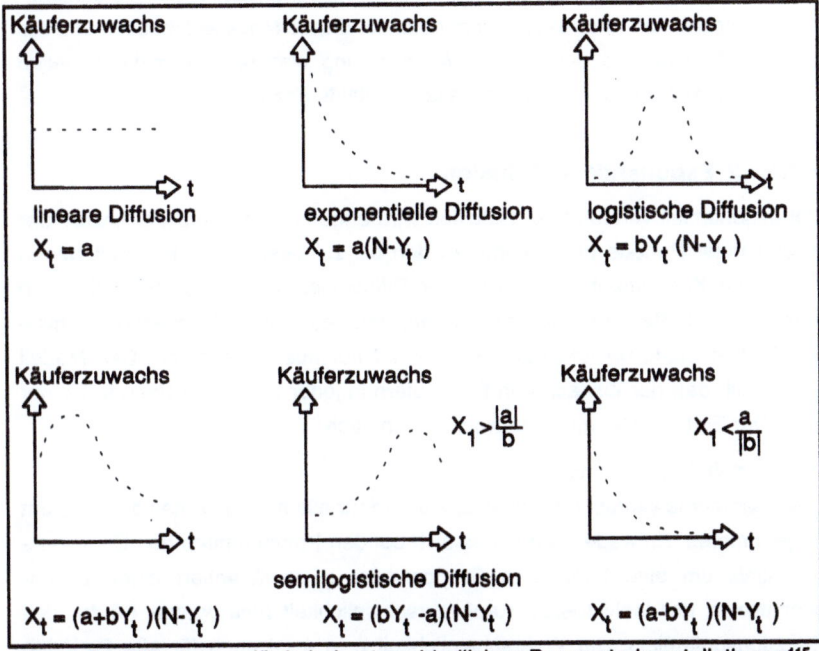

Abb. 3-23: Diffusionsverläufe bei unterschiedlichen Parameterkonstellationen[415]

---

[415] Eigene Darstellung des Verfassers.

3.4.5.1.1 Lineare Diffusion

Die einfache lineare Funktion ist infolge der mit ihr verbundenen Einschränkungen nur in wenigen Fällen anwendbar. Ausgehend von den oben angegebenen Grundannahmen wird das Kommunikationsnetz wie folgt gestaltet:[416]

♦ es bestehen keine Interaktionen zwischen den Adoptionseinheiten,

♦ die Informationsverbreitung wird ausschließlich über eine externe, unpersönliche Quelle mit konstanter Übertragungsleistung a vollzogen,

♦ nur die Nicht-Informierten $(N-Y_t)$ werden beeinflußt.

Bei einem Anfangsbestand von X_0 Adoptern berechnet sich die zeitabhängige Adoptermenge wie folgt:

$$Y_t = X_0 + at \qquad \text{mit } 0<X_0<N \quad \text{und} \quad t = 0,...,T$$

wobei zum Zeitpunkt T der Diffusionsprozeß abgeschlossen ist $(Y_t=N)$.

Die diesem Modell zugrundeliegenden Annahmen über die Form der Informationsübertragung (z.B. ausschließlich über Vertreterbesuche der Herstellerfirmen[417]) schränken das Anwendungspotential dieser Modelle erheblich ein. Als kritische Punkte sind deshalb die Ausblendung weiterer Informationsquellen (z.B. Medien) sowie der interpersonellen Kontakte anzuführen.

3.4.5.1.2 Exponentielle Diffusion

Bei exponentiell verlaufender Diffusion wird angenommen, daß die Anzahl der Käufer einer Periode proportional zu den bis zu dieser Periode verbliebenen möglichen Konsumenten verläuft. Der Diffusionsprozeß wird lediglich durch externe Einflußfaktoren vorangetrieben, speziell durch Massenkommunikation.[418] Der Markt besteht definitionsgemäß nur aus Innovatoren. Das Modell unterstellt, daß der Zuwachs an Erstkäufern in jeder folgenden Periode kleiner wird. Der Erstkäuferzuwachs entwickelt sich nach:

$$X_t = a(N-Y_t) \qquad \text{mit } g_t = a$$

Die Übernahmewahrscheinlichkeit $g_t = a$ wird für alle Konsumenten als konstant angenommen. Entweder handelt es sich bei den Konsumenten des Diffusionspotentials um eine homogene Gruppe oder g_t repräsentiert einen Durchschnittswert der individuellen Kaufwahrscheinlichkeit heterogener Käufer des Diffusionspotentials. Die Wahrscheinlichkeit $g_t = a$ ist auch für alle Perioden

---

[416] Vgl. Bierfelder/Innovationsmanagement//S.47.

[417] Vgl. Baumberger; Gmür; Käser/Übernahme von Neuerungen/S. 519.

[418] Vgl. Gatignon; Robertson/Consumer Diffusion Theory/S. 43.

konstant. Dies kann zum einen bedeuten, daß kauffördernde Qualitäts- und Preisinformationen mit einer Wahrscheinlichkeit in einer Periode wahrgenommen und dann mit Sicherheit befolgt werden, da eine Wahrnehmung von Kommunikationsinhalten ohne gleichzeitige Reaktion nicht definiert ist.[419] Zum anderen besteht jedoch die Möglichkeit, daß Kaufwahrscheinlichkeit zum einen und kontinuierlich einwirkende Qualitäts- und Preisinformationen kausal unabhängig voneinander sind, aber andere Determinanten eine kontinuierlich treibende Kraft darstellen.

Die Zahl der Adopter Y_t besitzt bei endlichem Umfang der Population und einem Adopterbestand von 0 zum Zeitpunkt t=0 die Lösung:[420]

$$Y_t = N(1-e^{at})$$

Die kumulierte Zahl der Adopter nähert sich asymptotisch der Sättigungsgrenze N. Wenn diese Sättigungsgrenze exogen vorgegeben ist, läßt sich die exponentielle Funktion als Grundmodell der Massenkommunikation interpretieren.[421] Bei unbekanntem Anfangsbestand, aber bekanntem und konstantem N läßt sich anhand der Lösungsformel $Y_t = N - (N-Y_0)e^{-at}$ nach Umformung und Logarithmierung eine lineare Abhängigkeit des Bestandes an Nichtadoptern zur Zeit t herstellen.[422] Dies ermöglicht mittels einer Einfachregression nicht nur die Bestimmung des Anfangsbestandes, sondern auch die Bestimmung der Reaktionswahrscheinlichkeit, so daß von einem prognosefähigen System ausgegangen werden kann.

Ein exponentieller Verlauf des Diffusionsprozesses ergibt sich bei einer Verbesserung des Kommunikationsnetzes im Vergleich zum linearen Modell durch die Aufnahme von weiteren externen Kommunikationsquellen wie Medien, Politikern und ähnliche, in der Öffentlichkeit wirksam werdende Informationsträger. Exponentielle Ausbreitungen von Produkten sind für jene Produkte typisch, bei denen ein Lernprozeß der Konsumenten trotz Neuheit des Produktes nicht erforderlich ist[423] und ökonomische Faktoren wie Marktpreis und Einkommen für die Erklärung des Ausbreitungsprozesses ohne Bedeutung sind. Produktbei-

---

[419] Vgl. Kaas/Diffusion und Marketing/S. 94,
Jeuland/Parsimonious Models of Diffusion/S. 10.

[420] Vgl. Coleman; Katz; Menzel/Medical Innovation,
Hamblin; Jacobsen; Miller/A mathematical Theory of Social Change.

[421] Vgl. Kaas/Diffusion und Marketing/S. 88 ff.

[422] Vgl. Fourt; Woodlock/Early Prediction of Market Success/S. 33.

[423] Vgl. Bonus/Ausbreitung des Fernsehens/S. 13.

spiele sind Schallplattenhits und Modeartikel. Die Diffusion ist dann oft nach kurzer Zeit beendet. Denkbare Anwendungsbereiche sind beispielsweise, wenn in der Einführungsphase mit einem geringen Wiederstand der Käufer zu rechnen ist[424], wenn die potentiellen Übernehmer voneinander isoliert sind, z.B. im Fall räumlicher Trennung[425], oder wenn die Neuerung unbedeutend oder gar tabuisiert ist[426].

Das Modell enthält folgende Schwächen:[427]

- ◆ die Individualkommunikation bleibt unberücksichtigt, d.h. interpersonelle Kontakte werden ausgeblendet,
- ◆ die Unterteilung in Meinungsführer und Meinungsfolger kann demnach nicht durchgeführt werden, wodurch auch die Prämisse der homogenen Population nicht in Frage gestellt werden kann,
- ◆ die kontinuierliche Beeinflussung durch die externen Quellen erscheint stark vereinfacht.

3.4.5.1.3 Logistische Diffusion

Anders als beim exponentiellen Modell wird hier unterstellt, daß der Diffusionsprozeß lediglich durch Imitationseffekte bzw. durch persönliche Kommunikation zwischen den bisherigen und den potentiellen Übernehmern entsteht.[428] Da die Massenkommunikation keine Rolle spielt ist a=0. Der Markt besteht nur aus Imitatoren.

Bei der logistischen Diffusion wird unterstellt, daß die Anzahl der Käufer einer Periode proportional zur Zahl der Käufer der Vorperioden und zu den verbleibenden potentiellen Käufern ist. Die Übernahmewahrscheinlichkeit g_t ändert sich mit der Anzahl vorhandener Adopter. Die Übernahmewahrscheinlichkeit g_t ist eine linear steigende Funktion der bisherigen Käufer zu einem Zeitpunkt.[429]

$$g_t = bY_t$$

Der Zuwachs an Erstkäufern entwickelt sich nach:

---

[424] Vgl. Lewandowski/Prognose- und Informationssysteme/S. 264.

[425] Vgl. Mahajan; Peterson/Models for Innovation Diffusion/S. 17.

[426] Vgl. Kaas/Diffusion und Marketing/S. 75.

[427] Vgl. Bierfelder/Innovationsmanagement//S. 48.

[428] Vgl. Gatignon; Robertson/Consumer Diffusion Theory/S. 43.

[429] Vgl. Mansfield/Rate of Imitation/S. 741 - 766,
    Griliches/Hybrid com/S. 501 - 522,
    Gray/Innovation in the States/S.1174 - 1182.

$X_t = bY_t(N-Y_t)$.

Dieser Ansteckungsprozeß von interpersonellen Kontakten wird auch als mathematisches Epidemiemodell bezeichnet.

Für Y_t ergibt sich: $Y_t = \dfrac{N}{1 + \dfrac{N - Y_0}{Y_0} e^{-bNt}}$.

Den charakteristischen S-förmigen Verlauf erhält die logistische Kurve durch die gegenläufige Entwicklung der relativen Bestände von Adoptern und Nichtadoptern der Gesamtpopulation.[430] Nach einer anfänglich langsamen Wachstumsphase, in der die potentiellen Adopter die Erfahrungen der wenigen, risikofreudigen Adopter abwarten, erzeugt eine innere Dynamik des Diffusionsprozesses, bedingt durch sozialen (insbesondere bei Konsumgütern) und ökonomischen (bevorzugt bei Investitionsgütern) Druck, eine beschleunigte Ausbreitung der Innovation.[431] Dieser Prozeß wird nach Erreichen des Wendepunktes gebremst, so daß sich die Kurve asymptotisch der Sättigungsgrenze nähert. Der Wendepunkt tritt um so später ein, je größer das Verhältnis aus Sättigungsmenge und Anfangsbestand ausfällt und je kleiner der Wert des Reaktionsparameters b ist. Bei Konstanz von Sättigungsmenge und Anfangsbestand bestimmt der Reaktionsparameter den Diffusionsprozeß. Nach Umformung der logistischen Funktion und Bildung des Logarithmus erhält man die von Mansfield verwendete Gleichung zur Abschätzung des Wachstumsparameters.

Für das logistische Modell der Diffusion gibt es verschiedene Interpretationsansätze. Eine nicht sehr realistische Interpretation geht davon aus, daß potentielle Käufer in einer Periode mit allen Adoptern in Kontakt kommen. Die Wahrscheinlichkeit, daß die dabei ausgetauschten Qualitäts- und Preisinformationen einen potentiellen Konsumenten zum Kauf veranlassen, ist proportional zu den bisherigen Käufern und wird mit dem unausgeschöpften Diffusionspotential gewichtet. Wenn $g_t = bY_t$ ist, muß bei dieser Interpretation $b < \dfrac{1}{N}$ gelten, damit $g_t < 1$ ist.

Eine andere Interpretationsmöglichkeit geht vom Produkt $Y_t(N-Y_t)$ aus, welches die Zahl der möglichen Treffen zwischen Käufern und bisherigen Nichtkäufern

---

[430] Die Modelle von Blackman/A Mathematical Model for Trend Forecast/S. 341 - 352, Fisher; Pry/A Simple Substitution Model of Technological Change/S. 75 - 88, Mansfield/Rate of Imitation/S. 741 - 765 können auf die Grundform zurückgeführt werden.

[431] Vgl. Schünemann, Bruns/Entwicklung eines Diffusionsmodells/S. 166 - 185, Simon/Informationstransfer und Marketing/S. 592.

wiedergibt. b kann dann als "durchschnittliche Zahl der effizienten Treffen" ge-
deutet werden.[432] Da die treibende Kraft des Diffusionsprozesses bei der logistischen Ausbreitung die vorhandenen Übernehmer sind, wird b auch als interner Einflußfaktor bezeichnet.[433] b wird auch als Parameter der interpersonellen
Kommunikation bezeichnet, da die Effizienz von Treffen zwischen potentiellen
Käufern und bisherigen Käufern repräsentiert wird.[434]

Die unrealistische Annahme paarweiser Treffen bei beiden Interpretationsan-
sätzen kann vermieden werden, indem angenommen wird, daß die bloße Beobachtung oder die Kenntnis der Übernahme ein auf Beobachtung beruhendes
Imitationsverhalten auslöst.[435] In folgenden Situationen ist das logistische Modell geeignet:

♦ wenn die Neuerung komplex und sozial auffällig ist,
♦ wenn das Marktpotential relativ klein und homogen ist,
♦ wenn ein Bedarf nach zuverlässigen Informationen besteht, die die Massenkommunikation nicht zu liefern vermag.[436]

3.4.5.1.4 Semilogistische Diffusion

Ursprünglich war es herrschende Meinung gewesen, daß die Käuferschaft eine
weitgehend homogene Masse bildet, die insbesondere den Massenmedien
ziemlich hilflos ausgeliefert ist. Ausschlaggebend für eine Neuorientierung war
eine durchgeführte Untersuchung des Wählerverhaltens bei der amerikani-
schen Präsidentschaftswahl von 1940.[437] Es hatte sich dort gezeigt, daß die
Wirkung der Massenkommunikation gering geblieben war. Die von den Massenmedien gelieferten Neuigkeiten wurden vielmehr nur von einem kleinen Teil
der Bevölkerung, den opinion leaders, aufgegriffen, dann aber von diesen
durch persönliche Kommunikation an die followers weitergegeben.

Der semilogistische Diffusionsverlauf ist das Ergebnis einer Synthese der Annahmen zum exponentiellen und logistischen Diffusionsverlauf. Die Kaufwahr-

---

[432] Vgl. Kaas/Diffusion und Marketing/S. 112.

[433] Vgl. Lehvall; Wahlbin/Innovation Diffusion Functions/S. 367,
     Mahajan; Muller/Innovation Diffusion/S. 59.

[434] Vgl. Horski; Simon/Advertising and the Diffusion of New Products/S. 9.

[435] Vgl. Kaas/Diffusion und Marketing/S. 111.

[436] Vgl. Mahajan; Peterson/Models for Innovation Diffusion/S. 19.

[437] Vgl. Lazarsfeld; Berelson; Gaudet/The Peoples's Choice.

scheinlichkeit wird beschrieben durch: $g_t = a + bY_t$. Der Zuwachs an Adoptern entwickelt sich nach:

$$X_t = (a + bY_t)(N-Y_t),$$

$$Y_t = \frac{N - \frac{a(N - Y_0)}{(a+bY_0)} e^{-(a+bN)t}}{1 + \frac{b(N - Y_0)}{(a+bY_0)} e^{-(a+bN)t}}.$$

Das Modell beinhaltet einen semilogistischen Ausbreitungsverlauf, der mit dem Verhältnis von a/b variiert. Für b-> 0 ergibt sich ein exponentieller Verlauf, für a -> 0 ein logistischer Verlauf.

Das bekannteste Modell, das auf dem semilogistischen Funktionsverlauf basiert, ist das Bass-Modell.[438] In diesem Modell werden zwei Kommunikationstypen unterstellt: Massenmedien und mündliche Kommunikaton.[439] Für die Erstanschaffungen der Innovatoren X_{1t} in Periode t wird ein exponentieller Funktionsverlauf unterstellt:

$$X_{1t} = a(N-Y_t).$$

Die Erstanschaffungen der Imitatoren X_{2t} in Periode t werden in einem logistischen Funktionsverlauf abgebildet:

$$X_{2t} = b\frac{Y_t}{N}(N-Y_t).$$

Die Gesamtnachfrage einer Periode t setzt sich schließlich zusammen aus:

$$X_t = X_{1t} + X_{2t},$$

$$X_t = a(N - Y_t) + b\frac{Y_t}{N}(N - Y_t).$$

Die Überlagerung des exponentiellen und logistischen Absatzverlaufes führt zu einem typischen schiefen Produktlebenszyklus. Da das Modell außerdem in eine einfache quadratische Funktion überführt werden kann:

$$X_t = aN - (a - b)Y_t - \frac{b}{N}Y_t^2 \quad {}^{440}$$

wurde es häufig zur ökonometrischen Schätzung empirischer Produktlebenszyklen verwendet, dies jedoch mit unterschiedlichem Erfolg.[441] Die Komponente

---

[438] Vgl. Bass/A New Product Growth/S. 217.

[439] Vgl. Mahajan; Muller; Bass/New Production Diffusion/S. 2.

[440] Vgl. Schmalen/Das Bass-Modell /S. 212.

[441] Vgl. Sebastian/Werbewirkungsanalysen, Simon/Goodwill und Marketingstrategien.

a kennzeichnet die momentane Kaufbereitschaft von Innovatoren, während das Produkt $b\frac{Y_t}{N}$ den sozialen Druck ausgehend von den Adoptern darstellt. $\frac{Y_t}{N}$ ist dabei der Sättigungsgrad des Marktes.[442]

In ökonometrischen Studien haben sich immer wieder Innovationskoeffizienten a<0 ergeben. Dies würde eine negative Innovatorennachfrage beschreiben, die die Imitatorennachfrage nach unten korrigiert. Voraussetzung ist allerdings, daß $Y_0>0$ in geeigneter Weise gewählt wird. Bei $Y_0=0$ würde in t=1 nur die negative Innovatorennachfrage entstehen, was über $Y_0<0$ in t=2 eine ebenfalls negative Imitatorennachfrage und damit einen negativen Produktlebenszyklus induziert. Diese Zusammenhänge sind aber diffusionstheoretisch nicht begründbar: Am Beginn des Produktlebenszyklus sollte $Y_0=0$ gelten und eine negative Innovatorennachfrage als Korrekturgröße zur Gesamtnachfrage entzieht sich jeglichem Sachverstand. Rein rechnerisch erklärt sich der negative Innovationskoeffizient daraus, daß das Bass-Modell nur dann rechtssteile (=linksschiefe) Produktlebenszyklen erklären kann, wenn a<0 ist. Im Maximum des Produktlebenszyklus gilt nämlich für den kumulierten Marktsättigungsgrad (0<F<1): $F=\frac{1}{2}-\frac{a}{2b}$.

Easingwood/Mahajan/Muller[443] und Easingwood[444] haben allerdings gezeigt, daß mit der Variante $X_t=a(N-Y_t)+b(\frac{Y_t}{N})^\gamma(N-Y_t)$ und a>0; $\gamma>1$ ganz problemlos rechtssteile Produktlebenszyklen erzeugt werden können. Verhaltenswissenschaftlich läßt sich $\gamma>1$ damit begründen, daß Imitatoren mit zunehmender Marktsättigung einen erst schwach, dann stark steigenden sozialen Druck verspüren und in Käufe umsetzen. Wenn aber die Imitatoren erst spät kommen, wird der Produktlebenszyklus linksschief. Auf diese Weise wird auch der Einwand entkräftet, daß der Zusammenhang zwischen Produktverbreitung und Produktübernahme durch Imitatoren nicht linear sei.[445] Das Bass-Modell ist insbesondere auch aufgrund der strikten Dichotomie von Innovatoren und Imitatoren angreifbar. Diese Homogenitätsannahme ist aufgrund verschiedener empirischer Untersuchungen nicht aufrechtzuerhalten. Es gibt vielmehr nach demo-

---

[442] Vgl. Meffert; Steffenhagen/Marketing-Prognosemodelle/S. 74.

[443] Vgl. Easingwood; Mahajan; Muller,/A non-uniform influence/S. 273 - 296.

[444] Vgl. Easingwood/Early product life cycle/S. 3 - 9.

[445] Vgl. Böcker; Gierl./Die Diffusion neuer Produkte/S. 32 - 48.

graphischen und psychografischen Kriterien abgrenzbare Käuferschichten, die in ihrem Innovationsverhalten differieren.[446]

3.4.5.1.5 Beurteilung der Grundmodelle

Die beschriebenen Grundmodelle basieren auf Prämissen, die zwar relativ einfach zu handhabbaren Modellformulierungen führen, die jedoch gleichzeitig deren Anwendungsspielraum einschränken. Diese teils nur impliziten Prämissen sollen im folgenden kurz erörtert werden:

- die der Adoptionsentscheidung vorgelagerten Phasen Aufmerksamkeit, Interesse, Beurteilung und Versuch werden in den Grundmodellen nicht berücksichtigt,[447]
- die Annahme eines im Zeitablaufs konstanten Marktpotentials ist langfristig nicht haltbar: es ist plausibel anzunehmen, daß das Marktpotential zum Einführungszeitpunkt geringer ausfallen wird als in späteren Perioden, da im Laufe der Zeit naheliegenderweise weitere Zielgruppen angesprochen werden,
- die Diffusionskoeffizienten a und b sind für alle Käufer gleich und konstant; die Heterogenität des Marktes und Änderungen der Adoptionsneigung werden nicht berücksichtigt,
- der Term N_t-N_{max}, der die Anzahl der Kontakte zwischen aktuellen und potentiellen Adoptern repräsentiert, impliziert vollständige paarweise Interaktion zwischen beiden Gruppen; auch wird unterstellt, daß die persönliche Kommunikation die Adoptionsentscheidung nur positiv beeinflussen kann,[448]
- Komplementaritäts- und Substitutionalitätsbeziehungen mit anderen Produkten werden nicht berücksichtigt,[449]
- diese Modelle beschreiben i.w. die Ausbreitung einer Produktklasse; die Übertragbarkeit auf eine Produktmarke ist an die Bedingung geknüpft, daß die betreffende Unternehmung eine Monopolstellung innehat, da Konkurrenzmaßnahmen nicht berücksichtigt werden,

---

[446] Vgl. Robertson/Innovative Behavior and Communication/S. 100 ff.

[447] Vgl. Sharif; Ramanathan/Binomial Innovation Diffusion Models/S. 66.

[448] Vgl. Mahajan; Peterson/Models for Innovation Diffusion/S. 24.

[449] Vgl. Mahajan; Peterson/Models for Innovation Diffusion/S. 25.

♦ bis auf das Gompertz-Modell sind die Grundmodelle symmetrisch zum Wendepunkt, was nur für wenige empirische Diffusionsprozesse nachgewiesen werden konnte,[450]

♦ mit Ausnahme der integrativen Ansätze wird der Wendepunkt und damit das Absatzmaximum bei einem von vornherein feststehenden Gesamtabsatz erreicht, was die Anpassungsfähigkeit der Modelle an unterschiedlich verlaufende Diffusionsprozesse erheblich einschränkt;

♦ die Grundmodelle stellen reine Entwicklungsprognosen dar; einzig erklärende Variable ist die Zeit. Selbst die zugrundeliegenden Hypothesen bzgl. der Massenkommunikation bzw. der persönlichen Kommunikation werden nur unzureichend mittels konstanter Diffusionskoeffizienten abgebildet. Insbesondere gilt aber, daß die zeitliche Ausbreitung als von Marketingmaßnahmen völlig unabhängig betrachtet wird; die Aussagefähigkeit für die Marketingpolitik ist daher vergleichsweise begrenzt.

3.4.5.2 Flexible Diffusionsmodelle

Aufgrund der mangelnden Flexibilität der Diffusionsmodelle wurden verschiedene Ansätze auf der Basis von $F_t = \frac{Y_t}{N_{max}}$ entwickelt, um den Verlauf flexibler darstellen zu können. Ergab sich der Zuwachs der Übernehmer beim logistischen Modell bisher aus $\frac{dY_t}{dt} = bY_t[N_{max} - Y_t]$ so wird daraus im flexiblen Modell $\frac{dF}{dt} = bF(1-F)$[451]. Mit den folgenden Ansätzen sind verschiedene Kurvenverläufe mit unterschiedlichen Symmetrieeigenschaften und Wendepunkten möglich, mit denen die unterschiedlichsten Produktlebenszyklen abgebildet werden können.

---

[450] Vgl. Lewandowski/Prognose- und Informationssysteme/S. 280 ff.

[451] $Y_t' = bY_t[N - Y_t]; F_t = \frac{Y_t}{N}; F_t' = \frac{Y_t'N - Y_tN'}{N^2}$ da $N'=0$ gilt: $F' = \frac{bY_t[N - Y_t]N}{N^2} = \frac{bY_t}{N}\frac{[N - Y_t]}{N} = bF[1-F]$

Modellgleichung	Sym-metrie	Wende-punkt	Modell
$dF/dt = bF(1-F)$	S	0,5	LOGISTISCHE DIFFUSION
$dF/dt = bF \ln \frac{1}{F}$	NS	0,37	DIXON 1980[452]
$dF/dt = (a+bF)(1-F)$	S	0,0-0,5	BASS 1969[453]
$dF/dt = bF(1-F)^2$	NS	0,33	FLOYD 1968[454]
$dF/dt = \frac{bF(1-F)^2}{1-F(1-\sigma)}$	S/NS	0,33-0,5	SHARIF/KABIR 1976[455]
$dF/dt = (a+bF)(1-F)^{1+\gamma}$	S/NS	0,0-0,5	JEULAND 1981[456]
$dF/dt = (a+bF^\delta)(1-F)$	S/NS	0,0-1,0	EASINGWOOD et al. 1983[457]
$dF/dt = (b\, F^\delta)(1-F)$	S/NS	0,0-1,0	EASINGWOOD et al. 1981[458]
$dF/dt = bF(1-F^\Theta)$	S/NS	0,0-1,0	NELDER 1962[459]
$dF/dt = \frac{b}{1-\Theta}F^\Theta(1-F^{1-\Theta})$	S/NS	0,0-1,0	VON BERTALANFFY 1957[460]
$dF/dt = \frac{b}{t}F(1-F)$	NS	0,0-0,5	TEOTIA/RAJU 1986[461]
$dF/dt = b((1+kt)^{1/k})^{\mu-k}$	S/NS	0,0-1,0	BEWLEY/FIEBIG 1988[462]

Tab. 3-19: Flexible Diffusionsmodelle[463]

---

[452] Vgl. Dixon/Hybrid corn revisited/S. 1451 - 1461.

[453] Vgl. Bass/A New Product Growth/S. 215 - 227.

[454] Vgl. Floyd/A Methodology for trend forecasting/S. 95 - 109.

[455] Vgl. Sharif; Kabir/forecasting technological substitution/S. 353 - 364.

[456] Vgl. Jeuland/Models of Diffusion.

[457] Vgl. Easingwood; Mahajan; Muller/A non-uniform influence/S. 273 - 296.

[458] Vgl. Easingwood; Mahajan; Muller/A nonsymmetric responding logistic model/ S. 199 - 213.

[459] Vgl. Nelder/An Alternative Form/S. 614 - 616.

[460] Vgl. Teotia; Raju/Forecasting the Market Penetration/S. 225 - 237.

[461] Vgl. Von Bertalanffy/Quantitative laws/S. 217 - 231.

[462] Vgl. Bewley; Fiebig/A Flexible Logistic Growth Model/S. 177 - 192.

[463] Eigene Zusammenstellung des Verfassers.

3.4.5.3 Dynamische Diffusionsmodelle

Die vorgestellten Grundmodelle gehen von einem konstanten Marktpotential aus. Diese Annahme kann jedoch in der Regel nicht aufrechterhalten werden. Einkommensänderungen, Bevölkerungsentwicklung, institutionelle Regelungen und nicht zuletzt Marketingmaßnahmen können die Größe des Marktpotentials erheblich beeinflussen; die Nichtberücksichtigung dieser Faktoren führt im allgemeinen zu einer Unterschätzung des langfristigen Marktpotentials, woraus erhebliche Prognosefehler resultieren können.[464]

Grundsätzlich kann die Dynamik des Marktpotentials auf zwei Arten berücksichtigt werden:

- Das Marktpotential entwickelt sich im Zeitablauf autonom,

  d.h. $N_{max} = N_t$

- Das Marktpotential entwickelt sich in Abhängigkeit exogener Einflußgrößen, d.h. $N_{max} = N(V_t)$, wobei V_t einen Vektor darstellt, für alle relevanten Variablen $v_1, v_2,...,v_n$.[465]

Ein allgemeines Modell für ein dynamisches Marktpotential entwickelten Mahajan/Peterson für verschiedene endogene und exogene Variable wie sozioökonomische Bedingungen im System, Wachsen oder Schrumpfen der Bevölkerung, Aktivitäten der Regierung oder direkte Einflüsse auf den Diffusionsprozess wie beispielsweise Werbung.[466]

$$N_t = f(V_t) \text{ mit } \frac{dY}{dt} = (a + bN_t)[f(V_t) - Y_t]$$

Dies ergibt folgende Lösung:

$$Y_t = -\frac{a}{b} + \frac{e^{a(t-t_0)} + b\phi(t)}{\frac{b}{a+bY_0} + b\int_{t_0}^{t} e^{a(x-t_0) + b\phi(x)} dx}$$

$$\text{mit } \phi(t) = \int_{t_0}^{t} f(V(x)) dx$$

---

[464] Vgl. Lewandowski/Prognose- und Informationssysteme/S. 333.

[465] Vgl. Mahajan; Peterson/Dynamic Potential Adopter/S. 1590.

[466] Vgl. Mahajan; Peterson/Dynamic Potential Adopter/S. 1589 - 1597.

3.4.5.3.1 Endogene Modelle für ein variables Marktpotential

Zu den bislang wenigen Versuchen, ein endogenes dynamisches Marktpotential in ein Diffusionsmodell einzubauen, gehört der Ansatz von Sharif/ Ramanathan.[467] Die Autoren formulierten vier unterschiedliche mathematische Modelle für das Wachstum von N_{max} in Abhängigkeit von der Zeit und setzten sie anschließend in das logistische und das exponentielle Modell ein. Zwei Typen von Funktionen werden zugrundegelegt: Zum einen ohne und zum anderen mit einer langfristigen Obergrenze für $N_{max} = N_t$.

Zum ersten Typ gehören die Funktionen:

$N_t = N_0 e^{\alpha t}$ und

$N_t = N_0 (1 + \alpha t)$

wobei $N_0 > 0$ = Marktpotential zum Einführungszeitpunkt und

$\alpha > 0$ = Wachstumsparameter.

Für ein begrenztes Wachstum des Marktpotentials werden folgende Funktionen angenommen:[468]

$N_t = \dfrac{N^*}{1 + \alpha_1 e^{-\alpha_2 t}}$ und

$N_t = N^* - \alpha_1 e^{-\alpha_2 t}$

mit $N^* > 0$ = langfristige Obergrenze des Marktpotentials und

$\alpha_1, \alpha_2 > 0$ = Wachstumskoeffizienten.

Diese Funktionen können anstelle des konstanten N_{max}-Wertes in die Grundmodelle eingesetzt werden. Die Wachstumskoeffizienten der jeweils eingesetzten Funktion des Marktpotentials werden zusammen mit den übrigen Diffusionskoeffizienten geschätzt. Bei einer empirischen Überprüfung ergab die Einbeziehung eines dynamischen Marktpotentials eine Verbesserung der Anpassungsgüte - gemessen an der Quadratsumme der Residuen- gegenüber dem zugehörigen Grundmodell. Die Einbeziehung eines dynamischen Marktpotentials lediglich in Abhängigkeit von der Zeit stellt sicherlich einen Fortschritt gegenüber den Grundmodellen dar, allerdings ist einzuwenden, daß eine Erhöhung der Anpassungsgüte zwar formal eine Verbesserung darstellt, der Erklärungsgehalt des Modells hierdurch jedoch nicht erhöht wird. Es werden keine Anhaltspunkte dafür geliefert, warum ein Ausbreitungsprozeß einen bestimmten Verlauf aufweist.

---

[467] Vgl. Sharif; Ramanathan/Binomial innovation diffusion models/S. 64 ff.

[468] Vgl. Sharif; Ramanathan/Binomial innovation diffusion models/S. 70.

3.4.5.3.2 Exogene Modelle für ein variables Marktpotential

Die Einbeziehung bestimmter exogener Einflußgrößen in V_t kann Hinweise darauf liefern, warum sich einige Innovationen schneller, andere dagegen langsamer ausbreiten, was den Erklärungsgehalt des Modells erhöht. Welche Faktoren konkret zu berücksichtigen sind und in welchem funktionalen Zusammenhang sie zum Marktpotential stehen, ist im Einzelfall zu prüfen.

Bonus[469] erweiterte das logistische Grundmodell um die Annahme, daß das Marktpotential vom Pro-Kopf-Einkommen abhängig ist und zwar in der Form:

$$N_t = \frac{N^*}{1 + cE_t^{-\alpha}}$$

dabei sind N_t = absolutes Sättigungsniveau, gegen das der Markt strebt,

c = Proportionalitätsfaktor; je nach dem Vorzeichen von c ergeben sich bei steigendem Einkommen positive oder negative Wachstumsraten des Marktpotentials,

α = Einkommenselastizität.

Für die Einkommensentwicklung wird ein exponentielles Wachstum unterstellt:

$$E_t = E_0 e^{gt}$$

wobei g die Wachstumsrate darstellt.

Für den Vektor der relevanten Einflußfaktoren wurden bereits sehr verschiedene Ansätze entwickelt:

$$N_t = f(M(t)) = K_1 + K_2 M(t) \qquad \text{Mahajan/Peterson (1978)[470]}$$

mit K_1, K_2 = Konstante; M(t) = Mitgliedsstaaten der UN.

$$N_t = B_0 (P(t))^{-B_1} \qquad \text{Chow (1967)[471]}$$

mit B_0, B_1 = Konstante; P(t) = Computerpreise.

$$N_t = Y_t \left[\frac{ZB(t)}{Sc(t)} \right]^K \qquad \text{Lackman (1978)[472]}$$

mit K = Konstante; ZB(t) = corporate profits; Sc(t) = corporate sales.

---

[469] Vgl. Bonus/Ausbreitung des Fernsehens.

[470] Vgl. Mahajan; Peterson/Dynamic Potential Adopter/S. 1589 - 1597.

[471] Vgl. Chow/Technological Change/S. 1117 - 1130.

[472] Vgl. Lackman/Gompertz curve forecasting/S. 45 - 57.

3.4.5.4 Erweiterte Diffusionsmodelle

Über diese grundlegenden Modelle hinaus gibt es noch weitere Diffusionsmodelle:

3.4.5.4.1 Multi-Innovations-Diffusionsmodelle

Neue Produkte werden in Abhängigkeit von alten Produkten gesehen. Man unterscheidet substituierende, und konkurrierende Produkte sowie Absatzverbund.

$$g_t = a_1 + b_1 + Y_{t1} - c_1 Y_{t2} \qquad\qquad \text{Peterson/Mahajan (1978)[473]}$$

3.4.5.4.2 Zeit- und Raum-Diffusionsmodelle

Die Absatzmöglichkeiten in verschiedenen Regionen werden mit berücksichtigt.

$$g_t = a(r) + b(r)Y_t(r) \qquad\qquad \text{Mahajan/Peterson (1979)[474]}$$

3.4.5.4.3 Mehrstufen-Diffusionsmodelle

Das Steigen des Marktpotentials wird bewirkt durch Werbung und Interaktionen zwischen Konsumenten und denen, die das Produkt nicht kennen.[475]

Unkenntnis->Kenntnis->Adoption   Dodson-Muller (1978)[476]

3.4.5.4.4 Diffusionsmodelle mit Einfluß-/ Änderungsparametern

Der Innovationskoeffizient ist sehr klein. Der Imitationskoeffizient berücksichtigt Marketingentscheidungen.

$$g_t = a + be^{(-\theta(\text{Preis/Mengeneinheit})_t)} Y_t \qquad \text{Robinson/Lakhani (1975)[477]}$$

Der Innovationskoeffizient wird in Abhängigkeit von der Variablen Werbung gesehen.

$$g_t = a_1 + a_2(\text{Werbeaufwand})_t + bY_t \qquad\qquad \text{Horsky/Simon (1983)[478]}$$

---

[473] Vgl. Peterson; Mahajan/Multi-product growth models/S. 201 - 231.

[474] Vgl. Mahajan; Peterson/Integrating time and space/S. 127 - 146.

[475] Vgl. hierzu das 3-Stufen-Grundmodell von Dodson; Muller
Dodson; Muller/Diffusion through Advertising/S. 1568-1578.
x(t)= kennen Innovation nicht, y(t)= haben bekannte Innovation nicht, z(t)= besitzen Innovation. x(t)+y(t)+z(t)=M
Vgl. auch Midgley/Innovation and New Product Marketing,
Sharif; Ramanathan/Polynomial innovation diffusion models/ S. 301 - 323,
Mahajan; Muller; Kerin/Introduction Strategy for New Products/S. 1389 - 1404.

[476] Vgl. Dodson; Muller/Diffusion through Advertising and Word-of Mouth/S. 1568 - 1578.

[477] Vgl. Robinson; Lakhani/Dynamic Price Models/S. 1113 - 1122.

Sowohl der Innovationskoeffizient wie auch der Imitationskoeffizient sind Funktionen der Nachfrageelastizität, des Lernparameters und der Anzahl der verkauften Einheiten. Grundlage dieses Modells ist die Annahme, daß die marginalen Produktionskosten sinken, wenn die Produktion steigt. Daraus läßt sich der Schluß ziehen, daß auch die Preise sinken.

$$g_t = (a + b\, Y_t)\, K\, Y_t^{l\beta}$$ Bass (1980)[479]

wobei K sich ergibt aus $K = c\left(\dfrac{\beta}{\beta-1}C\right)^{-\beta}$,

mit c = Konstante; β = Nachfrageelastizität; C = Produktionskosten der 1. Einheit und I = Lernparameter.

3.4.6 Diffusionsmodelle für Erstkäufer und Wiederholungskäufer

Die Ausbreitung von Neuprodukten hängt, wie in den vorangegangenen Diffusionsmodellen beschrieben, von interpersonellen Kommunikations- und Demonstrationsprozessen ab, durch die ein Ansteckungseffekt zwischen Käufern und bisherigen Nichtkäufern in Gang gesetzt wird. Neben den nach dem Zeitpunkt des jeweiligen Erstkaufs grob abgrenzbaren Erstkäuferklassen (Innovatoren, frühe Adopter, ...) muß auch bei den Wiederholungskäufen zwischen verschiedenen Wiederholungskäuferklassen differenziert werden. Die Trennung zwischen Erstkauf und Wiederholungskauf sowie die Abgrenzung von Käuferklassen nach der Häufigkeit der erfolgten Produktverwendung schafft eine Heterogenität, die in Marktdurchdringungsmodellen berücksichtigt werden muß. Die folgenden Modelle beziehen sich überwiegend auf den Bereich der Konsumgüter, der durch kurze Lebensdauer der Produkte, bzw. den Verbrauch der Produkte gekennzeichnet ist.

3.4.6.1 Fourt/Woodlock Modell

Grundgedanke des Ansatzes von Fourt/Woodlock ist die für ein Marktdurchdringungsmodell typische Zerlegung des Absatzes eines Neuproduktes in Erst- und Wiederkäufe. Während mit den Erstkäufern diejenigen Konsumenten erfaßt werden, die das Neuprodukt mindestens einmal probieren, spiegelt sich in den Wiederkäufen der Anteil derjenigen Käufer wider, die mit Kaufwiederholungen über die dauerhafte Marktdurchdringung des Neuprodukts entscheiden.

---

[478] Vgl. Horsky; Simon/Advertising and the Diffusion of New Products/S. 1 - 17.

[479] Vgl. Bass/Diffusion Rates/S. 51 - 67.

Als Wiederkaufrate erster Ordnung wird der Anteil derjenigen Erstkäufer an allen bisherigen Erstkäufern bezeichnet, die auch einen zweiten Kauf des Produktes tätigen. Entsprechend gilt der Anteil der Drittkäufer an den bisherigen Zweitkäufern als Wiederkaufrate zweiter Ordnung usw.. Strebt man Vorhersagen über die zu erwartende Zahl von Käufen zu einem bestimmtem Zeitpunkt an, muß zuerst die Analyse der Erstkäufe erfolgen. In diesem Modell wird ein exponentieller Diffusionsverlauf unterstellt.[480]

Wiederkaufraten für die verschiedenen Klassen von Wiederkäufern lassen sich aus beobachteten Panelaufzeichnungen ableiten. Dabei sind noch gewisse Korrekturen notwendig. Innerhalb einer Periode ist die Anzahl z.B. der Erstwiederholer ein zu kleiner Schätzwert für die Gesamtheit der Erstwiederholer, da die weniger intensiven Verbraucher aufgrund ihrer Verbrauchsgeschwindigkeit innerhalb der Beobachtungsperiode vielleicht noch keine Gelegenheit hatten, einen Wiederholungskauf zu tätigen.[481] Die Absatzprognose der Erst- und Wiederkäufe erfolgt auf der Grundlage von der exponentiellen Relation und den geschätzten Wiederkaufraten, von denen zeitliche Invarianz angenommen wird. Das Modell ist in dieser Form als kurzfristige Prognosehilfe aufzufassen. Streng genommen sind immer nur Vorhersagen für die nächste Periode möglich, da in jeder abgelaufenen Periode die Wiederkaufraten unter Vornahme einer Bezugsgrößenkorrektur von neuem zu bestimmen sind.

3.4.6.2 Parfitt/Collins-Modell

Auch im Modell von Parfitt/Collins wird von einer getrennten Erfassung der Erstkäufe und Wiederkaufsraten ausgegangen. Allerdings wird auf die detaillierte Erfassung der Wiederkaufraten erster und höherer Ordnung verzichtet. An deren Stelle tritt eine globale Wiederkaufrate für alle Wiederkäufer in Abhängigkeit von der Zeit nach der Einführungs- und Erstkaufphase.[482] Ähnlich wie bei Fourt/Woodlock wird für die Erstkäufe eine Exponentialfunktion zugrundegelegt. Der langfristige Marktanteil kann ermittelt werden, wenn die maximale Nachfrage N mit der langfristigen Wiederkaufrate des Produktes multipliziert wird. Die globale Wiederkaufrate wird dabei wie folgt ermittelt:

$$w_i = \frac{\text{von Erstkäufern gekaufte Produktmenge in i}}{\text{von Erstkäufern gekaufte Menge in der Produktklasse in i}}$$

---

[480] Vgl. Fourt; Woodlock/Early Prediction of Market Success/S. 32.

[481] Vgl. Meffert; Steffenhagen,/Marketing-Prognosemodelle/S. 144.

[482] Vgl. Parfitt; Collins/Use of Consumer Panels/S. 131 - 145.

Defi-nition	Umsatz Marke r von Produkt s	= wertmäßiges Marktvolumen von Produkt s	x wertmäßiger Marktanteil von Marke r von Produkt s		
	Umsatz Marke r von Produkt s	= wertmäßiges Marktvolumen von Produkt s	x Feldanteil Marke r von Produkt s	x mengenbezogene Wiederkaufrate Marke r von Produkt s	x wertbezogener Kaufmengenindex Marke r Produkt s
be-dingt durch		Gesamtwirtschaftliche Bedingungen	Erstkaufanregende Maßnahmen (u.a. Distributionspolitik)	Wiederkaufanregende Maßnahmen (u.a. Produktqualität)	Intensität des Konsums von Produkt s bei Käufern der Marke r
Bei-spiel	20000	= 100000	x 0,8	x 0,4	x 0,625
	Unternehmung r hat DM 20000 umgesetzt	alle Unternehmungen haben DM 100000 umgesetzt	Marke r haben 80% der aller Käufer des Produkts s mindestens schon einmal gekauft	die Käufer der Marke r geben in der Folge durchschnittlich 40% ihres Kaufvolumens wieder für r aus und 60% für andere Marken	die Käufer von Marke r kaufen 62,5% der Menge eines durchschnittlichen Käufers von Produkt s

Abb. 3-24: Parfitt-Collins-Ansatz[483]

3.4.6.3 STEAM-Modell

STEAM (Stochastic Evolutionary Adoption Model) ist ein Konglomerat mehrerer Teilmodelle, mit deren Hilfe reale Aspekte eines Diffusionsprozesses von Neu-produkten erfaßt und gemeinsam in einer Marktdurchdringungsprognose ver-arbeitet werden können. Es ist für häufig gekaufte Produkte konzipiert. Aus individuellen Wahrscheinlichkeiten für Käufe der zu untersuchenden und ande-rer Marken wird eine Wahrscheinlichkeitsfunktion des Kaufverhaltens berech-net, die durch die Parameter: Anzahl bisheriger Käufe, Zeitpunkt des letzten Kaufs und Zeitdauer seit dem letzten Kauf bestimmt wird. Die Prognose des Marktanteils erfolgt durch eine Monte-Carlo-Simulation des zukünftigen Kauf-verhaltens.[484] Aus dem NBD (Negativ Binomial Distribution)-Modell stammt der Ansatz zur Bestimmung des individuellen Kaufverhaltens auf der Basis eines

---

[483] Vgl. Parfitt; Collins/Marktanteil/S. 171 - 207.

[484] Vgl. Massey/Forecasting/S. 405 - 412.

stochastischen Prozesses mit Poisson-Verteilung.[485] Die Heterogenität der Käuferschicht wird wie im NBD-Modell mit einer Gamma-Verteilung des zentralen Modellparameters berücksichtigt. Schließlich grenzt das Modell ebenso wie das Fourt/Woodlock-Modell die Verwenderklassen wie z.B. Erstverwender, Erstwiederholer, Zweitwiederholer usw. ab. Die Kombination der Komponenten erfolgt über die Spezifizierung eines Primärmodells und einer Reihe von Sekundärmodellen, die die Aufgabe haben, das Primärmodell unter Heterogenitäts- und Zeitaspekten zu erweitern.[486]

Vergleichsanalysen von STEAM geschätzten und tatsächlich eingetretenen Marktanteilen zeigen eine hohe Prognosevalidität des Modells. Trotzdem wird es in der Praxis kaum angewendet. Seine größten praktischen Nachteile liegen in der hohen Komplexität und dem damit verbundenen mathematisch anspruchsvollen Niveau.

3.4.7 Beurteilung der Difffusionsverfahren

Der Einsatz der vorgestellten Diffusionsverfahren ist im Laufe einer Produktinnovation einigen Modifikationen unterworfen. Mit zunehmendem Produktalter können immer Einflußfaktoren Berücksichtigung finden.

Gerade die erweiterten Diffusionsmodelle bieten verschiedene Möglichkeiten, wie z.B. der Einfluß von Preis, Werbung oder Nachfrageelastizitäten an. Mit der Zunahme der Einflußfaktoren wird das damit verbundene Prognoseprocedere für die Unternehmungen zu aufwendig und sie kehren zu den weniger aufwendigen Absatzprognoseverfahren zurück, sobald die Anzahl der Absatzwerte eine Berechnung erlaubt.

Hier liegt die Gefahr, daß Absatzprognoseverfahren wie die exponentielle Glättung oder die Regression zu früh eingesetzt werden, d.h. ehe genügend Zeitreihenwerte vorhanden sind, um z.B. Trend- oder Saisonentwicklungen zu identifizieren.

---

[485] Vgl. Chatfield; Ehrenberg; Goodhardt/Stationary Purchasing Behaviour/S. 317 ff.

[486] Vgl. Massy; Montgomery; Morrison/Stochastic Models of Buying Behavior/S. 325 ff.

3.5 Die Bedeutung von Produkttests

Eine besondere Stellung im Rahmen der Verfahren zur Beurteilung der Absatzentwicklung nehmen Informationen über Absatzentwicklungen aus Produkttests ein. Auf der Basis von Labor- oder Markttests ist es im allgemeinen möglich, sehr genaue Angaben zu Käuferverhalten, Marktgröße und Marktwachstum zu machen. Insbesondere für die drei letzten vorgestellten Modelle Fourt/Woodlock, Parfitt/Collins und STEAM liegt der Schwerpunkt der Anwendung bei der Durchführung von Produkttests. Darüber hinaus ist es aber auch möglich, auf der Basis der in den Tests ermittelten Absatzzahlen Hochrechnungen durchzuführen.[487]

Im Verlauf von Produkttests werden ausgewählte Konsumenten um eine Beurteilung von marktreifen Erzeugnissen oder von einzelnen Attributen (Verpackung, Namen, Preis, Form usw.) gebeten. Im folgenden sollen die verschiedenen Möglichkeiten für Produkttests kurz vorgestellt werden. Der Einsatz von Produkttests bietet sich insbesondere im Bereich von Konsumgütern an. Im Bereich von Investitionsgütern werden Absatzchancen bzw. Kaufverhalten zumeist bereits im Vorfeld im Rahmen von Kundengesprächen oder Messen ausgetestet.

3.5.1 Labortests

Die in Labortests ermittelten Kaufverhaltensdaten werden zusammen mit psychometrischen Daten und Angaben zur Produkt-Marketingkonzeption in Markenwahlmodellen (Ermittlung der Wiederkaufwahrscheinlichkeiten), Modellen der Präferenz und Einstellung (Ermittlung der Wirkung auf bestehenden Märkten) und sogenannten Erstkaufmodellen verarbeitet. Im Anschluß lassen sich die Ergebnisse durch Einsatz von Absatz- bzw. Marktanteilsmodellen zu einer langfristigen Prognose für den Absatz und den Marktanteil verdichten.

---

[487] In ausgewählten Verkaufsstätten, die in der Vergangenheit eine dem Gesamtabsatz vergleichbarer Produkte entsprechende Kaufentwicklung aufwiesen und somit als repräsentative Verkaufsstätten gelten, wird der Absatz von neuen Produkten bzw. Modellen usw. innerhalb eines bestimmten Zeitabschnittes erfaßt. Die in einem bestimmten vorgegebenen Zeitraum erzielten Absatzzahlen werden für das gesamte Verkaufsgebiet hochgerechnet. Für die Prognose der Absatzentwicklung im Zeitablauf werden Referenzreihen hinzugezogen. (interne Angaben von Neckermann)

3.5.2 Testmärkte

Testmärkte besitzen als umfassende Feldexperimente in der Marktforschung besondere Bedeutung im Rahmen der Neuprodukteinführung, bei der Produkte auf einem realen Teilmarkt probeweise angeboten werden, um Aufschlüsse über die Zweckmäßigkeit einer endgültigen Markteinführung zu gewinnen. Wichtigste Ziele des Testmarktes sind die Ermittlung der Produktakzeptanz und des Absatzpotentials für ein neues Produkt, der Durchsetzbarkeit bestimmter Preise, die Ermittlung der Werbewirksamkeit und der Wirkung bestimmter Werbemittel.

Bei der Auswertung der Testmarktergebnisse stützt man sich sowohl auf eigene Absatzstatistiken als auch auf Ergebnisse von Handels- bzw. Haushaltspanels. Mit solchen Daten kann eine Marktanteilsprognose über die Marktpenetration und Marktdurchdringung, etwa nach dem Parfitt-Collins-Modell, erfolgen. Testmärkte verursachen sehr hohe Kosten und eine starke zeitliche Verzögerung bei der Produkteinführung, weshalb immer häufiger billigere und schnellere Ersatzlösungen mit geringerer Validität zum Einsatz kommen.

3.5.2.1 Mini-Testmärkte

3.5.2.1.1 Behaviorscan

Bahaviorscan ist ein Testmarktsystem zur Messung der Auswirkungen alternativer Marketingmaßnahmen einschließlich TV-Werbung auf das effektive Kaufverhalten von Panelteilnehmern.[488] Es verbindet die Möglichkeit der Scannertechnologie mit der des Kabelfernsehens und der Microcomputertechnik im Rahmen eines kombinierten Handels- und Haushaltspanels. Die zunehmende Datenerfassung am Point-of-Sale schafft die technische Voraussetzung für neue Formen elektronischer Konsumentenpanels.[489] Mittels eines soziodemographisch repräsentativen Panels mit 3000 Haushalten in einem begrenzten Marktgebiet (Haßloch), können probeweise Neuprodukteinführungen, Werbe- und Verkaufsförderungsmaßnahmen, Preistests u.ä. durchgeführt werden und so die Marktchancen neuer Produkte und Produktkonzeptionen unter gleichzeitiger Einbeziehung von Käufer- und Haushaltsdaten getestet werden.[490]

---

[488] Vgl. GfK/Behaviourscan/S. 1.

[489] Vgl. Zentes/Informationssysteme/S. 192.

[490] Vgl. Zentes/EDV-gestütztes-Marketing/S. 152.

3.5.2.1.2 Telerim

Das Telerim-Testmarketingsystem von Nielsen ist ein Markttest zur Analyse und Bewertung des Marketing-Mix im Markt auf der Basis von Handels- und Käuferdaten.[491] 3000 repräsentative Käuferhaushalte auf den Testmärkten Bad Kreuznach und Buxtehude stehen für die Messung des Einkaufsverhaltens und zur Bewertung von Testmaßnahmen zur Verfügung. Im Gegensatz zu vielen anderen Mikro-Testmarktverfahren steht zur werblichen Unterstützung eines Testproduktes bzw. zum Abtesten von Werbekonzeptionen neben einer Reihe verschiedener Medien auch das Fernsehen zur Verfügung. Mit Hilfe der sogenannten TV-cut-in-Technik ist es möglich, auf die Testmärkte beschränkte spezielle TV-Werbespots in die laufenden TV-Werbesendungen einzublenden bzw. einen Austausch der Werbespots vorzunehmen.

3.5.2.2 Simulierte Testmärkte

Ein simulierter Testmarkt ist ein Verfahren zur Prognose des Markterfolges von neuen Produkten vor der Markteinführung. Er wird insbesondere im Konsumgüterbereich zum Testen von neuen Verbrauchsgütern eingesetzt. Am Anfang steht ein Basisinterview von potentiellen Konsumenten, bei dem Markenbekanntheit, Markenverwendung, Kaufverhalten, Präferenz- und Einstellungsdaten für existierende Marken sowie demographische Merkmale erhoben werden. Dem schließt sich eine Simulation des Adoptionsprozesses an, der sich aus Werbesimulation, Kaufsimulation, Home-Use-Test und einem 2. Studio-Test zusammensetzt.[492]

---

[491] Vgl. Nielsen/Telerim/S. 1.

[492] Vgl. zu den eigentlichen Testverfahren im simulierten Testmarkt, Erichson/Testmarktsimulator/S. 1146 - 1148.

3.6 Zusammenfassung der Verfahren zur Beurteilung der Absatzentwicklung im Produktinnovationsprozeß

Wie in den vorangegangenen Ausführungen gezeigt wurde, bietet der erweiterte Produktinnovationsprozeß verschiedene Ansatzpunkte zum Einsatz von Verfahren zur Beurteilung der Absatzentwicklung. In der folgenden Abbildung werden die einzelnen Verfahren den entsprechenden Prozeßphasen noch einmal zusammenfassend gegenübergestellt.

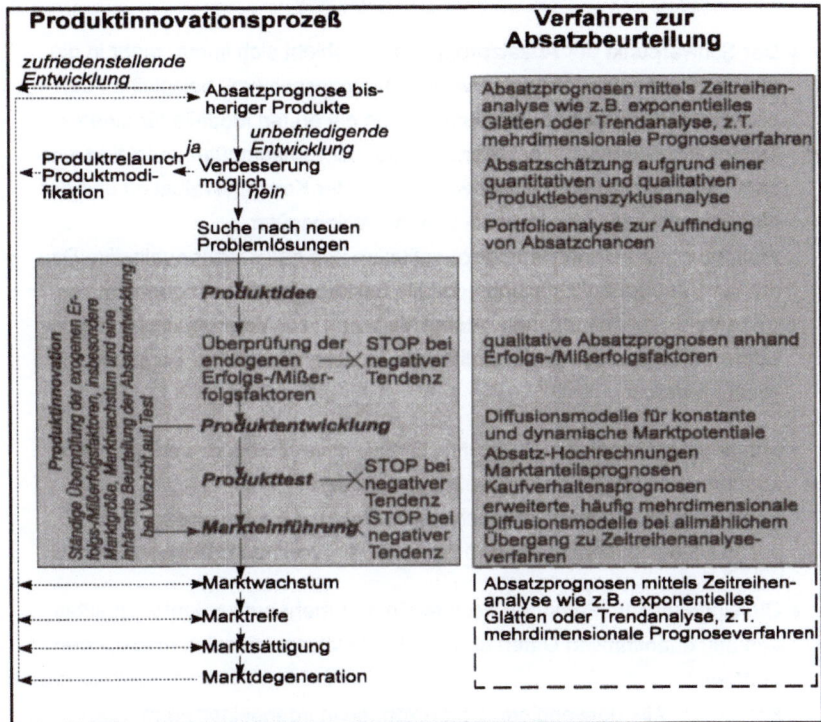

Abb. 3-25: Verfahren zur Beurteilung der Absatzentwicklung im Produktinnovationsprozeß[493]

---

[493] Eigene Darstellung des Verfassers.

3.7 Systemtechnische Folgerungen aus den Verfahren zur Absatzbeurteilung für Produktinnovationen

Aus den verschiedenen Ansätzen zur Absatzbeurteilung resultieren verschiedene Anforderungen, die sowohl angewendete Methoden als auch die Durchführung betreffen. Im folgenden werden anhand der bisher gewonnenen Erkenntnisse die Besonderheiten im Produktinnovationsprozess zur Beurteilung der Absatzentwicklung zusammengefaßt und notwendige Folgerungen für eine praktikable systemtechnische Realisation vorgestellt.

♦ Der Schwerpunkt der Absatzprognose verschiebt sich immer mehr in die frühen Phasen des Produktentwicklungsprozesses (vgl. beispielhaft den erweiterten Produktlebenszyklus). Waren die ersten Modelle für eine systematische Analyse von Testmarktdaten für Konsumgüter konzipiert worden, liegt gegenwärtig der Schwerpunkt in der Konzeptevaluation und der Marktidentifikation für Konsum- und Investitionsgüter.
Folgerung: Es stehen weniger quantitative und dafür mehr qualitative Daten zur Verfügung. Diffusionsmodelle basieren jedoch auf quantitativen Verfahren, d.h. es müssen weitere Verfahren zur Verarbeitung qualitativer Daten herangezogen oder qualitative Faktoren in anderer Form berücksichtigt werden.

♦ Immer mehr empirisch überprüfte Diffusionsverläufe sind verfügbar und können zum Vergleich herangezogen werden.
Folgerung: Es müssen erheblich mehr Daten verwaltet werden. Historische Diffusionsverläufe können auf aktuelle Verläufe übertragen werden.

♦ Die eingesetzten Methoden basieren immer mehr auf konkreten qualitativen und quantitativen Daten und nicht auf fiktiven, künstlich modellierten Größen.
Folgerung: Alle notwendigen Daten können in irgendeiner Form erfaßt werden, wobei sowohl interne Unternehmungsdaten als auch externe Marktdaten erforderlich werden, um strategische Entscheidungen vorzubereiten.

♦ Anstatt eines bestimmten Prognoseverfahrens wird immer häufiger eine Verfahrenskombination eingesetzt.
Folgerung: Der Verarbeitungsaufwand nimmt zu. Die Methodenauswahl und -spezifikation wird diffizil. Ein besonderer Vorteil ergibt sich aus einer Kombination von quantitativen und qualitativen Methoden.

♦ Die Unsicherheiten in der Absatzentwicklung müssen immer stärker durch unterschiedliche Faktoren berücksichtigt werden.
Folgerung: Zur Darstellung von Unsicherheiten muß mit Konfidenzintervalle und Wahrscheinlichkeiten gearbeitet werden, um mit vagen und unsichere Informationen erst strategische Entscheidungen zu ermöglichen.

♦ Immer mehr langfristige Prognosen müssen erstellt werden, wobei der Produktlebenszyklus immer stärker in Abhängigkeit von der Änderung des Marketing-Mix und dem Einfluß der Absatzzahlen auf die Kostenstruktur der Unternehmung gesehen werden muß.
Folgerung: Unterschiedliche Unternehmungsbereiche müssen erforderliche Daten zur Verfügung stellen. Eventuell fehlende Daten müssen aus unternehmungsexternen Quellen ergänzt werden.

♦ Der Ansatz eines integrierten Systems zur Informationsgewinnung und Entscheidungsunterstützung wird immer mehr gefordert.
Folgerung: Ein integriertes System muß konzipiert werden, das unter Einbeziehung vorhandener DV-Infrastruktur für den Beurteilungsprozeß eingesetzt werden kann.

Aufgrund dieser Anforderungen und Folgerungen wird im folgenden ein Marketing-Informationssystem konzipiert, das die ihm gestellten Aufgaben im Hinblick auf eine leistungsfähige Informationsversorgung und gleichzeitig eine Beurteilung der Absatzentwicklung von Produktinnovationen erfüllen kann.

4 Anforderungen an eine leistungsfähige Informationsversorgung im Produktinnovationsprozeß

Die im vorangegangenen Kapitel vorgestellten Verfahren zur Schätzung und Beurteilung der Absatzentwicklung stellen bestimmte Anforderungen an eine Informationsversorgung. Die Anwendbarkeit dieser Verfahren hängt von drei Hauptkomponenten ab, die in den folgenden näher erläutert werden. Zum einen müssen die für die Verfahren benötigten Daten und Informationen vorhanden und für die Verfahren zugänglich sein. Zweitens müssen die Verfahren in DV-gestützten Modellbanken gespeichert sein. Drittens ist es notwendig, daß das mit den Verfahren verbundene Faktenwissen und das strategische Wissen über den Produktinnovationsprozeß Berücksichtigung findet. Die Ausgestaltung dieser drei Faktoren bestimmt eine leistungsfähige Informationsversorgung im Produktinnovationsprozeß.

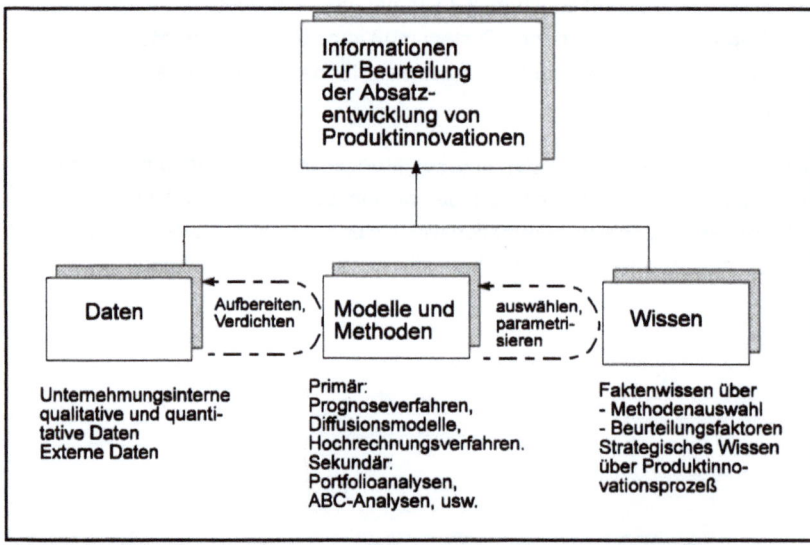

Abb. 4-1: Faktoren einer leistungsfähigen Informationsversorgung[494]

Für die Realisation eines solchen Informationssystems sind grundsätzlich zwei Ansätze denkbar. Zum einen ist eine vollständige Neuentwicklung möglich, bei der alle Anforderungskriterien optimal berücksichtigt werden können. Zum anderen ist nicht nur unter dem Gesichtspunkt der Wiederverwendung ein Rückgriff auf vorhandene DV-Infrastruktur bzw. auf einzelne vorhandene Module

---

[494] Eigene Darstellung des Verfassers.

sinnvoll.[495] Für den in dieser Arbeit vorgestellten Aufgabenbereich bietet sich ein Marketing-Informationssystem, mit seiner originären Aufgabe, relevante Informationen aus Betrieb und Markt zu sammeln, zu verarbeiten und den jeweiligen Entscheidungsträgern zum richtigen Zeitpunkt zur Verfügung zu stellen[496], als Basis einer Umsetzung an. Marketing-Informationssysteme (MAIS) bilden einen Teilbereich von Management-Informationssystemen. Sie wurden speziell dafür entwickelt, um die für das Marketing relevanten Informationen systematisch zu bearbeiten. Analysen, Simulationen und Prognosen sind auch in diesem Bereich die wesentlichen Funktionen. In Anlehnung an die Definition von Heinzelbecker für MIS[497] soll folgende Definition für Marketing-Informationssysteme gelten:

> *"Unter einem Marketing-Informationssystem (MAIS) wird die organisatorische Konzeption des marketing-orientierten Informationswesens verstanden, so daß das Management die für die Durchführung seiner Aufgaben benötigten Informationen über die Vergangenheit, über die Gegenwart und die Zukunft entsprechend dem jeweiligen Zweck, mit dem richtigen Inhalt, zum richtigen Zeitpunkt in der zweckmäßigsten Form unter Berücksichtigung des allgemeinen Wirtschaftlichkeitsprinzips zur Verfügung stellt."*

Bei den folgenden Ausführungen wird auf den konventionellen Aufbau eines Marketing-Informationssystems, bestehend aus einer Datenbank zur Verwaltung der Daten, einer Modell- und Methodenbank zur Verwaltung der Marketinganwendungen sowie einer benutzerorientierten Ein- und Ausgabeschnittstelle für die Datennutzer[498], zurückgegriffen.

---

[495] Als Wiederverwendung bezeichnet man Software-Entwicklungstechniken, die sowohl vorhandene Informationen benutzen (wiederverwenden), als auch Informationen produzieren, die in Zukunft wiederverwendet werden können. Vgl. hierzu Goj/Software-Wiederverwendung/S. 1.
Die zwei Hauptziele hiervon sind Steigerung der Produktivität und Steigerung der Qualität. Vgl. hierzu Tracz/Software Reuse/S. 62 f.

[496] Meffert; Steffenhagen/Marketing-Prognosemodelle/S. 14.

[497] Vgl. Heinzelbecker/Partielle Marketing-Informationssysteme/S. 1.

[498] Vgl. zur Standardarchitektur eines Marketing-Informationssystems Montgomery; Urban/Management Science in Marketing/S. 364.

4.1 Anforderungen an Daten und Datenbanken zur Absatzbeurteilung von Produktinnovationen

4.1.1 Daten und Datenbanken

Im Rahmen einer Absatzbeurteilung von Produktinnovationen fallen eine Reihe von Daten und Informationen im Laufe des Innovationsprozesses an. Daten stellen Informationen (Angaben über Sachverhalte und Vorgänge) in einer maschinell verarbeitbaren Form dar.[499] Um Daten in einem Informationssystem zu verarbeiten, ist es somit notwendig, entsprechend relevante Ausschnitte aus der Unternehmungsrealität zu modellieren.[500] Durch Anwendung einer Interpretationsvorschrift werden aus Daten wieder Informationen abgeleitet. Um eine umfassende Entscheidungsgrundlage zu erhalten, muß die Erfassung, Aufbereitung, Speicherung und Wiedergabe dieser Daten und Informationen möglichst optimal gestaltet werden. Als problematisch erweist sich in dieser Phase zumeist die widersprüchliche Einstellung von DV- und Marketing-Spezialisten; während erstere vorab sämtliche Anforderungen an ein System zu definieren und somit die Masse der abzuspeichernden Daten einzugrenzen suchen, wünschen Marketing-Spezialisten aus Gründen der Flexibilität das Abspeichern der gesamten vorhandenen Informationen.[501]

Als Daten werden im folgenden nicht nur reine Zeichenketten oder quantitative Werte verstanden, sondern auch qualitative Werte wie "gut", "schlecht", "steigend", "sinkend" und subjektive Aussagen von Außendienstmitarbeitern, Lieferanten oder Kunden. Die Modellierung dieser qualitativen und subjektiven Informationen ist mit einigen Problemen behaftet, die im folgenden andiskutiert werden sollen. Neben dieser besonderen Problematik können bei der Anwendung von mathematisch-statistischen Verfahren wie den beschriebenen Absatzprognoseverfahren oder den Diffusionsmodellen auch Schwierigkeiten hinsichtlich Datenqualität oder Erfassung problematischer Daten entstehen. Je nach genutzter Datenquelle, interne oder externe Daten, Primär- oder Sekundärdaten, variiert dabei das Ausmaß.

---

[499] Vgl. Hansen/Wirtschaftsinformatik I/S. 13.

[500] Vgl. Ferstl; Sinz/Wirtschaftsinformatik/S. 90.

[501] Vgl. Jahnke; Groffmann; Vogel/Konzeption/S. 10.

Anforderungen an Daten/Datenbanken zur Absatzbeurteilung von Produktinnovationen	
Datenqualität	- Accuracy - Conformity - Timeliness - Consistency
Erfassung problematischer Daten	- unvollständige Zeitreihen - Ausreißer - fehlerhafte Daten
Erfassung von internen Unternehmungsdaten	- Absatz- und Umsatzzahlen - Kostenrechnung - Kundendaten - Marktforschungsdaten - sonstige Daten
Erfassung von externen Daten	- Konkurrenzanalyse - Paneldaten - gesamtwirtschaftliche Daten - sonstige Daten
Erfassung von subjektiven Daten	- Außendienstinformationen - Lieferanteninformationen - Mitbewerberinformationen - Verbandsinformationen - sonstige Informationen
Anforderungen an Datenbanksysteme	- Redundanz - Datenschutz- und Sicherheit - Benutzerfreundlichkeit - Datenintegrität - Datenunabhängigkeit

Abb. 4-2: Anforderungen an Daten und Datenbanken[502]

4.1.2 Datenqualität

Grundlegend für eine Absatzbeurteilung ist die Verfügbarkeit und Zugänglichkeit von Daten in geeigneter Qualität und genügendem Umfang. Dabei ist zu beachten, daß diese Daten sowohl vergangenheits- als auch zukunftsbezogene Vorgänge oder Zustände betreffen können.[503]

Statistische Verfahren wie Prognosen, Diffusionsmodelle und Hochrechnungen setzen Zugriffsmöglichkeiten auf geeignetes Datenmaterial voraus, was an die

---

[502] Eigene Darstellung des Verfassers.

[503] Weber/Wirtschaftsprognostik/S.12.

Datenbeschaffung und -aufbereitung (data management) hohe Anforderungen stellt. Der Datenbedarf, d.h. die notwendige Anzahl von Daten, die als Input erforderlich sind, wird von der Wahl der Bezugsgröße ebenso beeinflußt wie vom Verfahren selbst.

Die Datenqualität läßt sich durch vier Merkmale charakterisieren:[504]

- Accuracy, d.h. die Genauigkeit der erhobenen Daten, zum Beispiel inwieweit kontinuierliche Zeitreihen für Absatz- und Umsatzzahlen vorliegen und wie gering der Anteil der "missing values" ist.
- Conformity, d.h. die Anpassung der erhobenen Daten an die Realität, zum Beispiel inwieweit aggregierte Größen von mehreren regionalen Umsatzzahlen irreguläre oder reguläre Schwankungen enthalten oder über mehrere Produkte aggregierte Absatzzahlen saisonale Schwankungen enthalten. Wichtig erweist sich insbesondere bei diskreten Zeitreihen, daß die Daten in äquidistanten Abständen erhoben werden.
- Timeliness, d.h. die Aktualität des erhobenen Zeitraums, zum Beispiel wie häufig Daten erhoben werden, monatlich oder jährlich, und wie lange ihre Aufbereitung dauert.
- Consistency, d.h. die Konsistenz von erhobenen Daten und Realität, insbesondere wenn die originäre Datenerfassung (z.B. Kaufkraft) nicht möglich ist und auf Referenzreihen (z.B. Tariflöhne und Gehälter; Umsätze des Einzelhandels; Einkommen der privaten Haushalte u.s.w.) zurückgegriffen werden muß.

4.1.3 Erfassung problematischer Daten

Besondere Probleme für die Anwendung von statistischen Verfahren können dabei drei Eigenschaften von Daten bereiten:

- Unvollständige Zeitreihen oder Daten; zur Abhilfe können extrapolierte Daten eingesetzt werden, die u. U. jedoch die Ergebnisse verfälschen können.
- Ausreißer; dies sind Werte, die zu weit von den übrigen Daten entfernt liegen, um mit den sonst den Daten zugrundeliegenden Gesetzmäßigkeiten

---

[504] Vgl. Gilchrist/Statistical Forecasting/S. 13,
Levenbach; Cleary/Modern forecaster/S. 55 - 56.

übereinzustimmen. Um Fehlanalysen aufgrund von Ausreißern zu vermeiden, enthalten Standard-Programme ad-hoc Kriterien zur Erkennung.[505]

♦ Fehlerhafte Daten; zur Vermeidung können Plausibilitätsprüfungen eingesetzt werden. Als Plausibilitätsprüfung bezeichnet man die inhaltliche Überprüfung von Eingabedaten. Im Fehlerfall werden die Daten zurückgewiesen.[506]

4.1.4 Möglichkeiten der Informationsbeschaffung

Zur Beschaffung von Informationen zum Produktinnovationsprozeß müssen sowohl innerbetriebliche wie auch außerbetriebliche, d.h. externe Informationsquellen herangezogen werden.[507] In dem vorgestellten Anwendungsgebiet, Beurteilung der Absatzentwicklung, ergibt sich die Notwendigkeit, interne Rechnungsgrößen mit externen Marktdaten zu verknüpfen.[508] Zum Teil können die Informationen aus bereits vorhandenem Datenmaterial gewonnen werden; hier handelt es sich um Sekundärdatenquellen. In bestimmten Bereichen wie zum Beispiel bei der Durchführung von Produkttests ist eigens neues Datenmaterial zu beschaffen; hier liegt eine Primärerhebung vor.

4.1.4.1 Erfassung von internen Unternehmungsdaten

Für Informationen zum Produktinnovationsprozeß kann in der Unternehmung auf verschiedene Quellen zugegriffen werden:[509]

♦ Buchhaltungsunterlagen,

♦ Unterlagen der Vertriebskosten- und Absatzsegmentrechnung,

♦ Betriebsstatistiken,

♦ Kundenstatistiken,

♦ einzel- und zwischenbetriebliche Vergleichsrechnungen,

♦ Außendienstberichtssysteme,

♦ frühere Primärerhebungen (z.B. Store-Tests).

---

[505] Vgl. Schlittgen/Zeitreihen mit Ausreißern/S.76.

[506] Vgl. Polster/Plausibilitätsprüfung/ Beispielsweise kann eine Prüfung der Zulässigkeit von Schlüsseln, eine Prüfung von numerischen Werten auf vorgegebenen Wertebereich oder eine Prüfung auf Stellenzahl erfolgen.

[507] Vgl. Spang; Scheer/Entwicklungsstand/S. 188.

[508] Vgl. Köhler/Rechnungswesen/S. 77.

[509] Vgl. Zentes/EDV-gestütztes Marketing/S. 78.

Für die Erarbeitung einer Absatzprognose von bereits bestehenden Produkten ist zunächst die fundierte Analyse der Vergangenheitsdaten erforderlich. Dies sind im wesentlichen:[510]

- Entwicklung der Absatzzahlen der Unternehmung,
- Entwicklung des Marktvolumens,[511]
- Marktanteilsentwicklung und Entwicklung der Konkurrenz,[512]
- Entwicklung der Kaufkraft bei Konsumgütern,
- Entwicklung der Abnehmerbranche bei Investitionsgütern.

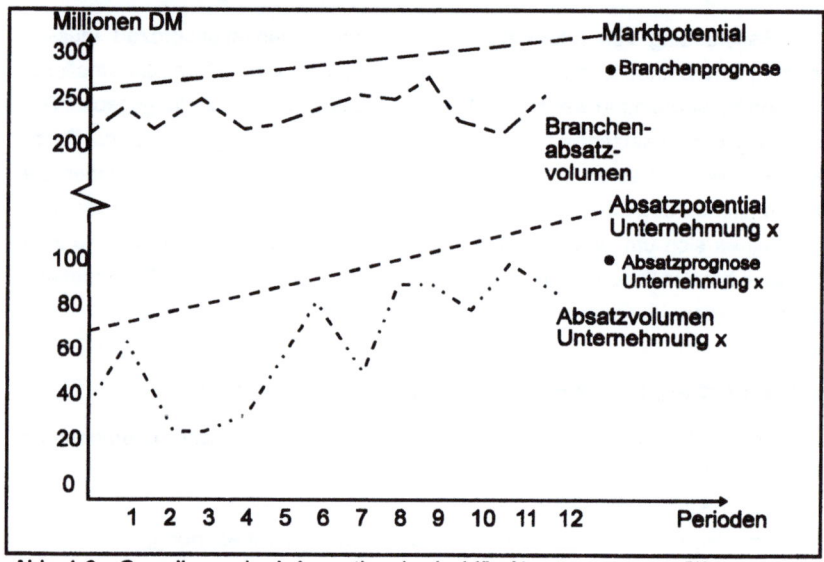

Abb. 4-3: Grundlegender Informationsbedarf für Absatzprognosen[513]

Um diese Produkte einer Produktlebenszyklusanalyse zu unterziehen, müssen weitere Daten berücksichtigt werden: angefangen bei den reinen Verkaufszahlen, über Marktanteile, Marktvolumen und Konkurrenzzahlen. Darüber hinaus müssen aber auch externe Daten berücksichtigt werden wie Branchenzahlen oder Kennzahlen über gesamtwirtschaftliche Entwicklungen, die im nächsten Abschnitt erläutert werden.

---

[510] Vgl. Boos/Absatzprognose/S. 12.

[511] Vgl. Schlittgen/Sizes of markets/S. 219 - 225,
Barnett/Total Market Demand//S. 28 - 38.

[512] Vgl. Oral; Kettani/market share prediction/S. 59-68.
Römer/Konkurrenzforschung/S. 481-501.

[513] Eigene Darstellung des Verfassers.

Eine besondere Rolle im Produktinnovationsprozeß spielen die betriebswirtschaftlichen Kenngrößen.[514] Für bestehende Produkte stellt die Deckungsbeitragsrechnung zumeist das entscheidende Erfolgskriterium dar.[515]

zur Kostendeckung erforderliche   fixe Kosten
Absatzmenge   = Preis - variable Stückkosten

Für neue Produkte wird zumeist eine Rentabilitätsrechnung durchgeführt, da ihre Umsetzung eine Investitionsplanung für die Unternehmung umfaßt.

$$\text{Return on Investment} = \frac{\text{Gewinn}}{\text{Umsatz}} \times \frac{\text{Umsatz}}{\text{investiertes Kapital}} \times 100 \,^{[516]}$$

4.1.4.2 Erfassung von externen Daten

Neben den internen Daten sind für viele Prognoseverfahren und insbesondere für Diffusionsmodelle auch externe Daten von erheblicher Bedeutung. Insbesondere Periodenvergleiche können durch zwischenbetriebliche Vergleiche und Ergebnisse durch Marktdaten ergänzt werden.[517] Die in der Unternehmung verwendete Datenstruktur muß auf diese externen Daten übertragbar sein, um Daten aus verschiedenen Quellen miteinander verarbeiten zu können. Können bestimmte Daten nicht an die unternehmungseigene Datenbank angepaßt bzw. integriert werden z.B. aufgrund des benötigten Aggregationsgrades, so gibt es in der Regel Ausweichgrößen, auf die zurückgegriffen werden kann. Verschiedene externe Daten spiegeln z.B. die Marktsituation wieder.

Zur Charakterisierung der zentralen Größen Kaufkraft, Preisniveau oder Verbrauch gibt es für die heranzuziehenden Referenzreihen verschiedene Möglichkeiten. Folgende Tabelle gibt hierfür einen Überblick.

---

[514] Vgl. hierzu 3.2.4.1 Betriebswirtschaftliche Kenngrößen

[515] Vgl. Wöhe/Betriebswirtschaftslehre/S. 1277.

[516] Vgl. Wöhe/Betriebswirtschaftslehre/S. 775.

[517] Vgl. Heilmann/Computerunterstützung/S. 8.

Kaufkraft	Einkommen der privaten Haushalte aus Erwerbstätigkeit und Vermögen; Einkommen aus unselbständiger Arbeit; Tariflöhne und Gehälter; Spareinlagen; Teilzahlungskredite; Umsätze des Einzelhandels und des Handwerks; Lagerbestände und Lagerbewegung des Einzelhandels; Steuereinnahmen.
Preise	Verbraucherpreise für ausgewählte Waren und Leistungen; Index der Einzelhandelspreise; Preisindex für die Lebenshaltung bei mittleren Arbeitnehmerhaushalten für eine große Zahl von Waren und Leistungen; Erzeugerabsatz- und Großhandelseinkaufspreise für industrielle Rohstoffe, Halb- und Fertigwaren; Verkaufspreise des Großhandels, Einfuhr- und Ausfuhrpreise für landwirtschaftliche und industrielle Rohstoffe, Halb- und Fertigwaren.
Verbrauch	Ausgaben der Haushalte nach Gütergruppen; mengenmäßiger Verbrauch ausgewählter Waren je Haushalt und Haushaltsmitglied; je Mengeneinheit aufgewendete Durchschnittsbeträge für ausgewählte Waren; Genehmigungen von Fernsehen und Rundfunk; Zulassungen von Kraftfahrzeugen; Umsätze des Einzel- und Großhandels.

Tab. 4-1: Ausgewähltes Material des Statistischen Bundesamtes für Absatzprognosen[518]

Als Quellen für gesamtwirtschaftliche Daten können insbesondere herangezogen werden:

♦ Statistisches Bundesamt,
♦ Deutsche Bundesbank,
♦ Jahresgutachten des Sachverständigenrates,
♦ Forschungsberichte von IFO, IW, BDI, usw.

Besondere Relevanz für Produktinnovationen besitzt beispielsweise auch der Forschungsbericht des BMFT. Hieraus können Hinweise auf Innovationsaktivitäten in strategischen Sektoren der Bundesrepublik gewonnen und Rückschlüsse auf geeignete Produktionsbereiche gezogen werden.

4.1.4.2.1 Externe Datenbanken

Der Zugang zu externen Datenbanken stellt eine wichtige Ergänzung zu internen Datenbanken dar. Externe Datenbanken liefern Informationen, die von Instituten wie Datenbankanbietern und Forschungsorganisationen entwickelt, gesammelt und aufbereitet werden. Die Vorteile externer Datenbanken gegenüber konventionellen Formen der Informationsgewinnung bestehen in der größeren Effektivität und Effizienz bei der Erschließung von Informationen, die sich durch folgende Faktoren auszeichnet:

---

[518] Eigene Zusammenstellung des Verfassers

♦ Der Zeitaufwand für die Informationsbeschaffung aus vielfältigen Bereichen wird durch einen relativ einfachen und schnellen Zugriff reduziert.

♦ Die Aktualität der Daten unterstützt eine schnelle Reaktionsfähigkeit auf
Veränderungen (Frühwarnfunktion).

♦ Durch Überwinden der räumlichen Divergenz von Informationssuche und
Informationsquelle werden zusätzliche Informationsquellen erschlossen.

♦ Der Zugriff auf Informationen ist relativ kostengünstig.

4.1.4.2.1.1 Datenbankaufbau

Nach der Zugriffsart bei externen Datenbanken unterscheidet man zwischen
Offline-Diensten und Online-Diensten. Bei Offline-Diensten kann die Suchan-
frage vom PC oder vom eigenen Terminal geführt werden.[519] Der Ausdruck
erfolgt beim Host und wird zugeschickt oder per DFÜ übertragen. Bei den
Online-Diensten werden die Recherche-Ergebnisse direkt zum Benutzer
überspielt. Dort erfolgt eine elektronische Speicherung und Weiterverarbeitung
bzw. Ausdruck direkt beim Benutzer. Zusätzlich gibt es Real-time-services als
Sonderformen wie beispielsweise die Börseninformationsdienste. Nach der Art
der gespeicherten Informationen unterscheidet man zwischen:[520]

♦ Numerischen Datenbanken,

♦ Real-time Datenbanken,

♦ Bibliographischen Datenbanken,

♦ Textdatenbanken.

In der Anfangsphase einer Produktentwicklung ist die besondere Bedeutung
von Patentdatenbanken hervorzuheben. Patentschriften sind in der Regel die
erste Quelle, in der technologische Fortschritte sichtbar werden und sie doku-
mentieren lückenlos den Stand der Technik. Sie dienen somit als Informationsgrundlage für die Erkennung technologischer Trends und Marktnischen, zur
Absicherung von Eigenentwicklungen und Marktanalysen.

Der Schwerpunkt des Einsatzes von externen Datenbanken bei Absatzprognosen liegt im Bereich der numerischen Datenbanken. Numerische Datenbanken
stellen Zahlenmaterial zur Verfügung. Gesucht werden kann nach Zeitreihen,
die über alle erdenklichen statistisch erfaßten Vorgänge Auskunft geben.[521]

---

[519] Vgl. Philipp; Matthies/Datenbankservices/S. 18.

[520] Vgl. Gaul; Both/Computergestütztes Marketing/S. 156.

[521] Vgl. Schubert/Online-Datenbanken/S.36.

Folgende Online-Datenbanken sind z.B. im Absatzbereich von Interesse:

Anwendungsbereiche	Datenbanken
Marketing	Absatzwirtschaft, PTS, INVESTTEXT, HBR,...
Verbraucherinformationen	DAT-Marktspiegel, Consumer Reports,...
Branchen-/Marktberichte	STATIS, FINF-Branchen, IHS, ICC Key Notes,...
Konsum-/Gebrauchsgüter	PTS Marketing and Advertising, Reference Service
Werbung	MADIS, ADTRACK, Genios Operator,...
Konjunkturforschung	ECONIS,NOMURA,GLOBE,OECDITA,WIWO,Intline
Patente	ESPACE, EPOIS, MicroPatent, PATOS
Normen und Richtlinien	DITR, US STANDARDS, STANDARDLINE

Tab 4-2:   Auszug aus dem Angebot externer Datenbanken für Produktinnovationsinformationen[522]

4.1.4.2.1.2 Weiterverarbeitung externer Daten in der Unternehmung

Die Auswertung von Texten aus externen Datenbanken erfolgt in der Regel in den zuständigen Fachabteilungen, wie z.B. Forschung und Entwicklung. Numerische Systeme liefern neben den Daten auch zahlreiche methodische Hilfen zur Manipulation der Daten online am Rechner:

♦ Verdichten und Verknüpfen der Daten zu Tabellen,

♦ Auswertung mit mathematisch-statistischen Methoden z.B. für Zeitreihenanalyse und Prognosen,

♦ graphische Aufbereitung,

♦ Bildung von Gleichungs- und/oder Simulationsmodellen.

Idealtypisch ist eine anschließende individuelle Auswertung der Daten mittels konventioneller Softwarepakete auf dem unternehmungseigenen Host durch Übertragung der Daten (Filetransfer) oder Terminalemulation. Auf diese Weise können Informationen zunächst gesucht, selektiert und anschließend nach spezifischen Bedürfnissen analysiert und mit eigenen Daten verglichen und aufbereitet werden. Diese Hilfen sind jedoch nur eine Untermenge der in der Unternehmung erforderlichen Methoden, die in einer Modell- und/oder Methodenbank organisiert sein sollten. In diesem Zusammenhang soll vorher kurz auf die rechtliche Seite des Kopierens einzelner Datenbankinhalte (Downloading) eingegangen werden.[523]

---

[522] Eigene Zusammenstellung des Verfassers. Zum Teil aus Sandmaier/Informationsvorsprung mit Online-Datenbanken/S. 20.

[523] Vgl. Handelsblatt/26.02.91/S. 24.

Das Hauptproblem beim Downloading lautet: Sind Datenbanken und die darin gespeicherten Einträge im Sinne des Urheberrechts schutzfähig?[524] Bisher gibt es in der Rechtssprechung keine Übereinstimmung inwieweit das Urheberrecht auch auf die Herstellung und Nutzung von Datenbanken anzuwenden ist. Beim Downloading unterscheidet man verschiedene Formen:

- kurzfristige Speicherung zur Überarbeitung,
- kurzfristige Speicherung zur Kombination mit eigenen Informationen,
- längerfristige Speicherung für gelegentliche Verwendung,
- längerfristige Speicherung in einer hausinternen DB,
- Dauerspeicherung in einer hausinternen DB,
- Dauerspeicherung in einer kommerziell angebotenen DB.

Gegen die ersten beiden Punkte ist in der Regel von Anbieterseite wenig einzuwenden. Bei einer längerfristigen oder gar einer Dauerspeicherung in internen Datenbanken könnte aber auf Dauer das Absatzvolumen der Datenbankanbieter gefährdet sein. Es ist daher verständlich, wenn von dieser Seite her ein strengeres Urheberrecht gefordert wird und in Verträgen mit Nutzern entsprechende Klauseln eingefügt werden, die dies verhindern sollen.

4.1.4.2.2 Paneldaten

Soll der Absatz des Produktes der Unternehmung nicht generell, sondern an bestimmten Handelsstufen untersucht werden, so müssen zusätzliche Daten erhoben werden. So besteht zwischen dem Absatz einer Industrieunternehmung an den Handel und an den Endverbraucher ein gewisser time-lag. Den internen Datenquellen der Unternehmung kann nur der Absatz an die effektiven Abnehmer der Unternehmung entnommen werden. Diese sind häufig eine Mischung aus Endverbrauchern sowie Einzel- und Großhändlern. Soll der Einkauf von Endverbrauchern prognostiziert werden, so können Paneldaten als Datenquelle gewählt werden.

"Unter einem Panel versteht man einen bestimmten, gleichbleibenden, repräsentativen Kreis von Auskunftspersonen, der über einen längeren Zeitraum hinweg fortlaufend oder in gewissen Abständen über, im Prinzip, den gleichen Gegenstand befragt wird."[525]

National repräsentative Scannerdaten sind derzeit nicht und für viele Warenbereiche, wie den gesamten Non-Food-Sektor, auch in absehbarer Zeit nicht

---

[524] Vgl. §7 UrhG

[525] Hüttner/Marktforschung/S. 115f.

verfügbar.[526] Wird deshalb auf herkömmlich erhobene Handelspaneldaten zurückgegriffen, so ist zu berücksichtigen, daß Preise und Bestände Stichtagswerte darstellen, wie sie zum Zeitpunkt des Besuchs durch beispielsweise den GfK-Außendienst zutreffend waren.

Von besonderer Relevanz sind:[527]

- ♦ Handelspaneldaten (Nielsen, GfK,...),
- ♦ Verbraucherpaneldaten (G&I, GfK, GfM,...),
- ♦ Werbedaten (S&P, IVE, Bauer Verlag,...).

Das GfK-Verbraucher-Panel liefert beispielsweise folgende Kennziffern:[528]

- ♦ Käuferreichweite (Probierkäufer),
- ♦ Struktur der Käufer (Zielgruppe),
- ♦ Wiederkaufrate (Produktakzeptanz),
- ♦ Einkaufsintensität.

Darüber hinaus werden Panels auch zur Ermittlung von Haushaltsstrukturen im Hinblick auf demographische Marktsegmentierungen eingesetzt. In diesem Zusammenhang ist insbesondere das Sozioökonomische Panel des deutschen Instituts für Wirtschaftsforschung in Berlin zu erwähnen.

4.1.5 Behandlung von subjektiven Daten

Bei wirtschaftlichen Prozessen ist häufig keine Wiederholbarkeit gegeben, so daß sich nur eine subjektive Wahrscheinlichkeit, gegründet auf Meinungen und Einschätzungen von Experten, ermitteln läßt. Im folgenden sollen einige mögliche Informationsquellen insbesondere für subjektive Produktinnovationsinformationen vorgestellt werden.

Eine Hauptinformationsquelle für Produktideen aufgrund von Kundenwünschen bilden *Außendienstinformationen*.[529] Insbesondere die kommunikationspolitische Bedeutung des Außendienstmitarbeiters für Innovationen ist hier hervorzuheben. Zum einen ist der Außendienstmitarbeiter Informationsmittler, d.h. er stellt den persönlichen Kontakt zwischen den Nachfragern und der Unterneh-

---

[526] Vgl. Wildner/Nutzung integrierter Paneldaten/S. 116.

[527] Vgl. Scheer;Brombacher/Marketing-Informationssysteme/S. 4.

[528] Vgl. Hehl/Scanner-Marktforschung/S. 163.

[529] Vgl. Polster/Informationsversorgung im Innovationswettbewerb/S. 7.

mung her.[530] Zum anderen ist er Informationslieferant, der Veränderungen bei Abnehmern und Konkurrenten erkennen kann.[531]

Problematisch erweist sich die starke Subjektivität dieser Daten. Je nach Charakter, Persönlichkeit oder Engagement der Außendienstmitarbeiter können zu pessimistische oder zu optimistische Absatzentwicklungen unterstellt werden.

Eine besondere Rolle spielen in diesem Zusammenhang auch die verschiedenen *Messen und Ausstellungen*. Die Käufer (Handel) können sich mit verhältnismäßig geringem Aufwand einen umfassenden Überblick über das gesamte Angebot auf einem Markt verschaffen; die Verkäufer (Hersteller bzw. Großhandel) lernen einerseits das Angebot und die Leistungsfähigkeit der Konkurrenten, andererseits die Bedürfnisse der Nachfrager besser kennen. Messen werden häufig zum Anlaß genommen, Neuheiten vorzustellen, weil einerseits die Werbewirkung besonders groß ist, andererseits die Attraktivität der Messen dadurch gesteigert wird. Insgesamt tragen Messen dazu bei, die Markttransparenz zu erhöhen. Da aber keine zwingende Notwendigkeit für Produzenten besteht, an diesen Messen teilzunehmen bzw. die Vielzahl von Messen und Ausstellungen eine ständige Präsenz unmöglich macht, können hier ebenfalls Verzerrungen bei Marktanalysen auftreten.

Eine weitere wichtige Informationsquelle stellen *Konkurrenzinformationen* dar. Die Tätigkeit gegenwärtiger und potentieller Konkurrenten kann den Erfolg oder Mißerfolg des unternehmerischen Handelns entscheidend beeinflussen. Informationen über Aktionen der Konkurrenten in bestimmten regionalen oder produktbezogenen Teilmärkten, über Veränderungen der Wettbewerbssituation und das Auftreten neuer Konkurrenten sind wertvolle Entscheidungshilfen für die Unternehmungsführung.[532]

Eine Konkurrenzbeobachtung sollte gerade während der Planung und Durchführung von Innovationen nicht vernachlässigt werden, um Fehl- bzw. Doppelentwicklungen zu vermeiden. Auch hier ist die starke Subjektivität dieser Informationen zu berücksichtigen. Stammen die Konkurrenzinformationen direkt von der Konkurrenz, können sie aus wettbewerbspolitischen Gründen unvollständig oder manipuliert sein. Werden Konkurrenzinformationen aus Sekundärquellen gewonnen, können auch hier in Abhängigkeit von der Primärquelle Fehleinschätzungen auftreten.

Informationen von *Marktforschungsinstituten*, insbesondere die Auftragsmarktforschung, gewinnen immer mehr an Bedeutung, wobei ihr Einsatz be-

---

[530] Vgl. Spang; Scheer/Entwicklungsstand/S. 189.

[531] Vgl. Marciejewski; Bergmann; Litke/Marketing-Informationssystem/S. 742.

[532] Vgl. Polster/Innovationswettbewerb - Woher kommen die Informationen?/S. 19.

sonders relevant bei Massenkonsumgütern ist. Hier wird im allgemeinen eine objektive Analyse unterstellt. Je nach Ziel und nach Auftraggeber der durchgeführten Untersuchung können jedoch auch hier stark subjektive Ergebnisse auftreten. Nicht zu vernachlässigen ist insbesondere die Möglichkeit eines Bias aufgrund falscher Untersuchungsmethoden wie z.B. Suggestivfragen.

Auch *persönliche Gespräche* mit Kunden bilden häufig eine effektive Informationsquelle. Hier ist eine besonders starke Subjektivität zu verzeichnen. Einen weiteren Problembereich bilden subjektive Marktinformationen von Lieferanten, Mitbewerbern oder Verbänden.

Bei einer sorgfältigen Prüfung und evtl. einer Aufbereitung der angesprochenen subjektiven Daten liefern aber gerade diese wertvolle Hinweise und Ergänzungen für eine Beurteilung der Absatzentwicklung.

4.1.6 Anforderungen an eine Datenbank

Der Zugang zu Informationen unterstützt den Entscheidungsprozeß im Produktinnovationsprozeß. Informationen sind somit eine wichtige Ressource im Auswahlprozeß der einzelnen Beurteilungsverfahren zur Absatzentwicklung. Im Hinblick auf eine konsequente Nutzung der verfügbaren Informationstechnologien sind als leistungsfähige Instrumente zur computergestützten Informationsgewinnung, -aufbereitung und -speicherung interne primäre Informationsquellen in Form von unternehmungseigenen Datenbanken und sekundäre Informationsquellen in Form von externen Datenbanken[533] anzusehen. Datenbanken leisten einen wichtigen Beitrag im Rahmen des Informationsmanagements der Unternehmung und ermöglichen nicht nur die Erschließung einer Vielzahl von Informationen, sondern auch eine Kanalisation der Informationsflut auf die relevanten Bereiche.[534]

Aufgrund der aus den Zielen des Informationsmanagements abgeleiteten Forderung, Daten als wirtschaftliches Gut zu betrachten, folgt die Notwendigkeit, die Informationsfunktion nicht nur als Unterstützungsfunktion für andere Aktivitäten in einer Organisation anzusehen, sondern als eine gleichberechtigte Unternehmungsfunktion, welche Daten beschafft, neue Datenquellen und neue Informationsmöglichkeiten erschließt und neue Möglichkeiten der Informationsverarbeitung vorschlägt.[535] Diese Aufgaben des Datenmanagements äußern sich drastisch im Bereich einer Beurteilung der Absatzentwicklung. Der

---

[533] Vgl. hierzu die vorangegangenen Ausführungen unter 4.1.4.2.1 Externe Datenbanken.

[534] Vgl. Neuert/Computergestützte Unternehmensberatung/S. 117.

[535] Vgl. Heinrich/Informationsmanagement/S.176.

Schwerpunkt liegt hier in der Erhebung und der Verarbeitung von Daten, um das notwendige Datenmaterial für das jeweilige Verfahren zur Verfügung stellen zu können. Neben dieser operativen Ebene (Datenverarbeitung) werden jedoch auch die dispositive Ebene (Informationsverarbeitung) und die strategische Ebene (Informationsplanung) miteinbezogen.

Das Haupt-Datenangebot besteht in der Regel im Bereich der Umsatz- und Kundendaten. Umsatz- und Kundendaten werden häufig selbst in großen Unternehmungen noch sehr ineffizient verwaltet. So werden Absatzwerte manuell und von mehreren Stellen (Vertriebsabrechnung, Marketing, Marktforschung, Rechnungswesen...) parallel geführt. Ein Problem dieser Datenredundanz besteht darin, daß Korrekturen häufig nicht einheitlich durchgeführt werden und die Daten mit Fehlern behaftet sind. Je nach Abteilung und Informationsangebot werden unterschiedliche Speichermedien verwendet, häufig noch einfache Karteikarten oder einfache Listen, so daß der Informationszugriff erschwert wird.[536] Dies resultiert auch daraus, daß in kommerziellen Datenbanksystemen zwar sehr leicht quantitative Daten wie Artikel, Menge oder Auftragsvolumen von Kunden erfaßt werden können, qualitative Aussagen über Kunden wie besondere Produktionswünsche, Lieferzeiten, Zahlungsziele u.ä. jedoch immer noch leichter auf Karteikarten verzeichnet werden. Um die Datenflut an Kunden- und Umsatzdaten zu bewältigen ist es sinnvoll, rechnerunterstützt diese Daten zu verwalten. Werden die Daten in eine Unternehmungsdatenbank integriert, entfallen die klassischen Probleme einer verteilten Datenhaltung, wie bestimmte Rechenleistungen auf die einzelnen Rechner des Netzes verteilt werden sollen (distributed processing) und an welchen Orten die Daten der Datenbank gespeichert werden sollen (distributed data-base).[537]

Bei der Konzeption einer Unternehmungsdatenbank sind frühzeitig Entscheidungen über die zu erfassenden Daten und deren Struktur zu treffen. Festzulegen sind:

- die Darstellung der Daten nach einem Klassifizierungsschema, das diese strukturiert aufbereitet (z.B. Gliederung nach Produktbereichen, Branchen, Kunden, Regionen etc.),
- die Organisation der Informationssammlung und -erfassung,
- der Informationszugriff.

---

[536] Vgl. Polster/Innovationswettbewerb - Woher kommen die Informationen?/S. 18.

[537] Vgl. Scheer/Datenbanksysteme im Marketing Teil II/S. 105.

Der Aufbau und die Pflege einer unternehmungsinternen Datenbank ist mit erheblichen Kosten für Hardware, Software und Personal verbunden. Interne Datenbanken sollten deshalb der Speicherung nicht öffentlich zugriffsfähiger sensitiver Informationen vorbehalten bleiben, für andere Daten sollte auf externe Datenbanken zurückgegriffen werden. Gerade unverdichtete Paneldaten sind i.d.R. sehr umfangreich. Es ist deshalb sinnvoll, sie nicht in der Unternehmung zu speichern, sondern über Datenfernübertragung einen Zugriff auf die Datenbanken der Marktforschungsinstitute zu ermöglichen.

In der Praxis haben sich relationale Datenbanksysteme durchgesetzt.[538] Für das Relationenmodell läßt sich die Datenstruktur beispielhaft wie folgt darstellen:

Interne Daten	
Periode	PER (PERnr, Bezeichnung)
Ortsgröße	ORTSG (ORTSGnr, Bezeichnung)
Gebiet	GEB (GEBnr, Bezeichnung)
Kundentyp	KNDTYP (KNDTYPnr, Bezeichnung)
Kunde	KND (KNDnr, Name, Adresse, KNDTYPnr, ORTSGnr, GEBnr)
Auftrag	AUFT (AUFTnr, Datum, KNDnr, KNDTYPnr, ORTSGnr, GEBnr)
Hauptartikelgruppe	HAG (HAGnr, Bezeichnung)
Artikelgruppe	AG (AGnr, Bezeichnung, HAGnr)
Artikel	ART (ARTnr, Bezeichnung, AGnr, HAGnr)
Kundenverbindung	KNDV (KNDnr, KNDTYPnr, ORTSGnr, GEBnr, ARTnr, AGnr, HAGnr)
Auftragszeile	AUFTZ (KNDnr, KNDTYPnr, ORTSGnr, GEBnr, AUFTnr, AUFTZnr, HAGnr, AGnr, ARTnr, Menge)
Verkaufte Aufträge	VAUFT (VAUFTnr, Lieferdatum, PERnr, ORTSGnr, GEBnr, KNDnr, KNDTYPnr)
Verkaufte Auftragszeilen	VAUFTZ (VAUFTZnr, PERnr, ORTSGnr, GEBnr, KNDnr, KNDTYPnr, HAGnr, AGnr, ARTnr, Menge, Preis)
externe Daten	
Haushaltstyp	HHTYP (HHTYPnr, Bezeichnung)
Haushalt	HH (HHnr, HHTYPnr, ORTSGnr, GEBnr, Name)
Einkauf	EKA (EKAnr, HHnr, HHTYPnr, ORTSGnr, GEBnr, PERnr, Datum)
Artikelattribute	AATR (AATRnr, HAGnr, AGnr, ARTnr, Preis, HHnr, HHTYPnr, ORTSGnr, GEBnr, PERnr, EKAnr)

Abb. 4-4: Marketingdaten im relationalen Datenmodell[539]

Hierbei handelt es sich um Informationen, die durch periodische Verdichtung von Daten aus Kundenrechnungen gewonnen werden. Aufgrund der vorliegenden Datenstruktur können flexible Auswertungen durchgeführt werden. So können z.B. Absatz- und Umsatzanalysen nach Produkten, Kunden, Gebieten, Produktgruppen, Kundentypen und Perioden durchgeführt werden. Die Informationen können nach verschiedenen Kriterien verdichtet werden. Sind im Sy-

---

[538] Vgl. Scheer;Brombacher/Marketing-Informationssysteme/S. 3.

[539] Vgl. Scheer/Datenbanksysteme im Marketing Teil II/S. 105.

stem die verschiedenen Kostengrößen gespeichert, lassen sich nach den gleichen Kriterien Erfolgsanalysen und bei Vorliegen von Zielwerten Soll-Ist-Vergleiche auf verschiedenen Aggregationsstufen durchführen.

Eine multidimensionale Datenbank mit einer hierarchischen Strukturierung bietet beispielsweise das System FUTURMASTER.[540] Für die drei Dimensionen Produkt, Absatzkanal und Vertriebsgebiet können jeweils bis zu 9 Attribute zugeordnet werden, z.B. Land, Kreis, Stadt in der Dimension "Vertriebsgebiet" oder Produktmanager, Farbe, Geschmack als Attribute zur Dimension "Produkt".[541]

In den nach Funktionen geordneten betrieblichen Bereichen einer Unternehmung existieren verschiedenartige logische Datenbestände:

♦ Stammdatenbestände,
♦ Transferdatenbestände,
♦ Plandatenbestände.

Stammdatenbestände sind alle Daten, die nur selten verändert werden. Es handelt sich hierbei um Kundendaten, Lieferantendaten, Stücklisten, Arbeitspläne usw.. Diese Stammdaten werden von den verschiedensten Programmen benötigt, so daß ein direkter Zugriff auf sie möglich sein muß. Transferdatenbestände enthalten Daten, die von einem Programm erzeugt werden und zur weiteren Verarbeitung einem anderen Programm zur Verfügung gestellt werden. Hierzu zählen beispielsweise Zusammenfassungen von Tagesumsätzen zu Wochenumsätzen oder Aggregationen regionaler Absatzwerte zu überregionalen Absatzwerten, die für Prognoseberechnungen benötigt werden. Plandaten sind Daten über erwartete Ereignisse, bei deren Eintreffen diese Daten gelöscht werden können, z.B. geplante Absatzzahlen.

Diese zu speichernden Informationen müssen bestimmte Anforderungen im Hinblick auf Redundanzarmut, Recovery, Datenkonsistenz, Datenintegrität, Datenschutz und Datensicherheit erfüllen.[542] Gleichzeitig müssen die zwischen den Daten bestehenden logischen Beziehungen möglichst anwendungsunabhängig abbildbar sein, damit Auswertungen in flexibler Form durchgeführt werden können.[543]

---

[540] Produkt der Firma ExperTeam MarSys

[541] o.V./Produktinformation FUTURMASTER/S. 3.

[542] Vgl. Schlageter; Stucky/Datenbanksysteme/S. 20 und 287 f.

[543] Vgl. Scheer/Datenbanksysteme im Marketing Teil I/S. 34f.

Fast alle Unternehmungen beziehen externe und interne Daten in ihr Marketing-Informationssystem ein, wobei externe Daten grundsätzlich weniger Berücksichtigung finden.[544] Aufgrund einer empirischen Untersuchung in Deutschland aus dem Jahre 1990 von Spang und Scheer speichern 58% der befragten Unternehmungen Daten aus externen Datenbanken in ihre Marketing-Informationssysteme. In diesem Bereich besteht somit ein deutlicher Nachholbedarf für deutsche Unternehmungen.[545]

Folgende Tabelle gibt einen Überblick über die Ergebnisse der empirischen Untersuchung in Bezug auf Dateninhalte und Verdichtungsgrade in Marketing-Informationssystemen bundesdeutscher Unternehmungen.[546]

	hohe Verdichtung	mittlere Verdichtung	niedrige Verdichtung
Interne Daten			
Rechnungswesen	42%	42%	58%
Operative Systeme	47%	37%	58%
Außendienst (intern)	21%	39%	58%
Externe Daten	.		
Außendienst (extern)	16%	42%	37%
Messeberichte	0%	5%	21%
interne Marktforschung	16%	11%	37%
Auftragsmarktforschung	26%	26%	16%
Datenbanken	11%	27%	27%
Kataloge	5%	16%	16%
Statistiken	11%	47%	32%
Marktforschungsunternehmungen	27%	32%	32%

Tab. 4-3: Dateninhalte und Verdichtungsgrade in MAIS (Stand 1990)[547]

In fast allen Datenkategorien liegt der Schwerpunkt auf niedrigen Verdichtungsgraden. Eine Ausnahme bilden externe Daten aus dem Außendienst und externe Daten aus Statistiken, in denen mittlere Verdichtung vorherrscht; Daten aus der Auftragsmarktforschung gehen meist in mittlerer oder hoher Verdichtung in die Marketing-Informationssysteme ein.

---

[544] Vgl. Spang; Scheer/Entwicklungsstand/S. 188.

[545] Vgl. Winand/Externe Informationsbanken/S. 1137.

[546] Vgl. Spang; Scheer/Entwicklungsstand/S. 190.

[547] Beim Verdichtungsgrad sind Mehrfachnennungen möglich, so daß die Summe der Prozentangaben über 100% betragen kann.

Bestimmte externe Datenkategorien gehen stärker verdichtet ein, was durch den hohen Aufwand bei der Eingabe und Wartung erklärt werden kann.[548] Bei internen Daten wird dieses Problem durch das Problem des Entwurfs geeigneter Zuliefersysteme ersetzt.

4.2 Anforderungen an eine Modell- und Methodenbank zur Absatzbeurteilung von Produktinnovationen

Ein entscheidender Faktor für die Effektivität einer Beurteilung der Absatzentwicklung ist die Auswertung und Verarbeitung der erhobenen Daten. Um die angesprochenen Beurteilungsverfahren anwenden zu können und die Auswertungsmethoden in ein Informationssystem zu integrieren, wird auf Modell- und Methodenbanken zurückgegriffen.

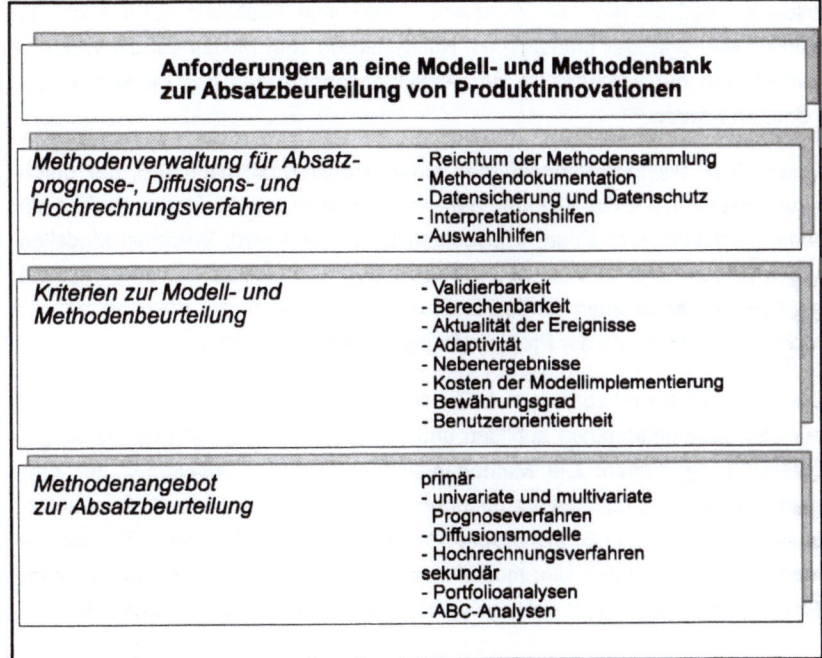

Abb. 4-5: Anforderungen an Modell- und Methodenbank[549]

---

[548] Vgl. Spang/Informationsmodellierung/S. 34.

[549] Eigene Darstellung des Verfassers.

4.2.1 Modell- und Methodenbank

Es sind vor allem zwei Hauptmotive, welche die Entwicklung von Methoden-banken initiierten: Einerseits existiert das Interesse der methodischen Wissen-schaften, Forschungsergebnisse auch in die praktische Entscheidungsunter-stützung zu integrieren, was ohne adäquate informationstechnische Infrastruk-tur unmöglich ist.[550] Andererseits existiert im Rahmen der Softwareentwicklung das bis heute nicht gelöste Problem, Software effektiver zu gestalten, indem auf existierende Softwarebausteine (Methoden) zurückgegriffen werden kann. Beide Motive haben ein gemeinsames Ziel: die effektive und problemorientierte Verfügbarkeit von Modellen und Methoden.[551]

Modelle sind Abbildungen von Objektsystemen in kognitiver, sprachlicher oder materialer Hinsicht, wobei bestimmte Ähnlichkeitsbedingungen erfüllt sein müs-sen. Ein Modell ist somit nur ein homomorphes Abbild der Wirklichkeit. Das bedeutet, daß die gewisse Strukturen umfassende Abbildung nur in Richtung Wirklichkeit -> Modell eindeutig ist. Rückschlüsse vom Modell auf die Wirklich-keit können nur vorbehaltlich der Abbildungsgenauigkeit des Modells vorge-nommen werden.[552]

Unter einer *Methode* versteht man einen Transformationsprozeß, der durch eine Vielzahl von Einzelschritten gekennzeichnet ist und in dessen Verlauf ein Anfangszustand A in einem Endzustand E überführt wird. Zwischen Modellen und Methoden gibt es zwei Überschneidungen: Die Modellbildung kann selbst als Methode angesehen werden und zum anderen kann die Verwendung von Modellen als Methode der Problemlösung angesehen werden.

Die Modellbank wird zunächst als Zusammenschluß aller Modelle interpretiert, die Sachzusammenhänge abbilden und zur Unterstützung der Entscheidungs-unterstützung dienen. Die Methodenbank umfaßt die Gesamtheit der pro-grammierten Informationsverarbeitungsprozesse für Aufbau (z.B. Parameter-auswahl), Wartung (z.B. statistische Prüfverfahren) und Betrieb (z.B: Algorith-men) sowie die Summe aller modellunabhängigen Problemlösungsprozeduren. Eine Methodenbank setzt sich aus verschiedenen Methoden zusammen.[553]

---

[550] Vgl. Kolb/EskiMo/S. 23.

[551] Vgl. Kolb/EskiMo/S. 23.

[552] Vgl. Emde; Hasenkamp/Modell- und methodenorientierte Anwendungs-Software/S. 17.

[553] Vgl. Alpar/Methodenbanksysteme im Marketing/S. 29.

4.2.2 Methodenbasis

Die Sammlung aller Methoden bildet die Methodenbasis. Diese Methodenbasis kann nach Bedarf verändert werden, wodurch sich ein Unterschied zu statistischen Programmpaketen ergibt. Jede Methode der Methodenbasis besitzt eine ausführliche Beschreibung. Dazu gehört eine kurze Zweckbeschreibung, theoretische Grundlagen, die EDV-technische Beschreibung (z.B. benötigte Parameter) und ein Anwendungsbeispiel incl. Ergebnisinterpretation. Die Methoden, ihre Beschreibungen und die Information über die Beziehungen zwischen den Methoden bilden zusammen die Methodenbank.[554]

Die Beschreibungen der Methoden sowie deren Beziehungen werden im System gespeichert, so daß sie mit Hilfe der Routinen des Methodenbanksystems interaktiv verwendet werden können. Neben diesen Routinen, die der Methodenauswahl dienen, beinhaltet das Methodenverwaltungssystem insbesondere noch Routinen zur Methodenausführung, -modifikation und -verknüpfung. Man unterscheidet bei der Technik der Methodenauswahl verschiedene Ansätze, die in der Interaktion zwischen Benutzer und System differieren:[555]

- Kommandosprachen,
- Informationsnetz,
- Entscheidungsbäume,
- Methodendeskriptoren, Stichwort-Klassifizierung,
- Entscheidungstabellen.

4.2.3 Methodenverwaltungssystem

Die Verwendung von Methoden kann erfolgen durch:[556]
- explizite Formulierung durch den Benutzer,
- Aufruf mit Übergabe von Parametern durch den Benutzer,
- automatische Modellformulierung durch das System.

Da die Datenverwaltung nach wie vor durch das kooperierende Datenbanksystem erledigt wird, muß das Methodenbanksystem über eine Schnittstelle zum Datenbanksystem verfügen. Bei der Entwicklung von Programmsammlungen zur Datenanalyse ist ein starker Trend zu immer umfassenderen Funktionen zu verzeichnen. Einzelkomponenten bei der Abwicklung einer Analyse-

---

[554] Vgl. Alpar/Methodenbanksysteme im Marketing/S. 29,
Meffert; Steffenhagen/Marketing-Prognosemodelle/S. 48.

[555] Vgl. Diels/Systematischer Aufbau von MethodenbankenS. 103 f.

[556] Vgl. Hruschka/Methoden- und Modellwissen/S. 160.

aufgabe wie z.B. ein Editor zur Datenerfassung, Statistikprogramme zur Auswertung, Textverarbeitung zur Ergebniszusammenstellung und ein Grafik-
system zur bildhaften Präsentation werden in ein einziges Paket integriert. Bedingt durch die Komplexität eines solchen Pakets können die Anwender erst
nach intensivem Handbuchstudium und längerer Anwendungserfahrung sämtliche Möglichkeiten kennenlernen und auch ausnutzen.[557] Problematisch erweist sich auch, daß der einfache Zugang zu komplizierten Methoden einen un-
reflektierten und sehr häufig auch unzulässigen Gebrauch herausfordert. Für
die Benutzerfreundlichkeit dieser Systeme sind in den letzten Jahren vielfältige
Kriterien veröffentlicht worden.[558] An diese Kriterien werden jeweils genaue
Anforderungen bezüglich der zu erfüllenden Funktionen gestellt. Beispielsweise
muß eine Methodenverwaltung die Funktionen Ersteinrichtung der Methodenbasis, Hinzufügen, Ändern und Löschen von Methoden, Vermeiden von Inkonsistenzen, Erkennen von Programmleichen, keine Einschränkungen für das
Erstellen von Bausteinen, Schnittstellenbeschreibung und Hilfen für das Erstellen neuer Methoden bereitstellen.

Mertens und Bodendorf nennen folgende benutzerorientierte Kriterien:[559]

- ♦ Reichtum der Methodensammlung,
- ♦ Methodendokumentation,
- ♦ Datensicherung und Datenschutz,
- ♦ Interpretationshilfen,
- ♦ Auswahlhilfen.

Diese Kriterien sollen im folgenden Teil im Hinblick auf die Beurteilung der Absatzentwicklung ausführlicher erläutert werden.

4.2.3.1 Reichtum der Methodensammlung

Aus dem Gesichtspunkt der Marktforschung heraus sind vor allen Dingen Methoden der beschreibenden Statistik, Zeitreihenanalyse, Stichprobenverfahren
und Diffusionsmodelle wichtig. Allerdings sind viele Methodenbanken auf mehr
technisch orientierte Verfahren ausgerichtet oder auf Analyseverfahren der
Psychologie und Soziologie, so die oben genannten Verfahren fehlen können.
Neben der Bereitstellung von Programmen für die Anwendung von statistischen

---

[557] Vgl. Bodendorf; Osiander/Methodenbankhülle/S. 3 - 8.

[558] Vgl. Scheer/Interaktive Methodenbanken.

[559] Vgl. Mertens; Bodendorf/Interaktiv nutzbare Methodenbanken/S. 533 - 541.

Verfahren gehört auch die Bereitstellung von Programmen zur graphischen Ausgabe von Ergebnissen zum Standardinhalt komfortabler Methodenbanken.

4.2.3.2 Methodendokumentation

Da die Bezeichnung einer Methode nicht automatisch auch selbsterklärend ist für ihren gesamten Inhalt, ist eine genaue Dokumentation der Verfahren wichtig. Hierzu sind bei Prognoseverfahren Hinweise auf Schätzalgorithmen für benötigte Parameter oder verwendete Optimierungsverfahren zu zählen. Bei Stichprobenverfahren sind z.B. Hinweise auf den notwendigen Stichprobenumfang und bei Diffusionsmodellen die Klärung von Voraussetzungen und Datenumfang notwendig.

4.2.3.3 Datensicherung und Datenschutz

Ähnlich wie in Datenbanksystemen sollten auch in Methodenbanksystemen Vorkehrungen gegen unbeabsichtigtes Zerstören von Programmen oder Daten getroffen werden. Darüber hinaus kann es auch erforderlich sein, die Benutzung bestimmter Methoden nur einem genau umgrenzten Personenkreis zur Verfügung zu stellen. Diese ist besonders dann wichtig, wenn durch eine geschickte Kombination von Methoden die Anonymität von personenbezogenen Kunden- oder Außendienstdatenbeständen umgangen werden kann.

4.2.3.4 Interpretationshilfen

Durch Interpretationshilfen muß vor allen Dingen der Benutzer vor unzulässigen Interpretationen geschützt werden, so z.B. vor dem Verwenden von Scheinkorrelationen. Dazu ist es hilfreich, dem Benutzer Ober- und Untergrenzen für seinen konkreten Ergebnisfall zu nennen oder ihn mit den Folgerungen, wie sie lehrbuchhaft bekannt sind, vertraut zu machen.

4.2.3.5 Auswahlhilfen

Ein wesentliches Hemmnis für die Akzeptanz von Methodensammlungen zu komplexen statistischen Methoden ist, daß in ihnen viele verschiedene und dem Benutzer weitgehend unbekannte Verfahren enthalten sind.[560] Dieses

---

[560] *"Und es liegt auf der Hand, was dabei herauskommt, wenn Vertreter gewisser Fakultäten (deren Umgang mit der Statistik gelegentlich angezweifelt wird) entscheiden sollen, ob sie z.B. ein Problem der Regressions- oder der Korrelationsanalyse haben."* in: Heinzelbecker/Marketing-Informationssysteme/S. 85.

führt zu einer Verunsicherung des Anwenders. Er müßte sich intensiv mit den Möglichkeiten und Restriktionen des gewählten Programmpakets auseinandersetzen, sich einen Überblick über das zur Verfügung stehende Methodenspektrum verschaffen und daraus eine seinen Daten und seinem Analysewunsch angepaßte Methode auswählen.[561] Dabei kann es auch möglich sein, daß mehrere Verfahren für seine Problemlösung zutreffen. Benutzerfreundliche Auswahlhilfen erleichtern die Praktikabilität der Methodenauswahl. Eine Möglichkeit der Auswahlunterstützung ist die hierarchische Menüsteuerung, realisiert beispielsweise in dem System METHAPLAN von Siemens, eingesetzt von der Daimler Benz AG im Rahmen des Marketing-Informationssystems MAPIS (erste Ebene = Methodenklassen; zweite Ebene = Methoden; dritte Ebene = Informationen über Theorie und Anwendungsvoraussetzungen).[562]

4.2.4 Kriterien zur Modell- und Methodenbeurteilung

Um den geeigneten Lösungsansatz in der Modellbank zu ermitteln, ist es notwendig, unterschiedlichste Kriterien zur Beurteilung heranzuziehen. In dem konkreten Anwendungsfall "Absatzprognose für bestehende Produkte" ist ihre einzelne Bedeutung eine andere wie z.B. bei der Problematik "Absatzschätzung für Produktinnovationen", obwohl der Betrachtungsgegenstand bei beiden Aufgabenstellungen aus dem Absatzbereich stammt. In den folgenden Ausführungen zur Modell- und Methodenbeurteilung werden die einzelnen Beurteilungskriterien schwerpunktmäßig im Hinblick auf ihre Bedeutung für die einzelnen Verfahren zur Absatzbeurteilung dargestellt.

4.2.4.1 Validierbarkeit

Das Kriterium der Validierbarkeit umfaßt mehrere Teilaspekte. Erstens ist darunter die Beschaffbarkeit der zur Modellanwendung erforderlichen Daten zu zählen.[563] Enthält ein Modell Variablen, zu denen die erforderlichen Eingabedaten prinzipiell nicht hinreichend genau erhoben werden können (z.B. partielle Elastizitäten[564]), so ist das Modell nicht validierbar. Die mangelnde Quantifizier-

---

[561] Vgl. Bodendorf; Osiander/Methodenbankhülle/S. 3.

[562] Brombacher/Entscheidungsunterstützungssysteme/S. 145.

[563] Vgl. hierzu auch unter Punkt 4.1.2 Datenqualität, insbesondere Accuracy.

[564] Vgl. dazu unter Punkt 3.1.4.3.7.4 Modell von Bass (1980) mit Nachfrageelastizitäten.

barkeit der erforderlichen Eingabedaten kann als das Datenproblem der Validierbarkeit aufgefaßt werden.[565]

Die Validierbarkeit von Modellen hängt aber auch von der Modellkomplexität -verstanden als Anzahl der im Modell enthaltenen Variablen und Beziehungen- ab. Je komplexer ein Modell ist, um so mehr Eingabedaten werden benötigt, deren oft begrenzte Anzahl erhebliche statistische Schätzprobleme aufwirft. So sinkt z.B. bei gegebenem Datenvorrat mit einem Anwachsen der zu schätzenden Modellparameter die Anzahl der sogenannten Freiheitsgrade der Schätzung ganz beträchtlich. Komplexe Modelle sind deshalb einem gravierenden Schätzproblem ausgesetzt.[566]

Im Extremfall äußert sich das Schätzproblem bei hochkomplexen Modellen darin, daß die gegebenen Daten mit einer Menge plausibler Parameterkonstellationen verträglich sind. Es ist in solchen Fällen nicht möglich, eindeutige Parameterwerte für das Modell zu identifizieren. Als Ausweg wird häufig die subjektiv-heuristische Validierung vorgeschlagen, bei der Parameterwerte isoliert und sukzessiv solange verändert werden, bis der Modelloutput eine gute Anpassung an reale Werte zeigt und dabei die Funktionen gewissen Bedingungen (wie z.B. einer Monotoniebedingung) genügen.[567] Dabei bleibt es fraglich, ob die größere Detailliertheit komplexer Modelle einen Erkenntnisgewinn bringt, wenn man bedenkt, daß dieser durch allzu freihändig-willkürliche Spezifizierung der Parameter und Funktionen wieder zunichte gemacht werden kann.[568]

Das größte Problem bei zeitreihenbezogenen Absatzprognosen besteht zunächst in der Validität der Ausgangsdaten. Validität ist in diesem Fall gleichzusetzen mit dem Grad der Marktabdeckung durch die vorhandenen Zeitreihendaten. Je nach zugrundeliegendem Marktforschungsinstrument, das diese Daten bereitstellt (Verbraucherpanel, Handelspanel), und je nach Warengruppen werden jeweils sehr unterschiedliche Marktabdeckungen realisiert. Es ist wenig sinnvoll, Zeitreihendaten zu extrapolieren, die wesentliche Marktsegmente nicht enthalten.[569]

---

[565] Vgl. Topritzhofer/Modelle des Kaufverhaltens/S. 62.

[566] Vgl. Topritzhofer/Modelle des Kaufverhaltens./S. 62.

[567] Vgl. Klenger; Krautter/Simulation des Käuferverhaltens/S.109ff.

[568] Vgl. Topritzhofer/Modelle des Kaufverhaltens/S. 62.

[569] Vgl. Reiner; Weßner; Wimmer/Strategische Prognose/S. 78.

4.2.4.2 Berechenbarkeit

Die Modellkomplexität beeinträchtigt auch oft die Berechenbarkeit eines Ansatzes. Berechenbarkeit ist dabei nicht als subjektive Fähigkeit des Modellbenutzers zu verstehen, bestimmte Rechenoperationen vorzunehmen, sondern als eine objektive Eigenschaft von Gleichungen und Gleichungssystemen und dem Charakter der darin enthaltenen Variablen (deterministische Prognoseverfahren versus stochastische Prognoseverfahren).[570] Die Berechenbarkeit von Prognose- und Entscheidungsmodellen hängt von der Verfügbarkeit geeigneter Lösungsmethoden ab.

4.2.4.3 Aktualität der Ergebnisse

Die Aktualität der Prognoseergebnisse betrifft die zeitliche Entstehung und Verfügbarkeit prognostischer Aussagen.[571] Der Wert einer Prognose ist sehr gering, wenn die Ergebnisse nahezu durch die reale Entwicklung überholt sind.[572] Prognosen müssen so frühzeitig vorliegen, daß sie noch eine Funktion im unternehmerischen Entscheidungsprozeß erfüllen können. Dieser nimmt jedoch selbst einen gewissen Zeitraum in Anspruch. Die Aktualität einer prognostischen Aussage kann deshalb nicht generell gemessen, sondern nur unter Berücksichtigung des jeweiligen Entscheidungsfeldes und der organisatorischen Strukturen bei der Willensbildung beurteilt werden. Aus diesem Grunde ist auch nicht die Folgerung möglich, daß Prognosemodelle mit größerem Prognosezeitraum (z.B. langfristige Prognosen) aktuelleren Charakter haben als solche mit kürzerer Vorhersagereichweite.[573] Prognosen genügen immer dann dem Postulat der Aktualität, wenn der Prognosezeitraum größer oder gleich der Dauer derjenigen Entscheidungsprozesse ist, welche sich auf die Prognose stützen. Im Extremfall sind Prognosen, die erst einen Tag vor der Realisierung des betreffenden Ereignisses abgegeben werden genauso aktuell wie Prognosen, die bereits ein Jahr vor Eintreffen des betreffenden Ereignisses erstellt wurden. Letztlich entscheidet die Dauer des Entscheidungsprozesses über die Aktualität der Prognoseinformationen.[574] Die Aktualität einer modellgestützten Prognose hängt bei gegebener Dauer des auf der Prognose basierenden Entscheidungsprozesses jedoch von der Geschwindigkeit ab, mit der nach

---

[570] Vgl. Breitung/Management-Informationssysteme/S. 255.

[571] Vgl. hierzu auch unter Punkt 4.1.2 Datenqualität, insbesondere Timeliness.

[572] Vgl. Rogge/Methoden und Modelle der Prognose/S.143.

[573] Vgl. Rogge/Methoden und Modelle der Prognose/S.144.

[574] Vgl. Meffert; Steffenhagen/Marketing-Prognosemodelle/S. 57.

Erhebung und Eingabe der erforderlichen Daten ein Prognoseergebnis verfügbar wird. Die nur manuelle oder halbautomatische Berechenbarkeit von Prognosemodellen senkt deren Aktualität im Vergleich mit vollautomatisch berechenbaren Modellen. Der Einsatz automatischer Datenverarbeitungsanlagen erhöht damit den Wert vieler Prognosemodelle und Schätzverfahren.[575]

4.2.4.4 Adaptivität

Die Adaptivität des Modells besagt, daß das Modell in seiner formalen oder numerischen Struktur an spezifische Umweltsituationen anpaßbar sein muß. Diese Forderung betrifft nicht nur die einmalige Anpaßbarkeit an einen gegebenen Satz von Eingabedaten, sondern auch die laufende Anpassungsmöglichkeit an neue Datensätze.[576] Dabei kann es sich sowohl um Ausprägungen von Variablen als auch von Parametern handeln. Dieses Kriterium zur Modell- und insbesondere Methodenbeurteilung steht oft mit den Forderungen nach Validierbarkeit, insbesondere der Schätzbarkeit, und nach Berechenbarkeit in Konkurrenz.

4.2.4.5 Nebenergebnisse

Neben dem eigentlichen Zweck von Marketing-Modellen, entscheidungsrelevante Zukunftsaussagen abzuleiten, sollte jene Leistung von Modellanalysen nicht übersehen werden, die darin liegen kann, zusätzliche, sinnvolle Nebenergebnisse hervorzubringen.[577] Selbst wenn der prognostische Wert von einigen Modellen angezweifelt werden kann, ist der potentielle diagnostische Gehalt nicht zu vernachlässigen. Der diagnostische Wert einer Absatzprognose kann darin liegen, daß Anregungen zu gezielter Informationssuche erfolgen können und daß Tendenzen erkennbar oder Zusammenhänge aufgedeckt werden, deren Existenz bislang nicht bekannt waren bzw. deren vermeintliche Existenz nunmehr in Frage zu stellen ist. Im Idealfall werden Anregungen für Produktinnovationen gegeben oder Grundlagen zur Ableitung marktdiagnostischer Kennzahlen geliefert.[578] Allerdings ist dieses Nebenprodukt einer Modellanalyse kritisch zu den mit der Modellimplementierung verbundenen Kosten in Beziehung zu setzen.

---

[575] Vgl. Rogge/Methoden und Modelle der Prognose/S.145.

[576] Vgl. Meffert; Steffenhagen/Marketing-Prognosemodelle/S. 57.

[577] Vgl. Meffert; Steffenhagen/Marketing-Prognosemodelle/S. 58.

[578] Vgl. Topritzhofer/Wirkung absatzpolitischer Maßnahmen/S.294.

4.2.4.6 Kosten der Modellimplementierung

Bereits vor Inangriffnahme der Modellimplementierung läßt sich abschätzen, mit welchen zusätzlichen Kosten bei der Anwendung alternativer Prognosemodelle zu rechnen ist. Als Kostenkomponenten sind insbesondere die Anstellung zusätzlichen qualifizierten Personals, die Kosten der modellspezifischen Datenbeschaffung, evtl. aus externen Datenbanken, der mit der Programmierung und dem Testen der Modelle verbundene Aufwand sowie die jeweils erforderliche Speicherkapazität und die Rechenzeit in den DV-Anlagen zu berücksichtigen.[579] Modelle, deren Datenbedarf nur durch gezielte Marktexperimente gedeckt werden kann, sind solchen Modellen unterlegen, die auf historisches Material zurückgreifen.

4.2.4.7 Bewährungsgrad

Mit dem Bewährungsgrad ist letztlich die Frage nach der Gültigkeit und prognostischen Relevanz von Modellen aufgeworfen. Ein Modell hat sich in seiner Prognosefähigkeit bewährt, wenn die empirische Erprobung des Modells eine für den Untersuchungszweck des Modellbenutzers ausreichende Übereinstimmung zwischen modellgeleiteten Vorhersagen und faktischen Gegebenheiten zeigt.[580] Der Bewährungsgrad von Modellen kann folglich nur aus tatsächlichen Modellanwendungen heraus beurteilt werden.

4.2.4.8 Benutzerorientiertheit

In den Anforderungen an einen "Decision Calculus" stellt Little vor allem Einfachheit, Benutzersicherheit, Eingriffsmöglichkeit und Kommunikationsmöglichkeit heraus. Das Prinzip der Einfachheit soll das Verständnis des Modells erleichtern. Details der Realität sollten solange nicht in ein Modell aufgenommen werden, wie der Benutzer nicht von der Bedeutsamkeit dieser Phänomene für den jeweiligen Modellzweck überzeugt ist. Benutzungssicherheit liegt vor, wenn das Modell und die dabei verwendeten Methoden keine unsinnigen bzw. nach Auffassung des Benutzers unwahrscheinlichen Aussagen generieren.

---

[579] Vgl. Meffert; Steffenhagen/Marketing-Prognosemodelle/S. 59.

[580] Vgl. Köhler/Modelle/Sp. 2707.

Die Eingriffsmöglichkeit sorgt dafür, daß der Benutzer seinen zeitlich variierenden Informationsbedarf durch Eingabe zeitlich varianter Variablen oder Parameter in das Modell befriedigen kann. Das Kriterium der Kommunikationsmöglichkeit ist auf eine Erleichterung der Arbeit mit dem Modell in typischen Entscheidungssituationen gerichtet. Modellanalysen sollen im On-line Betrieb mit dem Computer erstellt werden können, d.h. der Modellbenutzer sollte in der Lage sein, mit dem Modell in unmittelbarer Kommunikation zu stehen und auf jede Anfrage bzw. Dateneingabe sofortigen Datenoutput zu erhalten.

Um die Anwendungssoftware in dieser Hinsicht "intelligenter" zu machen, sollte ein intelligentes Zugangssystem zur Benutzerunterstützung eingesetzt werden. Zum einen kann eine sehr individuelle, auf den speziellen Fall zugeschnittene Dialogführung erreicht werden, zum anderen werden Standardfunktionen bereitgestellt (z.B. Dialog- oder Erklärungskomponente), die vom Systementwickler nicht mehr programmiert werden müssen.

4.3 Anforderungen an ein wissensbasiertes System zur Absatzbeurteilung von Produktinnovationen

Die Standardarchitektur von Informationssystemen gliedert sich in Datenbank und Modell-/Methodenbank, ergänzt durch eine benutzerorientierte Schnittstelle zur Ein- und Ausgabe.[581] Diese konventionelle Architektur wird der Aufgabenstellung einer Beurteilung der Absatzentwicklung von Produktinnovationen nicht gerecht. Zwar verarbeiten sie die durch operative Systeme bereitgestellten Daten, doch entbehren sie einen Verarbeitungsmechanismus für unscharfe und unsichere Informationen bzw. Heuristiken. Erst durch die Erweiterung eines Marketing-Informationssystems um eine wissensbasierte Komponente können alle bereits angesprochenen Verfahren effizient umgesetzt werden. Zwar führt Lachnit an, daß *"ein erster Verbesserungseffekt von Expertensystemen für die operative Umsatzprognose darin zu sehen ist, daß die Methodenbank mit den Datenanalyse- und Prognoseverfahren und die Datenbank mit den benötigten Ausgangsdaten in einem einheitlichen Programm unter einheitlicher Benutzeroberfläche zusammenwirken"*, doch

---

[581] Einen ersten Ansatz lieferten Montgomery; Urban in: Management Science in Marketing.

kann dies nicht originär aus einem wissensbasierten System gefolgert werden.[582] Viel bedeutender ist der ebenfalls von Lachnit angesprochene Nutzeffekt durch die Anbindung von heuristischem Wissen über die einzelnen Beurteilungsansätze, so daß der Benutzer systematisch auf Zusammenhänge zwischen quantitativem Teil der Absatzprognoseableitung und zu berücksichtigenden qualitativen Aspekten des Produktinnovationsprozesses hingewiesen wird und diese sogar u.U. über formale Algorithmen einbeziehen kann.[583] Jahnke, Groffmann und Vogel betonen insbesondere die positive Wirkung von wissensbasierten Bestandteilen auf die Akzeptanz von quantitativen Methoden und Modellen im Marketing[584], u.a. durch wissensbasierte Komponenten in Form von reinem Faktenwissen zur Konstruktion von Hilfetexten oder Parameterstandardeinstellungen.[585]

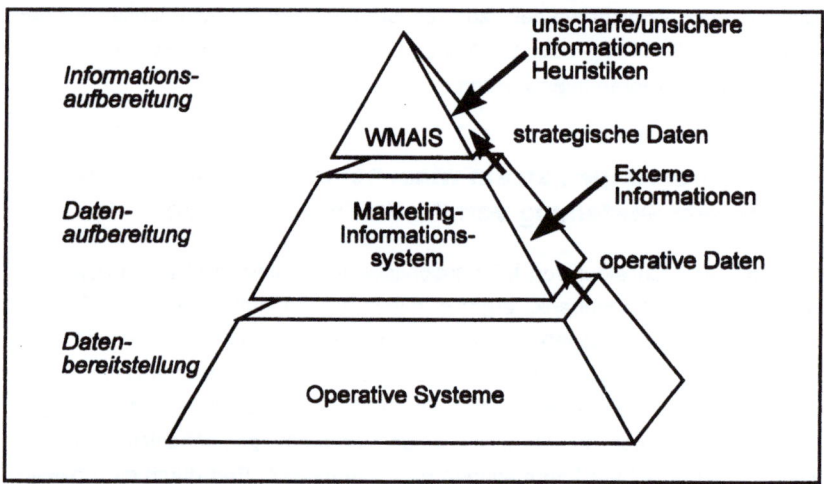

Abb.4-6:   Aufbau einer systemgestützten Informationsversorgung[586]

Im folgenden Teil soll auf die spezifischen Anforderungen eines wissensbasierten Systems eingegangen werden.

---

[582] Lachnit/Umsatzprognose/S. 165.

[583] Vgl. Lachnit/Umsatzprognose/S. 165.

[584] Vgl. Jahnke; Groffmann; Vogel/Konzeption/S. 14.

[585] Vgl. Jahnke; Groffmann; Vogel/Konzeption/S. 15.

[586] Eigene Darstellung des Verfassers.

Anforderungen an ein wissensbasiertes System zur Absatzbeurteilung von Produktinnovationen

Wissensrepräsentation	- explizite Wissensdarstellung - Flexibilität der Wissensbasis - Darstellbarkeit von unsicherem Wissen
Wissensverarbeitung	- Verarbeitung von unvollständigem Wissen - Verarbeitung von unsicherem Wissen - Verarbeitung von unscharfem Wissen
Methodenauswahl für Absatz- prognoseverfahren, Diffusions- verfahren und Stichproben- bzw. Hochrechnungsverfahren	- Auswahl und Parametrisierung - Start der Prognoseprozedur - Interpretation der Ergebnisse - Teilanwendungen - Kombination von Methoden - Alternativmöglichkeiten - What-if-Analysen - Resultats- und Prozeßevaluation
Checkliste zum Produktlebenszyklus	- Betriebswirtschaftliche Kriterien - Produkt- und Anbieterkriterien - Markt- und Wettbewerbskriterien - Sonstige Kriterien
Checkliste zu Erfolgs-/ Mißerfolgskriterien	- Produktcharakteristika - Projektmanagement - Synergiepotentiale - Marketingaktivitäten - Marktsituation am relevanten Markt - gesamtwirtschaftliche Situation

Abb. 4-7: Anforderungen an ein wissensbasiertes System[587]

4.3.1 Wissensbasiertes System

Als wissensbasierte Systeme gelten Softwaresysteme, *"...bei denen das Fachwissen über ein Anwendungsgebiet explizit und unabhängig vom allgemeinen Problemlösungswissen dargestellt wird."*[588] Anstelle von wissensbasierten Systemen wird häufig synonym der Begriff Expertensystem angeführt. Expertensysteme bilden jedoch nur die häufigste Anwendung wissensbasierter Systeme in der Praxis.[589] Als Hauptvertreter wissensbasierter Systeme besteht ihre Aufgabe kurz gefaßt in der Simulation und Unterstützung menschlicher Experten.

---

[587] Eigene Darstellung des Verfassers.

[588] Kurbel/Entwicklung und Einsatz von Expertensystemen/S. 18.

[589] Vgl. Jarke/Wissensbasierte Systeme/S. 462.

"Expert Systems are sophisticated computer programs that manipulate knowledge to solve problems efficiently and effectively in a narrow problem area. Like human experts, these systems use symbolic logic and heuristic-rules of thumb - to find solutions. And like real experts, they make mistakes but have the capacity to learn from their errors." [590]

Diese "Ideal-Definition" spiegelt die Auffassung wider, daß Expertensysteme als "angewandte künstliche Intelligenz" angesehen werden.[591] Neben den vieldiskutierten Expertensystemen gibt es weitere wissensbasierte Systeme, z.B. zur Repräsentation von Regelwerken und Lehrbüchern, wissensbasierte Zugangssysteme[592] und Kommunikationsmedien oder wissensbasierte Assistenten.[593]

Abb. 4-8: Abgrenzung "Wissensbasiertes System" nach Waterman[594]

Man nennt ein System wissensbasiert, wenn das für die Lösung einer Aufgabe erforderliche Wissen explizit und strukturiert repräsentiert wird und das Verhalten des Systems steuert. Eine Wissensbasis muß in der Regel Wissen über den Aufgabenbereich, über die konkrete Aufgabe und über die Benutzer enthalten.[595] Der modulare Aufbau eines wissensbasierten Systems spiegelt diese Aufgabenstellung wider.

---

[590] Waterman/A Guide to Expert Systems/S. XVII.

[591] Vgl. Feigenbaum/The Art of Artifical Intelligence/S. 1014 - 1029.

[592] Vgl. Jarke/Wissensbasierte Systeme/S. 463.

[593] Vgl. Jarke/Wissensbasierte Systeme/S. 463.

[594] In Anlehnung an Waterman/A Guide to Expert Systems/S. 18.

[595] Vgl. Neumann/Was sind Expertensysteme?/S. 8.

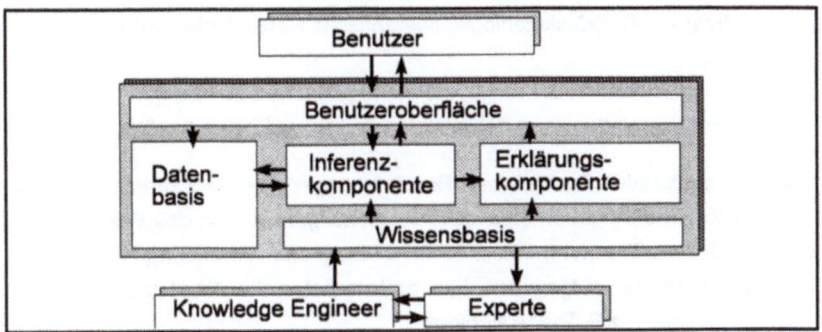

Abb. 4-9: Modularer Aufbau eines wissensbasierten Systems[596]

4.3.2 Wissensrepräsentation

Expertenwissen läßt sich in zwei unterschiedliche Formen einteilen:

◆ Das *strukturelle oder Faktenwissen*, das zeigt, welche Aufgaben, bzw. Probleme gelöst werden sollen. Das relevante Fachwissen kann aufgegliedert werden in Fakten, die durch eine deklarative Darstellung von Wissen beschrieben werden und prozedurales Wissen, das zur Verknüpfung der Fakten dient.[597]
Bei der Beurteilung der Absatzentwicklung sind unter diesem Punkt sowohl das Faktenwissen über die Methodenauswahl sowie das Faktenwissen über die diversen Beurteilungsfaktoren zu subsumieren.

◆ Das *strategische Wissen*, das zeigt, wie und wann der Experte diese Aufgaben bzw. Probleme löst und welches Faktenwissen er dafür anwendet. Das strategische Wissen über den Produktinnovationsprozeß umfaßt die geschilderten Beurteilungsfaktoren und ihre Interdependenzen. Durch die mit Erfahrungswissen umschriebenen Heuristiken wird die Bearbeitung umfangreicher, nicht formalisierbarer Fragestellungen durch Daumenregeln oder Erfahrungswerte ermöglicht.[598]

Im folgenden Teil sollen verschiedene Wissensrepräsentationsformen und ihre Möglichkeiten innerhalb einer Absatzbeurteilung dargestellt werden. Sie können nach folgenden Kriterien unterschieden werden:[599]

---

[596] Vgl. Puppe/Einführung in Expertensysteme/S. 13.

[597] Vgl. Heilmann; Simon/Expertensysteme/S. 5.

[598] Vgl. Savory/Expertensysteme/S. 22.

[599] Vgl. Curth; Bölscher; Raschke/Entwicklung von Expertensystemen/S. 10.

- deklarativ (z.B. Prädikatenlogik, semantische Netze, Objekt-Attribut-Wert-Tripel),
- prozedural (z.B. Produktionssysteme, regelbasierte Ansätze),
- Frames (Verbindung von deklarativen und prozeduralen Ansätzen).

Während deklarative Formalismen Beschreibungen von Sachverhalten erzeugen und keinerlei Angaben über die Verarbeitungstechniken des Wissens machen, wird diese Trennung zwischen Darstellung und Anwendung bei den prozeduralen Verfahren aufgegeben. Eine andere Unterscheidung lautet:[600]

- logikorientiert (z.B. Prädikatenlogik),
- regelorientiert (z.B. Produktionsregeln),
- objektorientiert (z.B. Frames).

4.3.2.1 Wissensdarstellung

4.3.2.1.1 Logische Ausdrücke

Eine erste Möglichkeit der Wissensdarstellung bieten die beiden Ansätze "Aussagenlogik" und "Prädikatenlogik". Diese beiden Möglichkeiten werden im folgenden nur kurz der Vollständigkeit halber erläutert. Ihre starke Beschränktheit in der Anwendung zeigt leicht nachvollziehbar ihre Nichteignung für das Anwendungsgebiet "Absatzentwicklung".

4.3.2.1.1.1 Aussagenlogik: allgemeines logisches System

Aussagen können entweder "wahr" oder "falsch" sein. Sie können durch Aussageverbindungen wie z.B. "und", "oder", "nicht", "impliziert" und "äquivalent" miteinander verknüpft werden. Die Aussagenlogik befaßt sich mit dem Wahrheitswert von zusammengesetzten Aussagen.[601]

modisches Hemd	->	Bekleidung	ist wahr
Bekleidung	->	Konsumgut	ist wahr
daraus folgt:			
modisches Hemd ->		Konsumgut	ist wahr

Abb. 4-10: Aussagenlogik[602]

---

[600] Vgl. Hoff; Zinn; Kurz/Marktspiegel Expertensysteme/S. 13.

[601] Vgl. Jackson/Expertensysteme, Bonn, 1987, S.78/79.

[602] Eigene Darstellung des Verfassers.

4.3.2.1.2.2 Prädikatenlogik: Erweiterung der Aussagenlogik

*"In der Prädikatenlogik werden Sachverhalte durch Formeln darge-
stellt, die aus Konstanten, Variablen, Funktionssymbolen, Prädika-
tensymbolen, logischen Junktoren und Quantoren aufgebaut sind.
Aus Konstanten, Variablen und Funktionssymbolen werden Terme
gebildet. Terme bezeichnen Objekte eines Gegenstandsberei-
ches.*[603]

"Alle Designer-Jeansträger kaufen modische Hemden der neuen Kollektion."

$\forall x$ (Designerjeans(x) & Männer(x)) $\Rightarrow$
$\exists y$ (modische Hemden der neuen Kollektion(y,x)))

Abb. 4-11: Prädikatenlogik[604]

Hornklauselmengen der Prädikatenlogik 1. Ordnung wären nur dann zur Repräsentation des prognoserelevanten Wissens geeignet, wenn die Prognose
künftiger Absatzentwicklungen auf der Grundlage sicheren Wissens in bezug
auf den Zusammenhang zwischen dem Bedingungskomplex der Prognose und
dem Eintritt des zu prognostizierenden Ereignisses erfolgen könnte und wenn
auch die fallbezogenen Informationen, die den Bedingungskomplex der Prognose ausmachen, stets mit Sicherheit bekannt wären.[605] Beides ist nicht der
Fall.

4.3.2.1.2 Semantische Netze

Eine Modellvorstellung, wie Wissen im menschlichen Gehirn abgespeichert
wird, ist die der semantischen Netze. Ein semantisches Netz ist eine Sammlung
von Objekten, die als Knoten bezeichnet werden. Knoten sind miteinander
durch Glieder verbunden. Die Vorteile dieser Wissensrepräsentation liegen in
der Flexibilität und in der "Vererbbarkeit" von Charakteristiken von einem Knoten auf einen anderen.

---

[603] Brewka/Wissensrepräsentation und Inferenztechniken/S. 14.

[604] Eigene Darstellung des Verfassers.

[605] Vgl. Diedrich/Lösung des Prognoseproblems/S. 94.

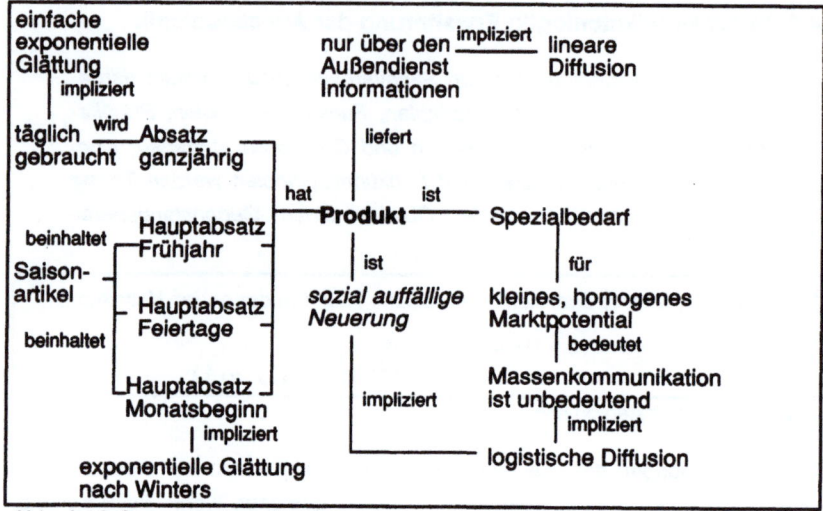

Abb. 4-12: Semantisches Netz[606]

Ein gravierender Nachteil dieser Wissensdarstellung liegt in der mit wachsender Knotenanzahl annähernd exponentiell wachsenden Unübersichtlichkeit.

4.3.2.1.3 Objekt-Attribut-Wert-Tripel

Der Nachteil der Unübersichtlichkeit bei den semantischen Netzen wird zum Teil bei den Objekt-Attribut-Wert-Tripeln relativiert. Die Wissensrepräsentation durch Objekt-Attribut-Wert-Tripel (O-A-W-Tripel) ist ein Spezialfall der Methode der semantischen Netze.

Merkmale:

♦ Die Attribute sind in einer statischen Wissensbank gespeichert. Ihre spezifischen Werte werden in der Instanziierung festgelegt.

♦ O-A-W-Tripel können graphisch als Bäume dargestellt werden. Das oberste Objekt wird als Wurzel bezeichnet und dient als Ausgangspunkt für Schlußfolgerungen und zur Abfrage von Informationen.

♦ O-A-W-Tripel können mit einem Konfidenzfaktor verbunden werden. Der Konfidenzfaktor kennzeichnet den Grad der Überzeugungskraft und liegt im Intervall (-1;+1). -1 bedeutet, daß eine Tatsache eindeutig falsch ist, und +1, daß sie eindeutig richtig ist. Diese Möglichkeit der Wissensreprä-

---

[606] Eigene Darstellung des Verfassers.

sentation erweist sich gerade in dem stark durch Wahrscheinlichkeiten ge-
prägten Anwendungsgebiet als geeignet.

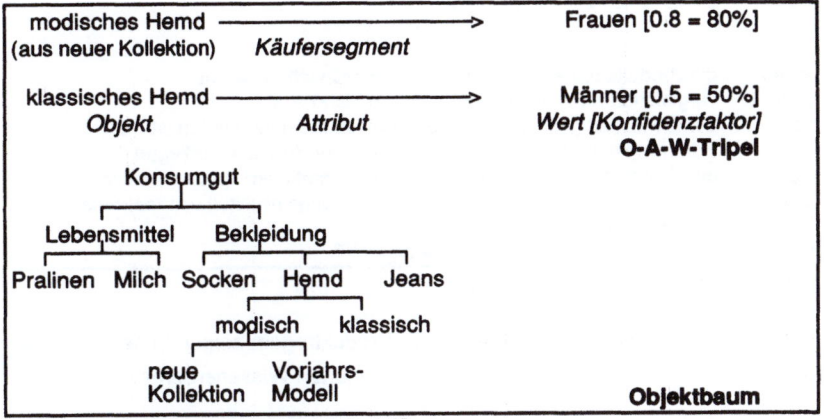

Abb. 4-13: Objekt-Attribut-Wert-Tripel[607]

Die Architektur der Objekt-Attribut-Wert-Tripel zeigt eine starke Affinität zu dem
unter 4.1.6 angesprochenen Modell einer hierarchisch strukturierten mehrdi-
mensionalen Datenbank.

4.3.2.1.4 Produktionsregeln

Eine besonders eingängige Möglichkeit der Wissensrepräsentation bieten die
Produktregeln. Regeln dienen zur Repräsentation von Beziehungen. Sie setzen
sich aus einer Prämisse (Teilprämissen, auch "Wenn-Teile" genannt, werden
durch die logischen Operatoren "und" und "oder" verbunden) und durch einem
Schluß ("Dann-Teil") zusammen. Im Normalfall sind Prämissen O-A-W-Tripel.
Unsichere Relationen lassen sich durch einen (Un-)Gewißheitsfaktor repräsentieren. Die durch ungewisse Regeln hergeleiteten Werte sind nicht völlig eindeutig. In einigen Wissenssystemen gibt es Regeln, die Mustererkennungs-
"Variablen" beinhalten. In solchen Fällen können viele, verschiedene Fakten in
dieselbe allgemeine Struktur eingesetzt werden.

---

[607] Eigene Darstellung des Verfassers.

wenn	der Bedarf für das neue Produkt hoch ist
und	die Kaufkraftabflußquote gering ist
und	der Marktanteil der Konkurrenten niedrig ist
dann	ist die Umsatzerwartung hoch[608]
oder	
wenn	die Produktidee auf konkreten Kundenwünschen beruht
und	vergleichbare Produkte nicht auf dem Markt sind
und	der Entwicklungsaufwand mit Synergieeffekten verbunden ist
und	Erfahrungen im Marketing für vergleichbare Produkte vorliegen
oder	die Unternehmung generell eine hohe Marketingkompetenz besitzt
und	der relevante Absatzmarkt mit einer Wahrscheinlichkeit von mehr als 60% in den nächsten 5 Jahren wächst,
dann	ist die Produktidee weiter zu verfolgen.[609]

Abb. 4-14:Beispiele für Produktregel

Die beiden voranstehenden Beispiele für Produktregeln zeigen in sehr anspre-chender Form die Möglichkeiten einer strukturierten Wissensrepräsentation.

4.3.2.1.5 Frames

Frames bieten eine weitere Möglichkeit der Wissensdarstellung. Ihre Anwen-dung setzt zumeist den Einsatz einer objektorientierten Datenbank voraus. Ein Frame ist die Beschreibung eines Objekts und enthält sogenannte Slots für sämtliche mit dem Objekt assoziierten Informationen. In diesen Slots, auch Abteile genannt, können Werte gespeichert werden oder Vorgaben bzw. Vorbe-legungen enthalten sein. Daneben können auch Zeiger auf andere Frames oder Gruppen von Regeln, durch die man Werte erhält, darin abgespeichert sein. Frames ermöglichen eine umfangreiche Repräsentation von Wissen und sind komplexer. Darum sind sie schwerer zu entwickeln als die einfachen O-A-W-Regeln. Frames fassen zwei Methoden zur Feststellung und Speicherung von Fakten in einer einzigen Repräsentationsstrategie zusammen. Dies wird als "Duale Semantik" bezeichnet:

♦ Deklarative Repräsentation
   (Aussage, daß ein Faktum wahr ist).

♦ Prozeduale Repräsentation
   (Gruppe von Anweisungen, die, wenn sie ausgeführt werden, zu einem Ergebnis führen, das mit dem Faktum übereinstimmt).

---

[608] Vgl. Müller-Hagedorn, L./Handelsmarketing/S. 108.

[609] Eigene Darstellung des Verfassers.

Frame Produkt A	
SLOTS	WERTE
Innovationspotential	hoch
Innovatorenquote	15%
Imitationskoeffizient	0.8
Preis	3.99 DM
Absatzmenge in t	14299 Stk.
Absatzgebiet	Standard: Bundesrepublik (default)
Konkurrenten	wenn nötig Branche ermitteln und in Tabelle B1 nachschlagen
Marketing-Mix	wenn nötig Artikelgruppe ermitteln und in Tabelle A1 nachschlagen

Abb. 4-15: Frame für ein Produkt[610]

4.3.2.2 Darstellungsmöglichkeiten von Unsicherheit, Vagheit und Unvollkommenheit

4.3.2.2.1 Genauigkeit von Informationen

Das Wissen um zukünftige Absatzentwicklungen ist in der Regel nicht voll-kommen, das heißt, der Entscheidungsträger befindet sich in der Situation der Ungewißheit. Je mehr er nun über die Faktoren, die den Absatz in der Zukunft bedingen, erfährt, desto stärker wird die bestehende Ungewißheit reduziert. Informationsgewinnung führt somit zur Reduzierung der Ungewißheit. Will man die Ungewißheit durch Informationsgewinnung vermindern, so sind drei Anfor-derungen an die zu gewinnenden Informationen zu stellen:

♦ Vollständigkeit,[611]

♦ Genauigkeit,[612]

♦ Wahrscheinlichkeit.

Die Vollständigkeit der Information eines Systems beinhaltet, über alle für die Zielerreichung relevanten Alternativen unterrichtet zu sein. Der tatsächliche In-formationsgrad, den Wittmann[613] durch folgende Relation kennzeichnet

$$\frac{\text{tatsächlich vorhandene Information}}{\text{notwendige Information}} = \frac{\text{tatsächlicher}}{\text{Informationsgrad}}$$

---

[610] Eigene Darstellung des Verfassers.

[611] Vgl. 4.1.3 Erfassung problematischer Daten insbesondere unvollständige Zeitreihen.

[612] Vgl. 4.1.2 Datenqualität insbesondere Accuracy.

[613] Vgl. Wittmann/Unternehmung und unvollkommene Information/S. 25.

weicht umso stärker vom vollständigen Informationsgrad ab, je weniger der relevanten Handlungsalternativen in einer bestimmten Entscheidungssituation bekannt sind. Dabei ist jedoch unterstellt, daß allen Alternativen gleiches Gewicht, das heißt gleiche Zielrelevanz zukommt. In der Regel wird dies nicht der Fall sein, so daß man nach Unterrichtung über die bedeutsamsten Handlungsalternativen die Informationssuche einstellen könnte. Dieses Vorgehen ist jedoch nicht möglich, da nur jene Alternativen gewichtet werden können, über deren Existenz man unterrichtet ist. Schließlich bleibt also doch die Aufgabe, sich vollständige Information über alle Alternativen zu verschaffen, um mit Sicherheit die günstigste wählen zu können.[614] In einer derartigen Situation ist also nur zu hoffen, daß das Feld der möglichen Alternativen begrenzt und zumindest von Fachleuten leicht überschaubar ist.

4.3.2.2.2 Vages Wissen

Analog zur Begriffsbestimmung von Wissen existiert für den Begriff des vagen Wissens keine eindeutige Definition.[615] Vages Wissen besteht im Gegensatz zu Faktenwissen nur aus Vermutungen, Glauben, Eindrücken oder aus einer persönlichen Meinung.[616] Streng genommen kann nur vergangenheitsbezogenes Faktenwissen als sicheres Wissen bezeichnet werden, denn alle zukünftigen Erwartungen sind mit einer gewissen Unsicherheit behaftet.[617] Gekennzeichnet wird es durch die Komponenten der Unsicherheit und der Unvollständigkeit.[618] So bezieht sich das unsichere Wissen zumeist auf Ereignisse, die in der Zukunft liegen, wie beispielsweise Prognosen, für die ein tatsächliches Vorhandensein oder Auftreten nicht sicher ist. Oftmals sind auch nicht alle Informationen vorhanden, die zur Lösung eines Problems notwendig wären. Die Unschärfe der natürlichen Sprache, die mit solchen vagen Begriffen wie z.B. ungenügend, mittelgroß, selten usw. gekennzeichnet ist[619], ist ebenfalls in den Bereich vages Wissen einzuordnen. Ihre Abbildung wirft in wissensbasierten Systemen besondere Probleme auf.

---

[614] Vgl. 4.2.3.1 Reichtum der Methodensammlung.

[615] Vgl. Engelmann/Integration nicht-sicheren Wissens/S. 187.

[616] Vgl. Tanimoto/KI: Die Grundlagen/S. 283.

[617] Vgl. Dubois; Prade/Processing of Imprecision and Uncertainty/S.67, Pfau/Die Integration von Expertensystemen/S.68 ff.

[618] Vgl. Pfau/Die Integration von Expertensystemen/S. 71.

[619] Vgl. Specht/Wissensbasierte Systeme im Produktionsbereich/S. 8.

4.3.2.2.3 Darstellungsmöglichkeiten von unsicherem Wissen

In vielen Fällen ist Wissen in seinem Gültigkeitsbereich nicht klar definiert. Gerade die Fähigkeit, unsicheres Wissen zu verarbeiten, wird von vielen Autoren als Definitionskriterium für wissensbasierte Systeme verwendet. Jedoch ist die theoretische Fundiertheit über die Verarbeitung von Unsicherheit von der Praxis noch weit entfernt.[620]

Ein Versuch, vages Wissen darzustellen, ist der Ansatz einer geschlossenen (Modell-) Welt, d.h. nur diejenigen Aussagen gelten als wahr, die auch in der Wissensbasis vorhanden sind. Dieser Ansatz wird aber nicht dem Verhalten eines menschlichen Experten gerecht, da von Nicht-Wissen nicht auf Nicht-Existenz geschlossen werden kann. Weiterhin laufen bei dieser Lösung Anwender, die den Zustand der Wissensbasis nicht kennen, Gefahr, falsche Aussagen bzw. Empfehlungen zu erhalten. Es wurde versucht, diese Nachteile auszuschließen, indem man nicht vorhandene Informationen durch Annahmen und Verallgemeinerungen (sogenannte Default-Werte) ersetzte. Dieses Vorgehen ist analog zum Problemlösungsverhalten des Menschen, der sich häufig mit Annahmen oder Verallgemeinerungen behilft, wenn er Schlüsse aus ungenauem und unsicheren Wissen ziehen muß. Annahmen werden auch eingesetzt, um Ausnahmen auszuschalten und damit die Komplexität einer Wissensbasis zu verringern. Die Voraussetzung dafür bietet die Möglichkeit der Klassenbildung. Auch für Klassen können Defaultwerte eingesetzt werden und auf das Instrument der Vererbung zurückgegriffen werden.[621]

Bei unsicherem Wissen tritt die Frage auf, wie unsicheres oder nicht vollständiges Wissen in Regeln darstellbar ist. Ein weiteres Problem ergibt sich bei der Ableitung der "unsicheren" Fakten und Regeln, da der Basismechanismus der Inferenz auf logischer Basis verläuft und damit eigentlich "sichere" Entscheidungen voraussetzt.[622] Bis jetzt gibt es nur mathematische Näherungsverfahren zur Lösung dieses Problems. In der Forschung existieren dazu verschiedene Ansätze.

---

[620] Vgl. Buhl; Massler; Weinhardt/Verarbeitung unsicheren Wissens /S. 213.
Zelewski/Problemfelder der Expertensystem-Technologie/S. 62.

[621] Vgl. Tanimoto/KI: Die Grundlagen/S. 283,
Pfau/Die Integration von Expertensystemen/S. 73,
Frank/Neue Automatisierungspotentiale/S. 44ff.

[622] Vgl. Schnupp; Leibrandt/Expertensysteme/S.104.

4.3.3 Wissensverarbeitung

4.3.3.1 Ansätze zur Verarbeitung von unsicherem Wissen

Das Ziehen von Schlüssen aus unsicheren und unvollständigen Informationen wird in der KI mit den Methoden des probabilistischen Schließens realisiert, die in der Lage sind, Ungewißheiten in der Wissensbasis mit zu berücksichtigen.[623] Dabei teilt sich die Verarbeitung von Unsicherheit in zwei Lager, die Verarbeitung über die Logik und die Verarbeitung mittels Wahrscheinlichkeiten.

4.3.3.1.1 Der Bereich der Logik

Die KLASSISCHE LOGIK ist ein formales System, das aus folgenden Elementen besteht:

- einer Sprache,
- einem Axiomensystem,
- Schlußregeln und
- einer Beschreibung, zur Theorembildung aus Axiomen und Regeln.

Sie ist zweiwertig und verfügt nur über die Aussagen "richtig" oder "falsch". Im Alltagsverständnis des Wissens bzw. in der Realität existiert oftmals noch ein "vielleicht" oder "wahrscheinlich". Das Problem der unvollständigen Information hat die Unzulänglichkeit der Logik erster Ordnung bei der Wissensrepräsentation und den Schlußfolgerungen des Allgemeinwissens zutage gebracht und während der letzten Jahre zahlreiche Arbeiten über nicht klassische Logik angeregt. Zur Darstellung von unsicherem Wissen wird eine *"mehrwertige Logik"* benötigt.[624]

Die PRÄDIKATENLOGIK ist eine Erweiterung der klassischen Logik und beschäftigt sich nicht nur mit der Gültigkeit der Zusammenhänge von Ausdrücken, sondern verstärkt mit der inneren Struktur einer Aussage. Dadurch ist sie u.a. in der Lage, reale Sachverhalte zu repräsentieren und bietet daher einen größeren Spielraum als die klassische Logik, um unvollständiges Wissen abzubilden.[625] Die Prädikatenlogik kennt Variable, Konstante, Funktionen und Prädikate, die mit Hilfe der Verknüpfungsoperatoren (*und, oder, impliziert, äquivalent*) und von Quantoren (*"für alle x", "es gibt ein x"*) von einfachen Ausdrücken

---

[623] Vgl. Tanimoto/KI: Die Grundlagen.

[624] Vgl. Karras; Kredel; Pape/Entwicklungsumgebungen/S. 47.

[625] Vgl. Pfau/Die Integration von Expertensystemen/S. 72,
Nonhoff/DV-Controlling/S.106.

zu komplexeren Aussagen verknüpft werden.[626] Die Prädikatenlogik bildet nur einen ersten Ansatz zur Repräsentation von unsicherem Wissen, denn sie ist nur in der Lage, solche Objekte oder Beziehungen darzustellen, von denen man weiß, daß sie existieren oder gar nicht vorhanden sind. Wird ein zur Problemlösung relevanter Sachverhalt nicht berücksichtigt oder durch Aussagen repräsentiert, von denen man weiß, daß sie nicht immer zutreffen, mindert dies entscheidend die Problemlösungsqualität.[627]

Die INDUKTIVE LOGIK liefert einige grundlegende Denkmuster für die Verarbeitung von unsicherem Wissen. Bei der induktiven Logik wird aufgrund von Wahrscheinlichkeiten geschlossen, daher wird sie auch oftmals als Wahrscheinlichkeitslogik bezeichnet. So gibt der Wahrscheinlichkeitsbegriff der induktiven Logik den Grad der Bestätigung einer Hypothese auf der Grundlage der jeweiligen Prämissen an. Das bedeutet, daß eine Aussage über induktive Wahrscheinlichkeiten eine Relation zwischen der Hypothese und der Gesamtheit der Erfahrungsdaten zum Inhalt hat. Der darin behauptete Wahrscheinlichkeitswert bezeichnet den Grad, mit dem die Hypothese durch die Erfahrungsdaten bestätigt oder gestützt wird. So ist für die Gültigkeit einer Aussage in der induktiven Logik unbedeutend, ob die Daten wahr bzw. bekannt oder nicht wahr oder unbekannt sind.[628]

Die wichtigsten Denkmuster der induktiven Logik sind folgende:[629]

- ◆ Der direkte Schluß, d.h. der Schluß von einer Grundgesamtheit auf eine Stichprobe der Grundgesamtheit.
- ◆ Der Voraussageschluß; dies ist der Schluß von einer Stichprobe auf eine andere, von der ersten verschiedenen Stichprobe. Von einem "singulären Voraussageschluß" wird gesprochen, wenn die zweite Stichprobe nur aus einem einzigen Individuum besteht.
- ◆ Der Analogieschluß, d.h. aufgrund einer bekannten Ähnlichkeit wird von einem Individuum auf ein anderes geschlossen.
- ◆ Der inverse Schluß, d.h. der Schluß von einer vorliegenden Stichprobe auf die Gesamtheit.

---

[626] Vgl. Kurbel/Entwicklung und Einsatz von Expertensystemen/S. 45.

[627] Vgl. Pfau/Die Integration von Expertensystemen/S. 72,
Brewka/Wissensrepräsentation und Inferenztechniken/S. 15.

[628] Vgl. Pfau/Die Integration von Expertensystemen/S. 72,
Brewka/Wissensrepräsentation und Inferenztechniken/S. 15.

[629] Vgl. Neibecker/Werbewirkungsanalyse/S. 37.

♦ Der Allschluß, d.h. der Schluß von einer Stichprobe auf eine Hypothese vom Charakter eines Allsatzes.

Die DEFAULT-LOGIK ist eine nicht-monotone Logik, die eingeführt wurde, um das Defaultschließen zu formalisieren.[630] Eine Defaulttheorie $\Delta=(D,W)$ besteht aus einer Menge von Fakten W, die abgeschlossene Formeln erster Ordnung sind, und einer Menge von Defaults D, die spezifische Schlußregeln sind. Ein offener Default ist ein Ausdruck der Form: $\frac{u(x):v(x)}{w(x)}$, wobei u(x), v(x) und w(x) wohlde-finierte Formeln erster Ordnung sind, die x als freie Variable enthalten.[631]

♦ u(x) ist die Defaultvoraussetzung,

♦ v(x) die Defaultbegründung,

♦ w(x) die Defaultfolge.

Eine solche Formel hat folgende Bedeutung: wenn u(x) bekannt ist und v(x) mit dem Bekannten konsistent ist, dann wird w(x) geschlossen. Ein Default heißt normal, wenn gilt v(x) = w(x).[632]

Ziel der FUZZY-LOGIK ist es, die Grenzen der klassischen Logik zu überwinden, in dem sich mit ihr auch Mehrdeutigkeit, Ambivalenz und Vagheit formalisieren lassen.[633] Weiterhin soll sie in der Lage sein, die Regeln des formalen Schlie-ßens zur Verfügung zu stellen, die ebenfalls vage sind.[634] Anwendungsbereiche sind beispielsweise Entscheidungen unter Risiko oder Problemstellungen, bei denen keine eindeutige Zielfunktion zu definieren ist. Anders als bei der Prädi-katenlogik handelt es sich bei diesen Prädikaten nicht um boolesche Funktio-nen über Objekte, sondern um Funktionen, die Objekte auf eine reelle Zahl in einem Intervall von [0..1] abbilden, wobei die Zahlen 0 und 1 die Grenzfälle wahr und falsch beschreiben. So wird aus allen Objekten, die eine solche Zu-ordnung erfahren, eine Menge, die als Fuzzy-Set bezeichnet wird. Unscharfe Begriffe wie z.B. hoher Umsatz oder gute Produktqualität, die durch Kennzah-len nur schlecht repräsentiert werden können, erfordern eine Form der Wis-sensverarbeitung, die solche Werte in einer Ausprägungsbandbreite verarbei-

---

[630] Vgl. Reiter/A logic for default reasoning/S. 81-132.

[631] Vgl. Sombé/Schließen bei unsicherem Wissen/S. 23.

[632] Vgl. Besnard/Default logic.

[633] Vgl. Lehmann; Weber; Zimmermann/Fuzzy Set Theory/S. 1 - 9,
Dörfel/Fuzzy Logic Teil I/S. 40 - 47,
Dörfel/Fuzzy Logic Teil II/S. 91 - 98.

[634] Vgl. Zadeh/Fuzzy sets/S. 338-353,
Pfau/Die Integration von Expertensystemen/S. 82.

tet.[635] Eine unscharfe Menge nach Zadeh stellt eine Anzahl von Objekten dar, die eine bestimmte Eigenschaft mit unterschiedlicher Intensität beschreibt. Es entsteht eine mehrwertige Logik, die die booleschen Werte der klassischen Logik als Grenzwerte enthält.[636] Zusätzlich ist eine Menge von verbalisierten Wahrheitswerten enthalten (true, very true, more or less true, rather true, false usw.), die jeweils eine Untermenge aus dem Intervall [0..1] zugeordnet bekommt.

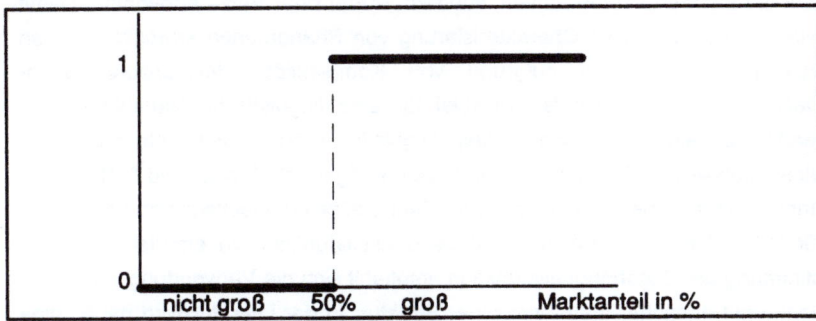

Abb. 4-16: Marktanteil als scharfe Menge[637]

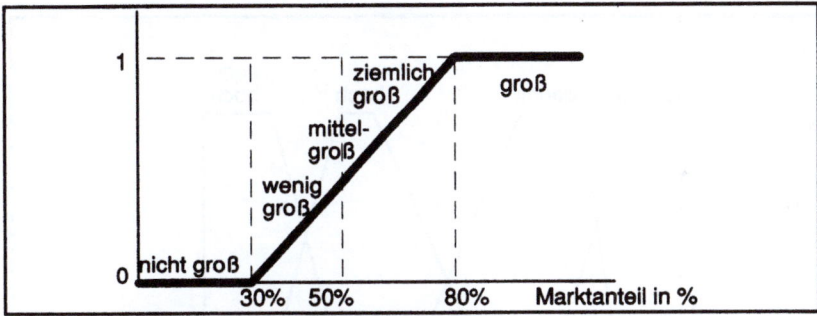

Abb. 4-17: Marktanteil als unscharfe Menge[638]

Diese Zuordnung muß nicht linear erfolgen. Ferner schließen sich die einzelnen Untermengen in ihrer Unschärfe gegenseitig nicht aus. Zusätzlich beinhaltet die Fuzzy-Logik unscharfe Quantoren (most, almost), um dem menschli-

---

[635] Vgl. Wandel/Expertensysteme/S. 42.

[636] Vgl. Schnupp; Leibrandt/Expertensysteme/S.100,
Puppe/Einführung in Expertensysteme/S. 65.

[637] Eigene Darstellung des Verfassers.

[638] Eigene Darstellung des Verfassers.

chen Problemlösungsverhalten näher zu kommen.[639] Die Implementierung eines wissensbasierten Systems unter der Verwendung der Fuzzy-Logik ist mit einem erheblichen Aufwand verbunden, da zahlreiche Erhebungen notwendig sind, um die Vielzahl der unscharfen Mengen festzulegen. So existiert zur Zeit auch noch kein System, welches die Fuzzy-Logik voll und ganz einsetzt.[640] In diesem Zusammenhang ist jedoch auch die Möglichkeit einer linguistischen Variablen zu sehen.[641] Linguistische Variable sind dadurch gekennzeichnet, daß sie als Werte keine Zahlen, sondern Wörter oder Sätze annehmen. Damit wird die approximative Charakterisierung von Phänomenen ermöglicht, deren quantitative Erfassung aufgrund von Komplexität oder unzureichender Definition nicht möglich ist. Beispiel für eine linguistische Variable ist der Marktanteil eines Produktes. Diese linguistische Variable könnte die Werte einer Menge von Termen wie "sehr gering", "gering", "hoch" und "sehr hoch" annehmen. Um die Bedeutung dieser Terme allgemein festlegen zu können, ist für jeden Term eine geeignete Zugehörigkeitsfunktion zu ermitteln. Zur Bestimmung der Zugehörigkeitsfunktion empfiehlt sich die Verwendung von Funktionen mit einfacher mathematischer Struktur. In der Literatur wird häufig eine trapezförmige Zugehörigkeitsfunktion zugrundegelegt.

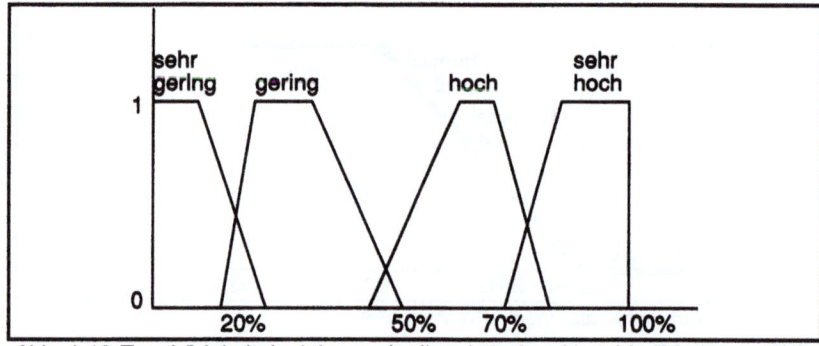

Abb. 4-18: Zugehörigkeitsfunktionen der linguistischen Variable "Marktanteil"[642]

---

[639] Vgl. Pfau/Die Integration von Expertensystemen/S.83,
Puppe/Einführung in Expertensysteme/S. 65.

[640] Vgl. hierzu die Kurzbeschreibung der Systeme: PRICE, fINDex, FAULT, FANFARE(S), STRATASSIST in: Whalen; Schott; Green Hall; Ganoe/Fuzzy Knowledge in Rule-Based Systems/S. 99 - 119.

[641] Vgl zur vollständigen Definition:
Zadeh/The concept of linguistic variables and its application to approximate reasoning/1973 zitiert bei: Lehmann; Weber; Zimmermann/Fuzzy Set Theory/S. 3.

[642] Eigene Darstellung des Verfassers.

Dieser Funktionstyp ist leicht modellierbar, da zu jeder Funktion vom Anwender nur vier Parameter anzugeben sind. Durch die Verwendung linguistischer Terme wird eine gewisse Klassifikation vorgenommen, die in der Regel subjektiv und kontextabhängig erfolgt.

4.3.3.1.2 Der Bereich der Wahrscheinlichkeiten

"Jede Erwähnung der Begriffe Sicherheit und Unsicherheit wirft eine Proposition des Gedanken der Wahrscheinlichkeit auf."[643]

Die Methoden, die die Ungewißheit in den wissensbasierten Systemen mit einbeziehen, werden als probabilistisches Schließen bezeichnet. Die Basis des probabilistischen Schließens ist die Bewertung jeder Aussage mit einer Wahrscheinlichkeit, die den Grad der Unsicherheit der jeweiligen Aussage bestimmt.[644] Wahrscheinlichkeiten beruhen auf wiederholten Wahrnehmungen derselben oder ähnlicher Ereignisse, wobei zwischen der statistischen Wahrscheinlichkeit und der logischen Wahrscheinlichkeit zu unterscheiden ist.

Die statistische Wahrscheinlichkeit beruht auf empirischen Größen, die durch Beobachtungen bzw. Messungen gewonnen werden, daher ist dieser Begriff auch eng mit dem Begriff der Häufigkeit verbunden. Die logische Wahrscheinlichkeit hingegen beschreibt die Relation zwischen einer Hypothese und der Gesamtheit an Erfahrungsdaten.[645] Wahrscheinlichkeiten drücken lediglich eine Abschätzung des Risikos eines Irrtums aus, wobei das Ziel darin besteht, dieses Risiko zu minimieren.[646]

---

[643] Genesereth; Nilsson/Logische Grundlagen/S. 251.

[644] Vgl. Tanimoto/KI: Die Grundlagen/S. 283,
Schefe/Künstliche Intelligenz/S. 143.

[645] Vgl. Neibecker/Werbewirkungsanalyse/S. 35.

[646] Vgl. Schefe/Künstliche Intelligenz /S. 143.

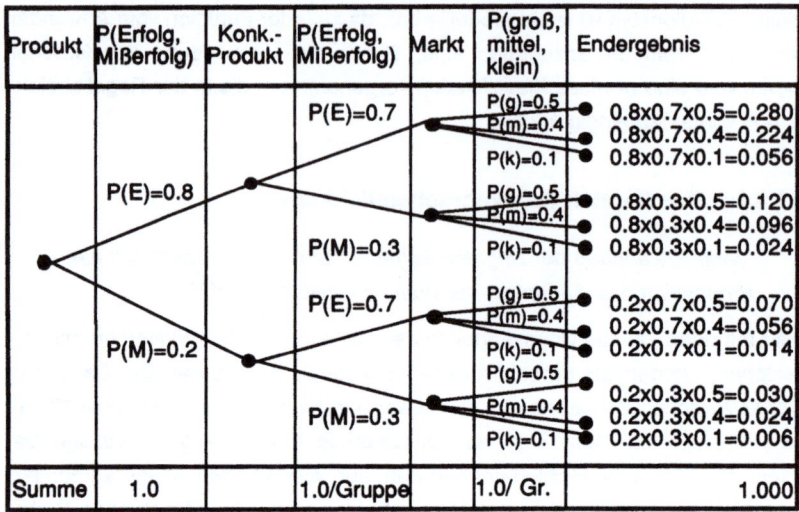

Produkt	P(Erfolg, Mißerfolg)	Konk.- Produkt	P(Erfolg, Mißerfolg)	Markt	P(groß, mittel, klein)	Endergebnis
			P(E)=0.7		P(g)=0.5	0.8x0.7x0.5=0.280
					P(m)=0.4	0.8x0.7x0.4=0.224
					P(k)=0.1	0.8x0.7x0.1=0.056
	P(E)=0.8				P(g)=0.5	0.8x0.3x0.5=0.120
					P(m)=0.4	0.8x0.3x0.4=0.096
			P(M)=0.3		P(k)=0.1	0.8x0.3x0.1=0.024
			P(E)=0.7		P(g)=0.5	0.2x0.7x0.5=0.070
					P(m)=0.4	0.2x0.7x0.4=0.056
	P(M)=0.2				P(k)=0.1	0.2x0.7x0.1=0.014
					P(g)=0.5	0.2x0.3x0.5=0.030
			P(M)=0.3		P(m)=0.4	0.2x0.3x0.4=0.024
					P(k)=0.1	0.2x0.3x0.1=0.006
Summe	1.0		1.0/Gruppe	1.0/ Gr.		1.000

Abb. 4-19: Baumdiagramm für Erfolgs-/Mißerfolgs-Wahrscheinlichkeiten eines neuen Produktes[647]

4.3.3.1.2.1 Konfidenzfaktoren

Die meisten Expertensysteme lassen eine Eingabe von unsicheren Informationen zu und bewerten diese Angaben mit einem Grad an Gewißheit. Diese Zahl wird als Sicherheits- oder Konfidenzfaktor (certainty factor) bezeichnet und liegt in einem Bereich zwischen +1 und -1. Nicht nur den Informationen kann ein Konfidenzwert zugeordnet werden, sondern auch den Regeln wird ein Gewißheitsgrad zugeordnet. Die Regel soll ausdrücken, mit welcher Gewißheit eine Hypothese B eintritt, wenn eine bestimmte Bedingung E auftritt.[648]

Beispiel: WENN E DANN B (mit x%)

Diese Regel wird häufig auch als bedingte Wahrscheinlichkeit bezeichnet, nämlich als den Anteil der Elemente aus E mit dem Merkmal B an der Gesamtmenge mit dem Merkmal E.

Der Konfidenzfaktor ist ein Maß für die Eignung eines Symptoms E als Indikator für die Hypothese B. Ein Konfidenzfaktor von 1 würde bedeuten, daß wenn E gilt, B ganz sicher ist. Ist der Konfidenzfaktor gleich 0, dann besteht kein Zu-

---

[647] Vgl. Enrick; Schäfer/Quantitative Marktprognose/S. 103.

[648] Vgl. Harmon; King/Expertensysteme in der Praxis/S. 58ff.
Karras; Kredel; Pape/Entwicklungsumgebungen für Expertensysteme/S. 47.

sammenhang zwischen E und B und liegt der Konfidenzfaktor bei -1, so würde E B garantiert nicht bestätigen. Je größer der Konfidenzfaktor (Sicherheitsfaktor) ist, desto sicherer ist es, daß das Symptom ein Anzeichen für das Vorliegen der Hypothese ist.[649] Bei einer Schätzung werden die bestätigten E (E+) und die widerlegten E (E-) für die Hypothesen zusammengefaßt. Daraus entstehen dann zwei Werte:

measure of increased belief :   MB(H,E+)   [0,1],

measure of increased disbelief :   MD(H;E-)   [0,1].

Der certainty factor (CF) berechnet sich daraus wie folgt: CF = MB - MD.

Da aus unsicheren Informationen niemals ein sicherer Schluß gezogen werden kann, wird CF immer kleiner als 1 sein. Eine Gefahr, die bei der Bildung der Konfidenzfaktoren entstehen kann, ist die der Inkonsistenz, da die Schätzwerte nicht statistisch ermittelt worden sind, sondern auf die subjektiven Erfahrungen der Experten zurückgehen. Bei den Konfidenzfaktoren handelt es sich strenggenommen nicht um Wahrscheinlichkeiten, sie werden formal jedoch als solche behandelt.[650]

4.3.3.1.2.2 Satz von Bayes

Als Ausgangspunkt einer formalen Lösung zur Berücksichtigung der Ungewißheiten von Fakten in einem Expertensystem greift man auf das Theorem von Bayes zurück.[651]

Per Definition unterscheiden sich die Konfidenzfaktoren von dem Theorem von Bayes, daß die Werte nicht auf den Schätzungen von Experten, sondern auf statistischen Erhebungen beruhen.[652] Wegen des hohen Zeit- und damit verbundenen Kostenaufwandes zur Durchführung der Erhebungen werden oftmals auch die Werte, die als Grundlage für den Satz von Bayes dienen, durch subjektive Wahrscheinlickeiten ersetzt.

Die Haupteinwände gegen diese Art von Modellierung sind folgende: In den Schätzungen können Unsicherheiten enthalten sein, die nicht stochastischen Charakter haben. Gerade Absatzentwicklungen sind jedoch durch nicht stocha-

---

[649] Vgl. Karras; Kredel; Pape/Entwicklungsumgebungen für Expertensysteme/S. 48.
Pfau/Die Integration von Expertensystemen/S. 77.

[650] Vgl. Pfau/Die Integration von Expertensystemen/S.77.

[651] Neibecker/Werbewirkungsanalyse/S.39.

[652] Vgl. Karras; Kredel; Pape/Entwicklungsumgebungen für Expertensysteme/S. 51.

stische Prozesse gekennzeichnet, so daß diese Modellierung, die ihren An-
wendungsaspekt auf stochastische Unsicherheiten legt, für die vorliegende
Anwendung nicht geeignet erscheint. Zusätzlich kann der rechnerische Aufwand bei größerem Regelumfang prohibitiv groß werden, und schließlich erscheint es sehr unrealistisch, anzunehmen, daß der jeweilige Experte oder
Benutzer in der Lage ist, Punktschätzungen für Wahrscheinlichkeiten und sogar
bedingte Wahrscheinlichkeiten abzugeben. Darüber hinaus wird immer davon
ausgegangen, daß alle Ereignisse, für die Wahrscheinlichkeiten zu schätzen
sind, scharf und eindeutig definiert oder definierbar sind.[653] (Vgl. dazu im vorhergehenden Punkt: Unscharfe Mengen.)

4.3.4 Methodenauswahl für Absatzprognose-, Diffusions- und Stichproben- bzw. Hochrechnungsverfahren

4.3.4.1 Faktenwissen zur Absatzprognoseauswahl

Im folgenden Teil sollen verschiedene Ansätze aus der Literatur dargestellt
werden, wie Prognoseverfahren im allgemeinen beziehungsweise Absatzprognoseverfahren im besonderen ausgewählt werden können. Diese Ansätze
stellen verschiedene Möglichkeiten für ein Methodenverwaltungssystem dar,
wobei keiner der Ansätze für die besondere Aufgabenstellung von Produktinnovationen befriedigend erscheint.

4.3.4.1.1 Selektion von Prognoseverfahren von Hüttner

Hüttner schlägt einen allgemeinen Kriterien-Katalog für die Selektion von Prognoseverfahren vor, der folgende Kriterien enthält:[654]

- ♦ Genauigkeit: Die Genauigkeit, gemessen am Prognosefehler,[655] als wich-
  tigstem Kriterium für die Auswahl eines Prognoseverfahrens.[656]
- ♦ Datenbedarf: Anzahl der benötigten Daten, d.h. wenn ein Verfahren eine
  bestimmte Zahl von Datenpunkten als Input fordert, so ist dies eine Re-
  striktion, die gewisse Anwendungen ausschließt.[657]

---

[653] Vgl. Zimmermann/Modellierung von Unsicherheit/S. 179.

[654] Vgl. Hüttner/Prognoseverfahren in der Praxis/S. 29 - 34,
sowie Hüttner/Prognoseverfahren/S. 280 ff.

[655] Vgl. zur Problematik des Prognosefehlers Kap. 3.??.

[656] Vgl. Carbone; Armstrong/Extrapolative Forecasting Methods/S. 215 - 217.

[657] Vgl. Hüttner/Prognoseverfahren/S. 279.

♦ Komplexität: Unter Komplexität sind verschiedene Aspekte zu subsumieren: der Schwierigkeitsgrad des Verfahrens -in statistisch-mathematischer
  Beziehung-, Benutzerfreundlichkeit und in Abhängigkeit davon der Umfang
  der Automatisierung.[658]

♦ Kosten: Das Kriterium der Komplexität hängt in gewisser Weise mit den
  Kosten zusammen. Dabei ist allerdings zu bedenken, daß die reine Rechenzeit zunehmend eine vergleichsweise geringe Rolle spielt. Als weiterer Bestandteil der variablen Kosten kommt dazu noch der mit einem Pro-
  gnoselauf verbundene Arbeitsaufwand. Dagegen bilden die Aufwendun-
  gen für die Entwicklung oder Beschaffung des Programms und dessen
  Implementierung fixe Kosten.[659]

♦ Zeit: Sofern die für die Erstellung einer Prognose benötigte Zeit Kosten
  verursacht, ist sie dem Kriterium Zeit zuzuordnen. Vielmehr interessiert jedoch die Schnelligkeit, mit der Prognosen vorliegen können, und damit deren Aktualität.[660]

Die Kriterien können in verschiedener Weise als Auswahlhilfe verwendet werden. Ein rein subjektives Verfahren steht im Grunde hinter dem weitgehend üb-
lich gewordenen Vorgehen, Auswahlhilfen durch vergleichende Zusammenstellung zu geben. Dabei werden für eine Reihe von Verfahren nach einigen Kriterien -meist rein verbale- Beurteilungen vorgenommen.[661] Für die Auswahlent-
scheidung im konkreten Fall wird ein stärker formalisiertes Verfahren herangezogen, das gewissermaßen versucht, subjektive Bewertungen zu objektivieren:
die Nutzwertanalyse bzw. ein Scoring-Modell.

Dabei bedient man sich folgender Vorgehensweise:

♦ Die Auswahlkriterien werden festgelegt.

♦ Den einzelnen Kriterien werden Gewichte zugeordnet.

♦ Die gemeinsame Skala für die Kriterien wird definiert.

♦ Die überhaupt in Betracht kommenden Verfahren werden festgelegt.

♦ Den einzelnen Verfahren und Kriterien werden Punkte zugeordnet; die
  Multiplikation mit den Kriteriengewichten und Aufsummierung ergibt die
  Gesamtpunktzahl; das Verfahren mit der höchsten Punktzahl wird ge-
  wählt.[662]

---

[658] Vgl. Hüttner/Prognoseverfahren/S. 280.

[659] Vgl. Hüttner/Prognoseverfahren/S. 280.

[660] Vgl. Hüttner/Prognoseverfahren/S. 280.

[661] Vgl. Chambers; Mullick; Smith/Right Forecasting Technique/S. 45 - 74.

[662] Vgl. Hüttner/Prognoseverfahren/S. 283 ff.

Eine weitere Möglichkeit liegt in der automatischen Verfahrensauswahl und Kriteriengewichtung. Die Kriterien gemäß einer subjektiven Verfahrensauswahl werden mit einer festen Punktzahl versehen. Ihre Aufsummierung, eventuell nach Multiplikation mit Kriteriengewichten, ergibt dann über die Gesamtpunktwerte das auszuwählende Verfahren. Die vierte Möglichkeit liegt der automatischen Prognose zugrunde: die Prognosesimulation, d.h. Erstellung von ex-post-Prognosen mit verschiedenen Verfahren und Vergleich bzw. Auswahl desjenigen mit dem geringsten Fehler. Die Problematik liegt allerdings in der Wahl des Fehlermaßes und der Prognosedistanz für die ex-post-Prognose.

4.3.4.1.2 Ansatz von Rogge

Ein Entscheidungsschema zur Auswahl von Absatzprognoseverfahren liefert Rogge.[663] Zuerst werden nach der Problemformulierung alle bekannten Verfahren ohne Rücksicht auf ihre spätere Verwendung erfaßt. Danach müssen alle Unternehmungsdaten gesammelt werden, die das Problem betreffen. Aufgrund der zeitlichen Verfügbarkeit der Daten wird ein Basiszeitraum für spätere Prognosen festgelegt. Hierbei scheiden bereits die ersten Methoden wegen Nichteignung aus. Es schließt sich eine Überprüfung auf Gleichmäßigkeit der Reihen in bezug auf Vergangenheit, auf Konstanz der Parameter und auf Repräsentativität an. Statistische Meßverfahren und Regeln, aber auch subjektives und logisches Urteilsvermögen werden als Hilfsmittel eingesetzt. Unter Umständen ist eine Korrektur des Basiszeitraums, die Hinzugewinnung neuer Daten und das weitere Ausscheiden von Methoden erforderlich. Gegebenenfalls muß aufgrund der Schwierigkeiten im Basiszeitraum auf subjektive Prognosen ausgewichen werden oder das Problem muß umformuliert werden.

Nach der Festlegung des Basiszeitraums wird der Prognosehorizont bestimmt.[664] Zur Bestimmung des Planungshorizontes werden die allgemeinen oder speziellen Unternehmungsziele, die sich auf das Prognoseproblem beziehen, in zeitlicher Hinsicht analysiert. Daraufhin wird der Prognosehorizont vorläufig festgelegt, ungeeignete Methoden werden aussortiert. Anschließend wird überprüft, inwieweit diese Ziele mit dem vom Produkt her geforderten Planungshorizont vereinbar sind. Eventuell wird eine gegenseitige Anpassung erforderlich, die mit einer Veränderung des Prognosezeitraums parallel geht. Es schließt sich die Abwägung der zukünftigen Entwicklungsmöglichkeiten in be-

---

[663] Vgl. Rogge/Methoden und Modelle der Prognose/S. 135 ff.
[664] Vgl. Rogge/Methoden und Modelle der Prognose/S. 136 f.

zug auf Gleichmäßigkeit und zeitlicher Stabilität eventueller Parameter an, zusammen mit einer Vorentscheidung über einige Funktionen. Nach einer "Prognose über die Prognose" mittels subjektiver und logischer Wahrscheinlichkeiten schließt sich die Auswahl von Einflußfaktoren bzw. die Quantifizierung der Modellparameter an. In einem dritten Schritt wird die Sammlung und Auswahl von Bezugsgrößen außerhalb der Unternehmung dargestellt mit ihren Auswirkungen auf den Basis- und Prognosezeitraum und dem Rückgriff auf den Prozeß der Datengewinnung und Prüfung. Zum Schluß werden die verbleibenden Methoden quantifiziert und geprüft. Die Daten werden statistischen Approximations- und Testverfahren unterworfen. Die verbliebene Menge von Methoden verdichtet sich zu Prognosemodellen zur Lösung spezieller Prognoseprobleme.

4.3.4.1.3 Ansatz von Scheer

Einen weiteren Ansatz zur Auswahl eines Absatzprognoseverfahrens liefert Scheer.[665] Diese Logik des Auswahlprozesses liegt einem Softwaresystem zugrunde, das 1981 von Brombacher/Scheer unter der Bezeichnung DEMI (Dezentrales Marketing Informationssystem) an der Universität des Saarlandes entwickelt und in APL implementiert wurde.[666] Während eines computergestützten Dialogs zur Auswahl des Prognoseverfahrens werden in jedem Knoten die Alternativen, zwischen denen ausgewählt werden muß, dem Benutzer aufgezeigt. Dabei können durch sogenannte Hilfe-Befehle die einzelnen Alternativen durch Ausgabe von Kurzbeschreibungen weiter erläutert werden. Wesentliche Kriterien bei der Auswahl eines Prognoseverfahrens sind:[667]

- Fristigkeit,
- Datenbasis,
- Modellgestaltung,
- Anzahl der gleichzeitig zu prognostizierenden Größen,
- Komplexität des Verfahrens,
- Eingeführte Produkte-Neueinführung,
- Prognosegröße,
- Datenmuster,
- Detaillierungsgrad,
- Lebensdauer des Produkts.

---

[665] Vgl. Scheer/Absatzprognosen/S.224.

[666] Vgl. Brombacher; Scheer/Dezentrales Marketing-Informationssystem.

[667] Vgl. Scheer/Absatzprognosen/S. 44 f.

Auf der Basis dieser Kriterien wurden folgende Entscheidungstabellen entwik-kelt.

kurz-, mittelfristiger Prognosezeitraum
Datenbasis Absatzreihe
vorgegebenes Datenmuster
Komponenten unbekannt *Analyse der Autokorrelationskoeffizienten*
Komponenten bekannt
stationär
konstante Periodengewichtung *gleitende Mittelwerte*
variable Periodengewichtung *Exponentielle Glättung erster Ordnung*
Trend
konstante Periodengewichtung *Methode der kleinsten Quadrate*
variable Periodengewichtung *Exponentielle Glättung zweiter/höherer Ordnung*
Modell von Holt
Trend/Saison
konstante Periodengewichtung *Methode der kleinsten Quadrate*
variable Periodengewichtung *Modell von Winters/von Harison*
Sporadischer Ansatz *Modell von Wedekind*
ohne fest vorgegebenes Datenmuster
automatische Modellanpassung *Selbstanpassender Glättungsparameter*
Identifikation durch Anpasser *ARIMA Ansätze nach Box-Jenkins*
Datenbasis Absatzreihe und erklärende Reihen
isolierbare Absatzprognosegröße
eine dominierende Einflußgröße
Modell vorgegeben
unternehmungsexterne Einflußgröße *Indikatorenverfahren*
Unternehmungsinterne Einflußgrößen
Marketing Aktionen *Modell von Lewandowski oder Modell von Unilever*
Werbung *Dynamische Log-Modelle (Koyck)*
Modell nicht vorgegeben *Bivariate Box-Jenkins-Modelle*
mehrere dominierende Einflußgrößen
Modell vorgegeben *Multiple Regression*
Modell nicht vorgegeben
automatische Modellgenerierung *Stufenweise Regression*
Identifikation durch Anwender *Multivariate Box-Jenkins-Modelle*
Verbundene zu prognostizierende Absatzreihen
rekursive Beziehungen *gewöhnliche Methode der kleinsten Quadrate*
interdependente Beziehungen
Datenbasis: weitere erklärende Größen *Ökonometr. Simultanschätzverfahren*
Datenbasis: Marktanteile der Produkte *Markov-Modelle*

Tab. 4-4:   Entscheidungstabelle zur Auswahl eines Prognoseverfahrens (nach
           Scheer) kurzfristiger Prognosehorizont[668]

---

[668] In Anlehnung an Scheer/Absatzprognosen/Ergänzungsblatt.

langfristiger Prognosezeitraum
Datenbasis subjektive Schätzungen
pro Absatzgröße eine Schätzung *Expertenschätzung*
pro Absatzreihe mehrere Schätzungen *Delphi-Verfahren*
Datenbasis Zeitreihen und Querschnittsdaten
Produkteinführung
Verbrauchsgüter; Datenbasis Haushaltsbefragungen   *Parfitt/Collins Modell/Massey STEAM Modell*
Gebrauchsgüter; Datenbasis Absatzreihe *Bass-Modell*
Lebenszyklus Datenbasis Absatzreihe *S-Kurve*

Tab. 4-5: Entscheidungstabelle zur Auswahl eines Prognoseverfahrens (nach Scheer) mittel-, langfristiger Prognosehorizont[669]

4.3.4.1.4 Ansatz von Weitz

Einen ersten expertensystemgestützten Ansatz, beschränkt auf die Auswahl und den Gebrauch von allgemeinen Prognosetechniken, liefert Weitz.[670] Das auf MYCIN basierende System arbeitet in folgender Weise.[671] Nachdem einige generelle Instruktionen gegeben werden, beantwortet der Benutzer eine Reihe von Fragen über das gegebene Problem. Auf jeder Stufe benutzt das System gegebene Benutzer-Antworten und die eigene Wissensbasis über Prognosen, um versuchsweise Folgerungen zu ziehen und die wichtigen folgenden Fragen zu wählen. Die inhärente Struktur des Programmes erlaubt es dem Benutzer, den Dialog an jedem Punkt zu unterbrechen, um sich über den Sinn von Fragen, über generelle Hilfe oder über Beispielantworten für Teilfragen zu informieren. Die Urteilskraft und das Wissen des Benutzers wird somit in den Entscheidungsprozeß integriert. Das System ist für den Gebrauch durch Personen bestimmt, die keine Experten für Prognosen sind, aber sie sollten gut darüber informiert sein, in welcher Umgebung Prognosen getroffen werden. Durch die Sitzung hindurch wird der Benutzer mit Komentaren und/oder Warnungen versorgt. Nach Abschluß der Sitzung gibt Nostradamus eine Reihe von empfohlenen Prognosemethoden und zuätzliche Vorschläge zur Anwendung. Mittels 100 Regeln wird eine Auswahl zwischen folgenden Prognosemethoden getroffen:[672]

- ♦ einfache exponentielle Glättung,
- ♦ einfache lineare exponentielle Glättung,
- ♦ Browns quadratische exponentielle Glättung,

---

[669] In Anlehnung an Scheer/Absatzprognosen/Ergänzungsblatt.

[670] Vgl. Weitz/NOSTRADAMUS.

[671] Vgl. Weitz/A Knowledge-based forecasting advisor/S.273 - 283.

[672] Vgl. Weitz/NOSTRADAMUS/S. 6.

- Winters dreifache exponentielle Glättung,
- Box-Jenkins-Modelle,
- Zeitreihenzerlegung,
- saisonale einfache exponentielle Glättung,
- saisonale einfache lineare Glättung,
- saisonale Brown´s quadratische exponentielle Glättung,
- Regression,
- Delphi-Verfahren,
- strukturierte Treffen,
- Expertenpanel,
- Umfragemethoden,
- Rollenspiel,
- Szenarios,
- deduktives Bootstrapping,
- induktives Bootstrapping,
- naive Prognose.[673]

Es handelt sich bei diesem beratenden System um eine reine Insellösung, die weder eine Schnittstelle zu Datenbanken noch zu statistischen Methodenpaketen enthält, um reale Prognosen zu treffen. [674]

4.3.4.1.5 Ansatz von Schweneker

Im Rahmen eines Pilotprojekts wurde mit Hilfe des Expertensystem-Shells NEXPERT OBJECT ein Expertensystem entwickelt, welches die Absatzprognose von Neuerscheinungstiteln im "Bertelsmann Buch-Club" und darauf basierend eine Festsetzung von Erstauflagen für die Produktion dieser Bücher als Aufgabe hat.[675]

Die Titelabsatzschätzung ist das Kernstück dieses Expertensystems. Eine Konsultation beginnt mit dem Einlesen der Faktoren, Saison- und Konjunkturdaten sowie der Bestimmung der jüngsten Istdaten zur Überprüfung der Da-

---

[673] Zur Beschreibung dieser Verfahren wurde Makridakis; Wheelwright; Mc Gee/Forecasting methods and applications/ herangezogen.

[674] In diesem Zusammenhang sei auch auf das Expertensystem FOCA hingewiesen, das eine Auswahl aus verschiedenen Methoden zur exponentiellen Glättung, saisonalen Methoden (mit Parameteroptimierung), Spektralanalyse, Wachstumsmodellen, ARIMA-Modellen, adaptiven Filtern und multipler Regression vornimmt.
Vgl. hierzu Hansmann; Zetsche/Business Forecasts/S. 289 - 304.

[675] Vgl. Schweneker/Entwicklung eines Expertensystems/S. 3.

tenaktualität.[676] Die eigentliche Prognose gliedert sich in eine Titelbestimmung und eine Berechnung. Im Rahmen der Titelbestimmung werden die Daten der Neuerscheinung entweder aus der Neutitel-Datenbank eingelesen, oder die absatzbestimmenden Merkmale müssen neu eingegeben werden. Einige absatzbestimmende Größen werden im folgenden aufgeführt:[677]

- ◆ Autor des Titels (wichtig für die Analogietitelsuche),
- ◆ Systembandcharakter eines Titels (z.B. Wahlband, Quartalsband, HV-Band),
- ◆ Mitgliederbestand, [678]
- ◆ Einfluß der Saison -bedingt durch das NE-Quartal,
- ◆ Einfluß der Preisklasse (z.B. 15-20 DM),
- ◆ Verhältnis von Preis und Leistung (Seitenzahl, Abbildungen, Einband),
- ◆ Akzeptanz des Autors bei den "Club-Lesern",
- ◆ Themenaktualität,
- ◆ Promotion außerhalb des "Clubs",
- ◆ Fläche des Titels im Katalog,
- ◆ Einfluß einer begleitenden Fernsehsendung oder eines Kinofilms.

Die Prognose erfolgt mittels gespeicherter Lebensdauerkurven. Bezogen auf einzelne Titelgruppen wie z.B. Gesellschaftsromane, beschreiben diese Lebensdauerkurven den empirischen Absatzverlauf eines Titels vom Vor-Quartal über das Neuerscheinungs-Quartal bis zum Angebotsende-Quartal. Diese Lebensdauerzyklen liegen bisher nur für den Bereich Deutschland vor. Für den Absatz im Ausland geht man davon aus, daß der Absatz dem in Deutschland entspricht, wobei aber die geringeren Mitgliederzahlen berücksichtigt werden.[679]

4.3.4.2 Faktenwissen zur Diffusion der Produktinnovation

Die Auswahl von Diffusionsverfahren hängt insbesondere von den unterschiedlichen Charakteristiken von Produkten ab. In Abhängigkeit von diesen Eigenschaften differieren der Produktdiffusionsprozeß und damit auch die Anwendbarkeit der einzelnen Diffusionsverfahren.

---

[676] Vgl. Schweneker/Entwicklung eines Expertensystems/S. 81.

[677] Vgl. Schweneker/Entwicklung eines Expertensystems/S. 81.

[678] maximale Anzahl potentieller Adopter (Anm. des Verfassers).

[679] Vgl. Schweneker/Entwicklung eines Expertensystems/S. 71.

Eine erste Unterscheidung erhalten Produkte durch die Gliederung in Konsum- und Investitionsgüter. Bei der Vermarktung von Konsumgütern ist zwischen der Vermarktung von Verbrauchs- und Gebrauchsgütern zu unterscheiden. Verbrauchsgüter sind materielle Güter, die im Normalfall im Laufe eines oder einiger weniger Verwendungseinsätze konsumiert werden (z.B. Milch, Zigaretten, Seife). Kennzeichnend für den Absatz dieser Güterkategorie ist eine hohe Kauffrequenz, eine breite Distribution und die Markierung der Produkte. Für die Prognose der Verkaufszahlen sind sowohl die Erstkäufe wie auch die Wiederholungskäufe zu berücksichtigen, wobei die Wiederholungskäufe den überwiegenden Anteil der Gesamtkäufe darstellen.

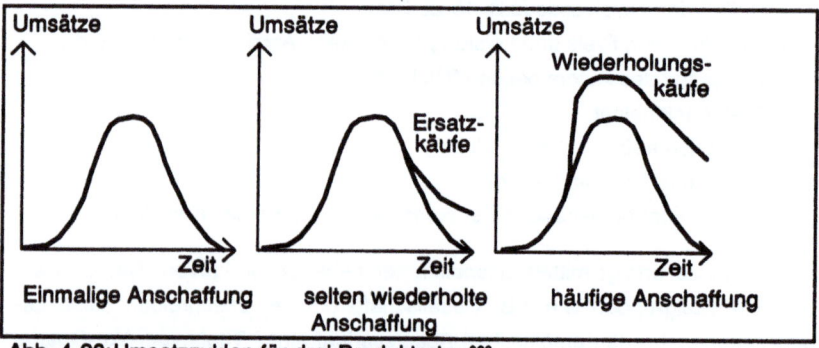

Abb. 4-20: Umsatzzyklen für drei Produktarten[680]

Gebrauchsgüter sind materielle Güter mit längerer Lebensdauer, d.h sie überdauern im Normalfall zahlreiche Verwendungseinsätze (z.B. Kameras, Automobile). Bei diesen Gütern dominiert meist das Produkt gegenüber anderen Marketinginstrumenten, und lange Wiederkaufzyklen begründen besondere Maßnahmen zur Sicherung der Markentreue. Neben Garantieleistungen und dem Kundendienst kommt dem persönlichen Verkauf und Beratungsleistungen eine große Bedeutung zu.

Für die Prognose der Verkaufszahlen sind ebenfalls die Erstkäufe und die Wiederholungskäufe zu berücksichtigen. Man spricht in diesem Zusammenhang auch von Ersatzkäufen. Um die Zahl der Erstkäufe zu prognostizieren, muß die statistisch zeitliche Verteilung der Lebensdauer der Produkte ermittelt werden. Da sich die Anzahl der Ersatzkäufe nur schwer abschätzen läßt, bevor das Produkt in Gebrauch ist, treffen manche Hersteller ihre Entscheidung über die Markteinführung neuer Produkte nur auf der Basis der prognostizierten Erst-

---

[680] Vgl. Kotler/Marketing Management/S. 511.

käufe.[681] Eine weitere Klassifikation basiert auf dem Einkaufsverhalten der Konsumenten.[682] Entsprechend der Suchintensität bei der Beschaffung unterscheidet man:

◆ Güter des täglichen Bedarfs,
◆ Güter des gehobenen Bedarfs,
◆ Güter des Spezialbedarf.

Während beim Kauf der ersten Kategorie von Gütern die Konsumenten nur einen minimalen Suchaufwand betreiben, informieren sie sich wesentlich intensiver bei Gütern des gehobenen Bedarfs hinsichtlich der Beurteilung einkaufsrelevanter Eigenschaften (Preis, Qualität, Service). Bei Gütern des Spezialbedarfs, die oft einzigartige Eigenschaften und hohe Markenidentifikationen aufweisen, sind die Käufer meist zu erheblichen Kaufanstrengungen bereit.

In Abhängigkeit von der Suchintensität müssen somit zur Absatzschätzung solche Modelle eingesetzt werden, die den entsprechenden Kommunikationskanal berücksichtigen. Für Produkte wie Schallplatten oder Modeartikel muß beispielsweise berücksichtigt werden, daß im Unterschied zu anderen Produkten, der jeweilige Marktpreis und das individuelle Einkommen ohne Bedeutung für das Kaufverhalten sind. Für erklärungsfreie Produkte des täglichen Bedarfs wie Lebensmittel oder Zigaretten eignet sich beispielsweise das Modell der einfachen exponentielle Glättung.

Bei der Beschaffung von Investitionsgütern ist zu beachten, daß es sich um kollektive und formalisierte Kaufentscheidungsprozesse, in der Regel um Gruppenentscheidungen, handelt. Es besteht eine geringere Zahl und eine höhere Konzentration von Bedarfsträgern. Wiederkäufe treten im allgemeinen nicht auf. Beim Einsatz von Marketinginstrumenten treten besondere Elemente wie Kredite, Zahlungsbedingungen oder persönlicher Verkauf auf. Besonders zu beachten ist das bei Investitionsgütern auftretende höhere Maß der Internationalität. Gerade bei Investitionsgütern liegt häufig ein kleines, homogenes Marktpotential vor, so daß hier als Grundmodell die logistische Diffusion zu empfehlen ist.

---

[681] Vgl. Kotler/Marketing Management/S. 514.

[682] Vgl. Holten/Distinction/S. 53 - 56,
Miracle/Product Characteristics/S. 18 - 24,
Kotler/Marketing Management/S. 139.

Investitions-gut	Konsumgut		Güter des täglichen Bedarf	Güter des gehobenen Bedarfs	Güter des Spezial-bedarfs
	Verbrauchs-gut	Gebrauchs-gut			
kollektive Kaufent-scheidungen	hohe Kauf-frequenz	lange Wie-derkauf-zyklen	hohe Kauf-frequenz	niedrige Kauf-frequenz	lange Wie-derkauf-zyklen
Einholen und Analyse von Ange-boten	breite Distri-bution	persönlicher Verkauf mit Beratung	minimaler Suchauf-wand	intensiver Suchauf-wand	erhebliche Kaufan-strengungen
Machtposi-tion der Lieferanten	Markierung	Produkt dominiert über Marke-ting	Preis, individuelles Einkommen	Preis, Qualität, Service,	hohe Marken-identifikation
kaum Ersatz-käufe	Erstkäufe und viele Wiederho-lungskäufe	Erstkäufe und Ersatz-käufe	Erstkäufe und viele Wiederho-lungskäufe	Erstkäufe und Wie-derho-lungskäufe	Erstkäufe und Ersatz-käufe

Tab. 4-6: Auszug aus dem produktspezifischen Faktenwissen zur Diffusion[683]

Sowohl bei Konsum- als auch bei Investitionsgütern ist es jeweils notwendig, die Beziehungen zu anderen Produkten zu berücksichtigen.[684] Peterson und Mahajan ermittelten vier Beziehungenstypen zwischen Produkten:[685]

♦ unabhängige Güter,

♦ komplementäre Güter (Wasch- und Reinigungsmittel),

♦ abhängige Güter (Computersoftware und -hardware),

♦ substituierende Güter (Schwarz-Weiß-Fernseher vs. Farbfernseher).

Für die Wahl des Diffusionsmodells ist auch der Gebrauchsnutzen der Produkt-innovation und in diesem Zusammenhang das Neuheitspotential zu berück-sichtigen. Ist die Neuerung unbedeutend oder besteht ein geringer Widerstand gegen die Neuerung, beispielsweise aufgrund des damit verbundenen Ge-brauchsnutzens, kann als Grundmodell eine exponentielle Diffusion zugrunde-gelegt werden. Handelt es sich hingegen um eine komplexe und sozial auffäl-lige Neuerung, die eventuell tabuisiert ist, bietet sich das Grundmodell der lo-gistischen Diffusion eher als Marktdurchdringungsmodell an.

Die Werbeabhängigkeit der Produktinnovation beeinflußt ebenfalls das Kauf-verhalten. Erfolgen Informationen ausschließlich über den Außendienst, ist die lineare Diffusion mit der Annahme eines konstanten Erstkäuferzuwachses am

---

[683] Eigene Zusammenstellung des Verfassers.

[684] Vgl. Mahajan; Wind/Innovation Diffusion Models/S. 18.

[685] Vgl. Peterson; Mahajan/Multi-product growth models/S. 230 f.

realistischsten. Besteht hingegen für die Produktinnovation ein Bedarf an zuverlässigen Informationen, die die Massenkommunikation durch Fernsehen, Hörfunk oder Tageszeitungen nicht leisten kann, eignet sich die logistische Diffusion zur Abbildung des Absatzverlaufes.

4.3.5 Weiteres Faktenwissen

In das geschilderte Faktenwissen zur Methodenauswahl von Prognoseverfahren und die Auswahl eines geeigneten Diffusionsmodells muß das Wissen über Produktlebenszyklen involviert werden.[686] Eine intelligente Checkliste zu den einzelnen Kriterien zur Phasenbestimmung ist unverzichtbar. Schließlich ist eine Berücksichtigung von Erfolgs-/ Mißerfolgsfaktoren der Produktinnovationen notwendig.

Im Produktinnovationsprozeß treten verstärkt Situationen auf, bei denen aus verschiedenen Handlungsalternativen eine ausgewählt werden muß. Die spezielle Problematik "Go or no" wurde bereits mehrmals angesprochen. Mit diesem Entscheidungsproblem sind jedoch auch weitere Entscheidungen verknüpft. Nach abgeschlossener Produktentwicklung ist beispielsweise weiterhin zu entscheiden, zu welchem Preis es angeboten wird, mit welcher Absatzmethode es an die potentiellen Nachfrager gelangen soll oder mit welchen Werbemaßnahmen das Produkt plaziert wird. Diese den Marketingaktivitäten zuzurechnenden Faktoren bestimmen nachhaltig den Erfolg eines Produktes.[687]

Eine isolierte Planung des Einsatzes dieser absatzpolitischen Instrumente ist aufgrund von kompensatorischen bzw. komplementären Interdependenzen zwischen ihnen nicht möglich. Dadurch entsteht eine Vielzahl von alternativen Instrumentalkombinationen, aus denen eine ausgewählt werden muß. Im allgemeinen ist auch hierbei wieder der erwartete Absatz die Zielgröße.

Um eine zufriedenstellende Auswahl zu treffen, kann auf verschiedene Entscheidungsprinzipien zurückgegriffen werden. In der Literatur finden sich hierfür eine Vielzahl von Ansätzen.[688]

---

[686] Vgl. hierzu die Kapitel 3.2 Die Theorie des Produktlebenszyklus und 3.3 Erfolgs- und Misserfolgsfaktoren für Produktinnovationen

[687] Siehe Abschnitt 3.3.3.4

[688] Vgl. u.a. Schneeweiß/Entscheidungskriterien/S. 48 ff. und S. 95 ff; Bamberg; Coenenberg/Entscheidungslehre/S. 78 ff,: Laux/Entscheidungskriterien/S. 160 ff.

Das einfachste klassische Entscheidungsprinzip ist das µ-Prinzip. Es besagt, daß jene Alternative zu wählen ist, die den maximalen Erwartungswert der Zielgröße, z.B. Absatz oder Marktanteil, liefert.[689] Um verschiedene Risikoeinstellungen (Risikoscheu bzw. Risikofreudigkeit) zu berücksichtigen, kann das µ-σ-Prinzip herangezogen werden. Aufgrund der Standardabweichung σ fällt bei gleichem Erwartungswert die Entscheidung bei Risikoscheu auf die Alternative mit dem kleineren σ und bei Risikofreudigkeit auf die Alternative mit dem größeren σ. Um Informationen über µ und σ zu gewinnen, bieten sich insbesondere Feld- und Laborexperimente an.

4.3.6 Prüfung des Anwendungsfeldes "Absatzbeurteilung von Produktinnovationen" für wissensbasierte Technologie

Anhand der vorangegangenen Ausführungen und der gewonnenen Erkenntnisse soll im folgenden Teil eine Eignungsprüfung des Anwendungsfeldes "Absatzbeurteilung von Produktinnovationen" im Hinblick auf den Einsatz einer wissensbasierten Technologie vorgenommen werden. Projekte mit wissensbasierten Systemen können aus verschiedenen Gründen scheitern.[690] Oft ist die Wahl eines ungeeigneten Anwendungsgebietes, dessen Problemstellung u.U. nicht mit Hilfe von KI-Techniken zu lösen ist oder konventionell effizienter bearbeitet werden könnte, ausschlaggebend für das Scheitern. In der Literatur finden sich zahlreiche Vorschläge für die Identifikation einer geeigneten Anwendung. Die folgende Vorgehensweise hat sich besonders bewährt.[691] Als Erstes erfolgt eine Identifikation möglicher Anwendungsgebiete innerhalb der Organisation, wobei man sich mit den Besonderheiten potentieller Aufgabenstellungen vertraut macht. Den zweiten Schritt bildet die Grobselektion geeigneter Entwicklungsvorhaben wissensbasierter Systeme mit Hilfe einer Checkliste. So kann die generelle Eignung verschiedener Problemstellungen für eine wissensbasierte Systemlösung überprüft werden. Im dritten Schritt erfolgt eine detaillierte Aufstellung von Entscheidungskriterien. Allgemeine und anwendungsunabhängige Fragestellungen werden dabei durch anwendungsspezifische Kriterien ergänzt. Anhand dieses Kriterienkatalogs erfolgt im vierten Schritt eine Analyse und Bewertung der potentiellen Anwendungen. Im Rahmen der

---

[689] Vgl. Bernd/Einführungsplanungen/S. 13 - 15.

[690] Vgl. Mertens/Expertensysteme in den betrieblichen Funktionsbereichen/S. 36ff.
Pieroth/Expertensysteme, Einsatzgebiete/S. 20.

[691] Vgl. Puppe/Einführung in Expertensysteme/S.148,
Rolston/Principles of Artifical Intelligence /S.142ff.
Waterman/A Guide to Expert Systems/S.127 ff.

Nutzwertanalyse[692] werden die verschiedenen Kriterien entsprechend ihrer Bedeutung gewichtet. Anschließend werden die Entwicklungsvorhaben mit Hilfe des erreichten Nutzwertes in eine Rangfolge gebracht. Die Nutzwertanalyse umfaßt eine Wirtschaftlichkeitsbetrachtung, bei der für alle potentiellen Anwendungen -soweit wie möglich- eine Gegenüberstellung der zu erwartenden Entwicklungskosten des jeweiligen Systems mit den entsprechenden Erträgen (oder Kosteneinsparungen) vorgenommen wird. Hohe Wirtschaftlichkeit ist eine wesentliche Grundlage für die Initiierung eines jeden Projektvorhabens.[693]

Ob und in welchem Umfang sich die Wissensbasis "Beurteilung der Absatzentwicklung von Produktinnovationen" als Anwendungsfeld für ein wissensbasiertes System eignet, soll anhand folgender Auswahlkriterien bestimmt werden.[694]

Für den Einsatz eines wissensbasierten Systems im Marketing und insbesondere zur Beurteilung der Absatzentwicklung von Produktinnovationen sprechen:[695]

♦ Die Wissensdomäne erfordert Expertenwissen und -erfahrung in einem klar abgegrenzten Wissensgebiet.[696] Die zu lösenden Aufgaben sind weder so einfach, daß ein menschlicher Experte sie in wenigen Minuten lösen könnte, noch so komplex, daß eine Expertise mehrere Tage in Anspruch nimmt.
Die Auswahl eines geeigneten Prognosemodells erfolgt in der Regel aufgrund bestimmter gleichbleibender Kriterien, z.B. Minimierung des Prognosefehlers MAPE. Die Wahl der notwendigen Parameter erfolgt aufgrund von Erfahrungswerten. Die Anzahl der zu prüfenden Faktoren ist überschaubar.

♦ Konventionelle Programmiermethoden haben nicht zum gewünschten Ergebnis geführt. Damit verbunden ist die symbolische Charakteristik der

---

[692] Vgl. Abbildung im Anhang.

[693] Vgl. zur Wirtschaftlichkeit wissensbasierter Systeme insbesondere Holzapfel/Wirtschaftlichkeit/S.111 - 152.

[694] Vgl. Prerau/Appropriate Domain for an Expert System/S. 27 - 30.

[695] Vgl. Neibecker/Einsatz von Expertensystemen im Marketing/S. 57, Esch, Muffler/Expertensysteme im Marketing/S. 147 f.
Vgl. dazu auch die umfassenden Darstellungen bei Schwörer; Frappa/Applications for Marketing/S. 247 - 280, Cook; Schleede/Expert Systems to Advertising/S. 47 - 56.

[696] Vgl. Esch, Muffler/Expertensysteme im Marketing/S. 147.

Aufgabenstellung, die mit numerischen Berechnungen nur unzureichend erfaßt wird. Bestimmte Verfahren sind nur mit Schwierigkeit zu automatisieren, so beispielsweise der Box-Jenkins-Ansatz.[697] Qualitative Merkmale wie zur Bestimmung der Produktlebenszyklusphase werden nur unzureichend erfaßt. Die Anzahl und die Variationsmöglichkeiten der einzelnen Verfahren ist zu groß, um alle auszutesten, um das "günstigste" zu ermitteln.

♦ Es existieren Experten, die anfallende Probleme mit hoher Wahrscheinlichkeit besser lösen als Laien. Zu den Experten gehören Zeitreihenexperten, Marktkenner und/oder Vertriebsspezialisten.

♦ Das Wissen ist in beachtlichem Umfang durch Vagheit und Unsicherheit, die Problemlösung durch Anwendung von Heuristiken, Faustregeln und strategischen Vorentscheidungen gekennzeichnet.
Viele Marketingentscheidungen werden in Situationen getroffen, in denen nicht alle für die Entscheidung relevanten Daten vorhanden sind.[698] Prognosen sind in ihrer Eigenschaft selbst durch Unsicherheit gekennzeichnet, daneben sind die unsicheren Aussagen über Produktlebenszyklus und Marktpotential oder beispielsweise den Einfluß von Werbemaßnahmen zu sehen.

♦ Die potentiellen Anwender können die Leistungsfähigkeit von wissensbasierten Systemen realistisch einschätzen und verstehen. Sie wissen, daß auch ein wissensbasiertes System, ebenso wie jeder menschliche Experte, suboptimale Ergebnisse produzieren kann. Die Lösung stellt also nicht ein Alles oder Nichts dar, sondern eine tendenziell bessere, erfolgversprechende Alternative. Das Konzept wird nur zur Entscheidungsunterstützung eingesetzt. Es erfolgt eine regelmäßige Kontrolle und Anpassung an neue Daten.

♦ Das Expertensystem kann mit relativ geringen Änderungen in der bestehenden Organisationsstruktur eingesetzt werden.
Die Existenz eines Marketinginformationssystems ermöglicht die Integration in Aufbauorganisation und Ablauforganisation. Die DV-Organisation ist

---

[697] Vgl. Hüttner/Prognoseverfahren in der Praxis/ S.31.
sowie Mohr/Neue Identifikationsstrategien.

[698] Vgl. Esch, Muffler/Expertensysteme im Marketing/S. 147.

abhängig von einem evtl. notwendigen Anschluß an einen Host, Vernetzung, Datenbanken und Methodenbanken.

♦ Zumindest in der Anfangsphase kann ein bestimmter Prozentsatz nicht abgedeckter Wissensbereiche akzeptiert werden. Das bedeutet, daß die Aufgaben zerlegbar sind, eine schnelle Erstellung eines Prototypen ermöglicht wird und eine anschließende Weiterentwicklung in Breite und Tiefe erfolgen kann. Die Auswahl eines Prognoseverfahrens/Diffusionsmodells kann zuerst nur für eine Produktinnovation oder einen Markt erfolgen. Die Beurteilungskriterien können sukzessive ergänzt werden.

♦ Es existieren Lehrbücher und (empirisch) abgesicherte Forschungsergebnisse, so daß bereits ein Teil des Wissens in systematischer Form erarbeitet wurde. Für Zeitreihenanalyse, insbesondere Prognosen und Diffusionsforschung existieren eine Anzahl von Lehrbüchern. Über die einzelnen Beurteilungskriterien gibt es daneben eine Vielzahl von empirischen Untersuchungen, die sich gegenseitig in ihren Ergebnissen bestätigen.

♦ Das Wissen ist hinreichend stabil, so daß nicht ständig grundsätzliche Neuerungen im Lösungsmechanismus erforderlich sind, sondern eine Erweiterung und Spezifizierung der Wissensbasis neue Erkenntnisse integrieren kann. Es besteht in der Regel eine Konstanz der Gütekriterien. Eine Erweiterung durch Verfahrensvarianten ist ebenso leicht zu realisieren wie eine Anpassung an eine Veränderung der Randbedingungen.

4.3.7 Systemtechnische Anforderungen an die zu integrierende wissensbasierte Komponente

Die wichtigste Komponente von wissensbasierten Systemen in einem Marketing-Informationssystem ist, wie bereits angesprochen, ihre Schnittstelle zu Datenbanksystemen. Diese Schnittstelle hat dabei Auswirkungen sowohl auf die Anwendungsentwicklung als auch auf die Programmpflege.[699] Diese Schnittstellenproblematik ist ebenfalls auf die Kopplung von wissensbasierten Systemen zu Statistik-Programmen oder Marketing-Informationssystemen übertragbar, da es sich hier in der Regel ebenfalls um einen notwendigen Zugriff auf Daten handelt. Eine weitere Anforderung an wissensbasierte Systeme besteht in der Problemangemessenheit und Anwendbarkeit der Benutzer-

---

[699] Vgl. Harris/Anbindung von Expertensystemen/S. 1.

schnittstellen.[700] Diese lassen sich nach dem IFIP-Modell (International Federation for Information Processing) in vier Teilschnittstellen unterteilen:[701]

♦ Ein- und Ausgabeschnittstelle,

♦ Dialogschnittstelle,

♦ Werkzeugschnittstelle,

♦ Organisationsschnittstelle.

Da die Benutzerschnittstelle wissensbasierter Systeme nur aus den drei Komponenten Dialogkomponente, Erklärungskomponente und Wissensakquisitionskomponente besteht, ist es notwendig, auch hier eine Integration vorzunehmen. Die Ein- und Ausgabe, die Dialog- und die Werkzeugschnittstelle sind so aufzubauen, daß eine einheitliche Benutzung gewährleistet ist. Dies bedeutet z.B. für die Dialogschnittstelle, daß eine Kommunikation mit dem System gegeben sein muß, unabhängig, welche der Komponenten der Benutzerschnittstellen des wissensbasierten Systems gerade benutzt wird.[702]

4.3.8 Integration in die IV-Infrastruktur

Viele klassische wissensbasierte Systeme stellen Insellösungen dar, die sich nur auf den Benutzer als externe Informationsquelle stützen. Reale Anwendungen wissensbasierter Systeme sind jedoch in einem komplexen Umfeld eingebettet, in der weitere Informationsquellen oder Programme vorhanden sind. Für den praktischen Einsatz wird somit eine Kopplung mit der konventionellen DV wie Datenbanken und operativen Systemen erforderlich.[703] Nach Scheer lassen sich sechs Integrationsstufen von wissensbasierten Systemen unterscheiden:[704]

♦ zunächst isolierte Insellösungen, um Erfahrungen zu sammeln oder für spezielle Problemstellungen, in denen keine Schnittstellen erforderlich sind[705],

---

[700] Vgl. Steinhoff/Entwicklung von Benutzerschnittstellen/S. 3.

[701] Vgl. Dzida/Das IFIP-Modell/S. 6.

[702] Vgl. Steinhoff/Entwicklung von Benutzerschnittstellen/S. 35.

[703] Vgl. Appelrath/Von Datenbanken zu Expertensystemen/S. 35 ff.
Mescheder; Westerhoff/Offene Architekturen in Expertensystemshells/S. 392,
Reuter/Kopplung von Datenbank- und ExpertensystemS. 165.

[704] Vgl. Scheer; Steinmann/Einführung/S. 23.

[705] Erste Erfahrungen mit wissensbasierten Prognoseverfahren liegen bereits vor. Als Beispiele seinen hier das System NOSTRADAMUS von Weitz oder das System FOCA von Hansmann; Zetsche angeführt.

- logische Integration in konventionelle Systeme durch manuelle Verbindungen,
- Kopplung über Standard-Netzwerke und Datentransfer sowie Überspielen von Daten mit Hilfe von Datenträgern auf KI-Workstations,
- intelligentes Programm zur Extraktion von Daten aus konventionellen Systemen (insbesondere Datenbanken) und Speicherung in KI-Formaten,
- Integration von Standardprogrammen und KI-Anwendungen und
- KI-System als intelligentes Integrations-Tool, das alle Subsysteme verknüpft.

Die Integration wissensbasierter Systeme in die klassische DV schreitet voran, dennoch sind nach einer 1989 publizierten Untersuchung etwa 42% der wissensbasierten Systeme nicht eingebunden, d.h. sie haben die vierte Integrationsstufe, d.h. die Möglichkeit zur Datenextraktion aus konventionellen Systemen, nicht erreicht.[706] Diese Probleme bei der Integration sind zum Teil in der unterschiedlichen Architektur von konventioneller Software und wissensbasierten Systemen begründet. Vergleicht man Daten- und Wissensbanken, werden grundlegende Unterschiede deutlich. Zum Beispiel enthalten relationale Datenbanken typischerweise eine relativ kleine Anzahl von Relationen mit sehr vielen Datensätzen wie Absatzzahlen, Kundendaten oder Auftragsdaten. Wissensbanken hingegen beinhalten eine Vielzahl verschiedener Relationen (wie z.B. Frames oder Regeln) mit wenigen Instanzen.

In Bezug auf die Inferenz- oder Selektionsmechanismen sind Datenbanken im wesentlichen auf relativ einfache boolesche Kombinations- und Vergleichsparameter beschränkt. Expertensysteme bieten dagegen komplizierte Inferenzmechanismen, die unvollständige und ungewisse (zukunftsbezogene) numerische und symbolische Daten verarbeiten können.[707] Mit der Änderungshäufigkeit der an dem Entscheidungsprozeß beteiligten Daten, wie sie für die strategische Marketingplanung erfolgsentscheidend ist, wächst die Notwendigkeit einer performenten Kopplung von Datenbanken und Expertensystemen. Dabei lassen sich verschiedene Ansätze unterscheiden:[708]

---

[706] Vgl. Hattwig/KI-Keine Integration//S. 36.

[707] Vgl. Risch; Reboh; Hart; Duda/A Functional Approach/ S. 1424.

[708] Vgl. Reuter/Kopplung von Datenbank- und Expertensystem/S. 173,
Risch; Reboh; Hart; Duda/A Functional Approach/ S. 1424 ff.
Preiß; Stucky/Probleme des Datenmanagements/S. 197.

Beim heterogenen Ansatz sind Expertensystem- und Datenbanksystem separate Komponenten, die über explizite Dienstaufrufe miteinander verkehren. Eine ausreichende Performance bei großen Datenvolumen läßt sich dabei häufig nur in einer Großrechner-Umgebung erzielen. Da die Zielgruppe der ermittelten Marketing- und Prognose-Informationen zur Beurteilung der Produktinnovationen neben der Fachabteilung auch aus dem "Top-Management" der Unternehmung besteht, ist dieser Lösungsansatz zum einen durch hohe Akzeptanzprobleme und zum anderen durch geringe Aufbereitungsmöglichkeiten geprägt.

Der homogene Ansatz basiert auf dem Versuch, ein Expertensystem mit den erforderlichen Datenverwaltungsfähigkeiten auszustatten. Diese Vorgehensweise ist nur für relativ kleine Datenmengen praktikabel. Für die Beurteilung von Produktinnovationen, ihre Absatzprognose, die Einordnung von Konkurrenzdaten, die Berücksichtigung von Konsumentenverhalten usw. sind eine Menge von Daten erforderlich, die zur gleichen Zeit verwaltet werden müssen, so daß dieser Ansatz nicht zweckmäßig erscheint.

Der integrierte Ansatz zielt auf eine Erweiterung der Datenbank-Technologie um die Fähigkeiten zur regelbasierten Verarbeitung, wie z.B. in NATURAL EXPERT (Software AG). Die heute angebotenen Systeme liefern zwar eine sehr umfangreiche Datenbankverwaltung, sind aber, was die KI-Funktionalität betrifft, eher beschränkt. Entscheidend für die Brauchbarkeit und den Erfolg von Architektur-Konzepten in diesem Bereich ist die Leistungsfähigkeit bei Problemen von realistischer Größenordnung und Komplexität.

In allen drei Ansätzen sind somit Stärken und Schwächen enthalten, die gegeneinander abgewägt werden müssen. Schweneker sieht unter diesen Prämissen den heterogenen Ansatz als praktikabelste Lösung.[709] Vorteile sind hier *"das einfache Update, die bessere Performance und die mögliche Mehrfachnutzung von Wissensbasen".*[710] Da getrennte Systeme aber bestimmte Arbeiten häufig doppelt durchführen müssen, entstehen vermeidbare Redundanzen. Schreier fordert deshalb eine Vereinheitlichung der Datenbank- und Expertensystem-Konzepte, um mehr Effizienz zu erreichen.[711] Preiß/Stucky präferieren hingegen die Erweiterung eines herkömmlichen Datenbanksystems um eine wissensbasierte Komponente.[712] Sie führen hierfür drei Gründe an:

---

[709] Vgl. Schweneker/Entwicklung eines Expertensystems/S. 117.

[710] Hattwig/KI-Keine Integration/S. 39.

[711] Vgl. Schreier/Datenbanken und Expertensystemen/S. 35 ff.

[712] Vgl. Preiß; Stucky/Probleme des Datenmanagements/S. 197 f.

Zum einen ist der Ausgangspunkt bei kommerziellen und administrativen Anwendungssystemen und bei vielen wissensbasierten Systemen die Faktenbasis (Datenbank), die entsprechend den Anforderungen effizient verwaltet werden muß. Zum anderen verarbeitet jedes Informationssystem nur einfache Daten, die durch den Rechner verschiedenartig verknüpft und aufbereitet werden können. Die maßgebliche Interpretation und die endgültige Auswertung liegt in der Verantwortung des Benutzers. Drittens hat sich im Bereich der Wissensverarbeitung der regelbasierte Ansatz durchgesetzt, wobei logikorientierte Regeln eine sehr anschauliche Ausprägung darstellen. Von der Logik existieren geeignete Analogien zur Datenbanktheorie, die es gestatten, bestimmte Formen des Wissens und das Datenmanagement durch existierende (in der Regel relationale) Datenbanksysteme zusammenzuführen. Traditionelle Datenbanken erscheinen bisher jedoch noch im Hinblick auf die Wissensverarbeitung primitiv. Ihre Ausdrucksmöglichkeiten sind gering, sie sind auf positive Instanzen für Prädikate und Relationen beschränkt, sie schließen Disjunktion, Negation und Quantifikation aus und ihre Inferenzmöglichkeiten sind auf Retrieval und einige Elemente des Schließens beschränkt.[713]

4.3.8.1 Implementation der wissensbasierten Komponente in das Marketing-Informationssystem

Es ist möglich, wissensbasierte Systeme in unterschiedlichen Programmiersprachen zu entwickeln und auf den verschiedensten Rechnern einzusetzen. Aber ebenso wie bestimmte Programmiersprachen und Rechner für bestimmte Problembereiche eher geeignet sind als andere, gibt es auch geeignete und weniger geeignete Entwicklungsumgebungen für wissensbasierte Systeme.[714] In der Entwicklungsumgebung müssen alle Teile der Wissensdomäne zielkonform abbildbar sein, um Ineffizienzen bei der Systementwicklung und dem laufenden System zu vermeiden. Die Eignung einer Entwicklungsumgebung hängt von folgenden Faktoren ab:

- ♦ Einsatzgebiet,
- ♦ Anforderungen der Entwickler,
- ♦ Anforderungen der Benutzer,
- ♦ vorhandene Hardware,
- ♦ Integration in die konventionelle DV (Schnittstellen).

---

[713] Vgl. Freundlich/Knowledge Bases/S. 54.

[714] Vgl. Barstow; Aiello; Duda/Languages and Tools for Knowledge Engineering/S.283.

Die Integration des konzipierten Marketing-Informationssystems in die konventionelle DV und die Anforderungen der Benutzer sollen im folgenden im Vordergrund stehen. Zuvor sollen jedoch noch kurz die möglichen Hardwareumgebungen vorgestellt werden. Mögliche Hardwareumgebungen für die Entwicklung wissensbasierter Systeme lassen sich in vier Klassen unterteilen:[715]

- dedizierte LISP-Maschinen,
- professionelle Arbeitsplatzrechner (Workstations),
- herkömmliche Groß- und Minirechner,
- Personal Computer.

Nach einer Studie der Unternehmungsberatung Butler Cox laufen heute nur noch 6% der wissensbasierten Systeme auf dedizierten Rechnern, 40% auf Mini- und Großrechnern und 54% auf PCs. Dieser geringe Anteil von dedizierten Rechnern ist zum Großteil auf die mangelnde Integrationsfähigkeit dieser Systeme zurückzuführen. In Anlehnung an Harmon/King[716] und Kurbel[717] unterscheidet man die folgenden Realisationsmöglichkeiten für Wissendomänen:

- Höhere Sprachen
- Wissensrepräsentationssprachen
- Entwicklungsumgebungen
- Allgemeine Shells
- Problemspezifische Shells
- Offene Shells

4.3.8.2 Einsatz von Shells

Mehr als zwei Drittel der wissenbasierten Systeme werden heute mit Shells entwickelt.[718] Zusammengefaßt sind folgende Vorteile anzuführen:[719]

- die Bereitstellung fertiger Wissensrepräsentationsformalismen,
- die Bereitstellung von Hilfsmitteln für Wissenserwerb, Test und Fehleranalyse,
- vordefinierte Problemlösungsstrategien,
- integrierte Dialogkomponente mit Kommandointerpreter und Erklärungskomponente,

---

[715] Vgl. Hattwig/KI-Keine Integration/S.37.

[716] Vgl. Harmon;King/Expertensysteme in der Praxis/S.97.

[717] Vgl. Kurbel/Entwicklung und Einsatz von Expertensystemen/S.131f,

[718] Vgl. Hattwig/KI-Keine Integration/S.36.

[719] Vgl. Mescheder; Westerhoff/Offene Architekturen/S.390.

- ◆ Unterstützung bei der Gestaltung der Benutzeroberfläche,
- ◆ hoher Entwicklungskomfort bei relativ leicht zu erlernendem Umgang.

Eine Expertensystemshell kann gerade zu Beginn eines Projektes den Arbeitsfortschritt wesentlich beschleunigen und stellt insgesamt eine erhebliche Arbeitserleichterung dar. Problematisch wird es, wenn spezielle Schemata nicht zur Aufgabenstellung passen und das System in wesentlichen Teilen verändert werden muß. Betrachtet man die Shells in Hinblick auf Schnittstellen zu anderen Softwarewerkzeugen, so stellt man fest, daß i.d.R. zumindest eine Schnittstelle zu prozeduralen Programmiersprachen besteht.[720] Schnittstellen zu Datenbanksystemen sind in hohem Maße rechner- bzw. betriebssystemabhängig. Im PC-Bereich ist in den meisten Fällen eine Schnittstelle zu dBase verfügbar, während der Workstation-Bereich durch SQL-basierte Datenbanksysteme gekennzeichnet ist (zumeist ORACLE;60%; manchmal auch INGRES).[721]

4.3.8.3 Werkzeugauswahl mit Hilfe eines Kriterien-Katalogs

Wie bereits mehrfach erwähnt, muß jedes wissensbasierte System in die IV-Infrastruktur einer Unternehmung integriert werden, wenn es sich zu einer realen Expertensystemanwendung entwickeln soll. Diese notwendige Integration muß in drei Teilbereichen erfolgen:[722]

- ◆ Integration des Expertensystems in die Anwendungsarchitektur,
- ◆ Integration der Technologie in die bestehende Hardware-/Software-Infrastruktur,
- ◆ Zuordnung des Datenmodells und der funktionalen Spezifikation des wissensbasierten Systems zum IV-Anwendungsportfolio.

Die Werkzeugwahl hat somit erhebliche Konsequenzen für die Systementwicklung, die Qualität des entstehenden Systems und nicht zuletzt für den Entwicklungsaufwand. Es ist u.U. sinnvoll, ein teures Werkzeug einzusetzen, um ein vielfaches des Preises an Entwicklungskosten einzusparen. Für das Auswahlverfahren einer Entwicklungsumgebung gelten im Prinzip dieselben Regeln wie für die Auswahl anderer Softwarepakete auch:

---

[720] Vgl. Bolte;Kurbel;Moazzami;Pietsch/Expertensystemszene/S.83.

[721] Vgl. Bolte;Kurbel;Moazzami;Pitsch/Expertensystemszene/S.83.

[722] Vgl. Brandes/Betriebliche IV-Umgebung/S. 23.

◆ Erstellung eines Kriterienkatalogs,

◆ Festlegung der in das Auswahlprocedere einzubeziehenden Entwicklungsumgebungen,

◆ theoretische Studie,

◆ praktische Prüfung usw.[723]

Die im Anhang enthaltenen Tabellen zeigen anhand der beiden Merkmale
"unterstützte Datenbanksysteme" und "Verarbeitungsmechanismen von vagem
Wissen" beispielhaft auf, wie unterschiedlich die einzelnen Produkte sind. Die
Annahme, daß eine Auswahl somit in der Regel genau abgestimmt auf das
Anwendungsgebiet und die benötigten Schnittstellen zur bereits vorhandenen
Software erfolgen kann, erweist sich jedoch in den meisten Fällen als falsch. Zu
unterschiedlich sind die einzelnen DV-Infrastrukturen u.a. auch aufgrund von
Eigenentwicklungen, so daß auch im Rahmen dieser Arbeit keine spezielle
Empfehlung für oder gegen eine Entwicklungsumgebung abgegeben werden
kann.

4.4 Wissensbasierte Systemunterstützung bei der Beurteilung der Absatzentwicklung im Produktinnovationsprozeß

Aufgrund des vorgestellten Anforderungsprofils an Daten, Methoden und
Modelle sowie Wissen bieten sich mehrere wissensbasierte Ansatzpunkte bei
der Systemunterstützung. Bereits bei der Absatzanalyse etablierter Produkte
können wissensbasierte Frühwarnsysteme eingesetzt werden, um
Abweichungen von Soll-Absatzgrößen zu ermitteln. Intelligente Checklisten
zum Produktlebenszyklus bieten sich ebenso wie intelligente Checklisten über
Erfolgs-/Mißerfolgskriterien an, um Entscheidungsunsicherheiten zu reduzieren
und die Nichtberücksichtigung relevanter Einflußgrößen zu vermeiden. Eine
besondere Stellung nimmt schließlich die wissensbasierte Methodenauswahl
im Bereich von Prognoseverfahren, Diffusionsverfahren oder Hochrechnungsverfahren ein. Abgerundet wird die wissensbasierte Steuerung im Marketing-
Informationssystem durch eine ständige wissensbasierte Entscheidungsunterstützung bei dem Hauptentscheidungsproblem "*Go or no*".

---

[723] Vgl. Schelm/Evaluation of Knowledge Engineering Tools,
Lebsanft/Projektmanagement/S.73f.

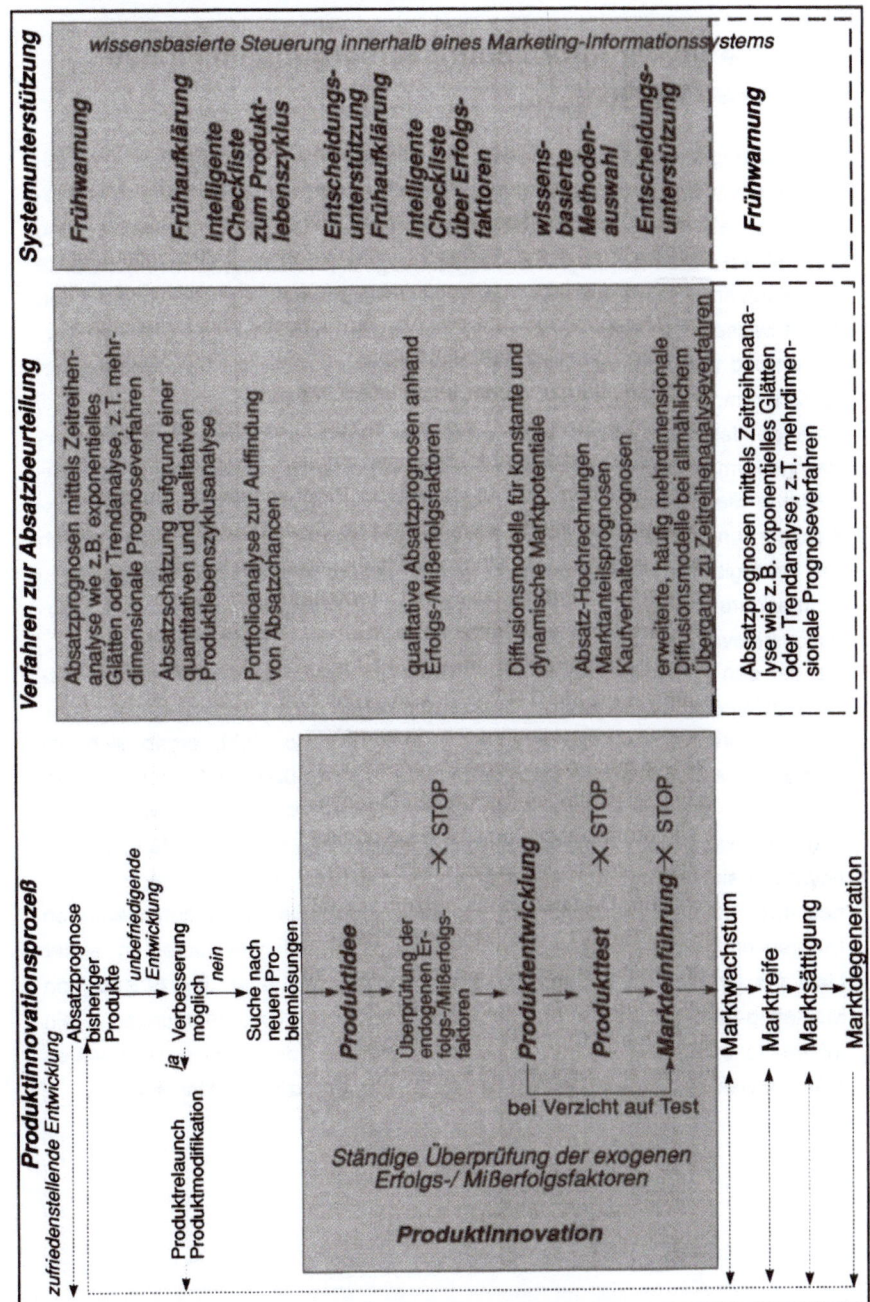

Abb. 4-21: Ansätze wissensbasierter Systemunterstützung zur Absatzbeurteilung [724]

[724] Eigene Darstellung des Verfassers

5 Status quo der Informationsversorgung im Innovationswettbewerb

Im vorangegangenen Kapitel wurden verschiedene Anforderungen an eine leistungsfähige Informationsversorgung ermittelt. In dem einzusetzenden Marketing-Informationssystem sollte neben einer Speicherung von quantitativen und qualitativen Daten der Zugriff auf Absatzprognoseverfahren, Diffusionsmodelle und Kaufverhaltensmodelle ebenso möglich sein, wie die Berücksichtigung von Faktenwissen zur Methodenauswahl bei Absatzprognose- und Diffusionsverfahren und von produktspezifischen Faktenwissen, sowie die Verarbeitung von unsicherem, unvollständigem und/oder unscharfem Wissen.

Im folgenden soll zum einen geprüft werden, inwieweit bereits realisierte Marketinginformationssysteme diese Anforderungen erfüllen, inwieweit Prognosesysteme die Besonderheiten des Absatzes von Produktinnovationen berücksichtigen und inwieweit realisierte wissensbasierte Systeme aus dem Bereich des strategischen Marketings eine sinnvolle Ergänzung bilden können.

Zum anderen soll geprüft werden, inwieweit Unternehmungen Zugang zu innovationsrelevanten Informationen besitzen bzw. inwieweit sie sie nutzen.

Da bei den bisher durchgeführten Untersuchungen über Marketing-Informationssysteme zu einem großen Teil nur das angebotene Leistungsspektrum mit dem entsprechenden Nutzungsgrad im Vordergrund steht, ergab sich die Notwendigkeit, eine eigene empirische Untersuchung über die Informationsversorgung im Innovationswettbewerb durchzuführen, um, unabhängig von Einsatz irgendeines Informationssystems, Anhaltspunkte für den Umfang des innovationsrelevanten Informationsangebotes und die realisierte Informationsnachfrage zu erhalten. Darüberhinaus setzen sich alle bisher durchgeführten Untersuchungen im Bereich von Marketing-Informationssystemen in erster Linie mit Großunternehmungen auseinander, so daß über den Einsatz von Marketing-Informationen bei mittelständischen Unternehmungen ein Informationsdefizit herrscht, welches, aufgrund der neuzugewinnenden Erkenntnisse aus der empirischen Untersuchung, reduziert werden soll.

5.1 Vorgegebene realisierte Marketing-Informations-systeme

Bei der Umsetzung der vorgestellten Beurteilungsverfahren für den Absatz von Produktinnovationen besteht eine starke Dependenz zur Leistungsfähigkeit der eingesetzten Informationssysteme. Um die angesprochenen Anforderungen an Datenbank und Modell-/Methodenbank sowie die Integration einer wissensbasierten Komponente in ein Marketing-Informationssystem planen zu können, müssen bereits realisierte Systeme auf ihre Leistungsfähigkeit und ihre Integrationsfähigkeit untersucht werden.

Eine empirische Untersuchung von Kleinhans, Rüttlet und Zahn hat folgende grundsätzlich benötigte Leistungsmerkmale und Funktionen für ein wirkungsvoll arbeitendes Management-Unterstützungssystem ermittelt, die sich vollständig auf ein Marketing-Informationssystem übertragen lassen:[725]

- ♦ Informationsversorgung und Entscheidungsunterstützung sowohl bei regelmäßig wiederkehrenden als auch bei unvorhergesehen auftretenden Fragestellungen,
- ♦ breites Anwendungs- und Unterstützungsspektrum durch mathematisch-statistische Funktionen, Prognose und Simulation, Analyse- und Grafikfähigkeit, Kommunikation und Datenaustausch,
- ♦ Fähigkeit zur Berücksichtigung betriebsindividueller Strukturen und Abläufe,
- ♦ Rückgriffsmöglichkeit auf eine zentrale und unternehmungsweit gültige Datenbasis,
- ♦ Nutzung in allen vier verschiedenen Phasen des Managementprozesses (Planung, Entscheidung, Durchsetzung, Kontrolle),
- ♦ schnelle, flexible, unabhängige und einfache Handhabung.

Diese erhobenen Praxisanforderungen wurden mit den Leistungsmerkmalen von 38 Softwareprodukten verglichen. Dabei ergab die Analyse, daß die geforderten Leistungsmerkmale in ihrer Gesamtheit nur von wenigen Programmpaketen erfüllt werden. Mehrheitlich ist ein Übergewicht traditioneller Funktionen wie Präsentationsgrafik, mathematisch-statistische Funktionen und starre Programmierung zu erkennen. Neuere Programmfähigkeiten wie grafik- und mausorientierte Menüsteuerung, flexible Modellbildung, komfortabler Daten-

---

[725] Vgl. Kleinhans; Rüttlet; Zahn/Management-Unterstützungssysteme/S. 7.

austausch und umfassende Datentransformation sind demgegenüber schwach
ausgeprägt.[726]

Untersuchte Systemfunktionen	
Allgemein	
Datenbank	50 %
Methodendatenbank	5,3 %
Tabellenkalkulation	47,4 %
Text	18,4 %
Präsentationsgrafik	73,7 %
graphische Menüsteuerung	7,9 %
Kommunikation/Datenaustausch	71,1 %
Modellbildung	
vorgegebene Strukturen	86,8 %
gestaltbare Strukturen	13,2 %
Programmierfähigkeit	34,2 %
wissensbasierte Funktionen	7,9 %
Datentransformation	
Simulation/Prognose	86,9 %
mathematische und statistische Analyse	97,4 %
Interpretation/Diagnose	10,5 %

Tab. 5-1: Häufigkeitsverteilung von integrierten Systemfunktionen in Management-Informationssystemen[727]

Betrachtet man den Entwicklungsstand speziell von Marketing-Informationssystemen, so stellt man fest, daß der Einsatz realisierter Teilsysteme je nach
Aufgabenbereich sehr unterschiedlich ausfällt.[728] Der Realisierungsstand der
Aufgabenbereiche ist dabei auch von der verwendenden Management-Ebene
abhängig.

---

[726] Vgl. Kleinhans; Rüttlet; Zahn/Management-Unterstützungssysteme/S. 9.

[727] Vgl. Kleinhans; Rüttlet; Zahn/Management-Unterstützungssysteme/S. 9.

[728] Vgl. Spang; Scheer/Entwicklungsstand von Marketinginformationssystemen/S. 185.

Managementebene Realisierte Systeme	unteres	mittleres	Top	gar nicht	Gesamt[729]
Verkauf/Außendienstunter-stützung	11%	72%	17%	0%	23%
Vertriebserfolgsanalyse	10%	39%	22%	18%	18%
Lagerhaltung/Transport	39%	33%	5%	22%	18%
Preisgestaltung	0%	11%	33%	56%	10%
Marktforschung/ Absatzprognose	22%	50%	0%	28%	17%
Produktkonzeption	0%	0%	22%	78%	5%
Werbung/ Verkaufsförderung	11%	28%	0%	61%	9%
Gesamtanteil nach Managementebenen	19%	54%	27%		100%

Tab. 5-2: Anzahl der realisierten Marketing-Teilsysteme nach Management-Ebenen und Aufgabenbereichen[730]

Gerade die geringe Anwendung von Marketing-Informationssystemen im Bereich der Marktforschung/Absatzentwicklung (0% im Top-Management; 28% der Unternehmungen überhaupt nicht) stimmt im Hinblick auf die strategische Bedeutung dieses Aufgabenbereiches bedenklich. Die Ursache für diesen geringen Einsatz ist zum einen in der notwendigen Kompetenz zur Auswertung dieser Zahlen zu sehen. Diese Problematik könnte durch den Einsatz eines wissensbasierten Systems gelöst werden. Eine weitere Ursache könnte jedoch in der Unterschätzung der Bedeutung dieses Aufgabenbereiches liegen. Dies wäre unter Umständen eine Begründung für die vielen Fehleinschätzungen und Fehlprognosen, die in diesem Bereich auftreten.

Eine dritte Ursache könnte in der fehlenden oder mangelnden Datenerhebung zu sehen sein. Folgende Tabelle aus der gleichen empirischen Erhebung zeigt zwar auf, daß die Aktualisierung der erhobenen Daten für Absatzprognosen zum größten Teil ausreichend sind, wobei auch hier noch Verbesserungen, insbesondere im Bereich der Wettbewerbsdaten, durchgeführt werden könnten. Da Wettbewerbsdaten eine institutionalisierte Wettbewerbsanalyse voraussetzen, die nur selten in Unternehmungen vorgenommen wird[731], ist dieses Ergebnis zwar erklärbar, doch muß es vor dem Hintergrund einer verstärkten strategischen Ausrichtung von Marketing-Informationssystemen überdacht

---

[729] Gesamtanteil nach Aufgabenbereichen.

[730] Vgl. Spang; Scheer/Entwicklungsstand von Marketinginformationssystemen/S. 186.

[731] Vgl. Kaas; Brzeski/Konkurrentenforschung/S. 42.

werden.[732] Die folgenden Zahlen enthalten jedoch keine Angaben über den Aufbereitungsgrad, bzw. über den Informationsgehalt der Daten (z.B. gegliedert nach Produkten, Regionen o.ä.), so daß hierbei Probleme bestehen könnten.

	täglich	wöchentlich	monatlich
Kundendaten	44%	12%	0%
Auftragsdaten	47%	6%	0%
Vertreterdaten	43%	29%	21%
Wettbewerbsdaten	0%	6%	89%
Artikeldaten	33%	0%	0%

Tab. 5-3: Aktualisierung nach Datenkategorien[733]

Eine vergleichbare Problematik spiegelt sich auch in einer übergeordneten Untersuchung wider, welche wiederum die Ist-Situation von Management-Informationssystemen umfaßt.[734] Bei dieser Umfrage ergab sich, daß nur in 8% aller befragten Fälle die MIS-Daten täglich, in 10% der Fälle wöchentlich und in 63% der befragten Unternehmungen monatlich aktualisiert werden,[735] wobei zukünftig nach den Planvorstellungen in 90% aller Fälle die MIS-Daten im monatlichen Raster präsentiert werden sollen.

Betrachtet man speziell den unterschiedlichen Methodeneinsatz bei Marketing-Informationssystemen in der Konsumgüter- und der Produktionsgüterindustrie, so stellt man überraschenderweise fest, daß in der Gewichtung des Einsatzes keine gravierenden Unterschiede bestehen. So ist in beiden Industriezweigen eindeutig der Schwerpunkt auf statistische Prognosen gelegt, wobei hierbei jedoch fast vollständig nur die gebräuchlichsten Verfahren wie exponentielle Glättung oder lineare Regression zu subsumieren sind.

---

[732] Vgl. Spang/Informationsmodellierung/S. 35.

[733] Vgl. Spang; Scheer/Entwicklungsstand von Marketinginformationssystemen/S. 192.

[734] Vgl. Hichert; Stumpp/Ist-Situation/S. 89 - 100.

[735] Vgl. Hichert; Stumpp/Ist-Situation/S. 94 f.

	Konsumgüter-Industrie	Produktionsgüter-Industrie
Statistische Prognosen	71%	73%
Spezielle statistische Verfahren	29%	18%
...beispielsweise Absatzseg-mentrechnung[736]	71%	60%
OR-Verfahren	14%	18%

Tab. 5-4: Methodeneinsatz nach Industrietypen[737]

Für speziellere statistische Verfahren wird auf Statistikprogramme bzw. Prognosesoftware zurückgegriffen, die in der Regel bisher kaum Schnittstellen zu Marketing-Informationssystemen besitzen, so daß ein manueller Datentransfer erfolgen muß. Diese Schnittstellensteuerung kann u.U. ebenfalls von einer wissensbasierten Komponente zur Methodenverwaltung im Marketing-Informationssystem geleistet werden.

5.2 Prognose-Informationssysteme

In vielen Unternehmungen basiert der Prognoseteil der Absatzplanung überwiegend auf Erfahrungswerten und Schätzungen des Außendienstes, die zum Teil von der Verkaufs- oder Marketingleitung unter Plausibilitätsaspekten oder aus übergeordneter Sicht korrigiert werden.[738] Diese Vorgehensweise birgt einige Nachteile in sich.[739] Die Meinung des Außendienstes wird gewöhnlich stark durch neuere Entwicklungen geprägt und hat daher die Tendenz zu optimistisch bzw. pessimistisch zu urteilen. Hingegen werden gesamtwirtschaftliche Einflußfaktoren wie z.B. Branchenentwicklung, Konjunkturlage, Wettbewerbssituation vernachlässigt oder nicht richtig beurteilt. Zusätzlich ergibt sich die Problematik, daß Außendienstmitarbeiter persönliche Zielsetzung in Schätzangaben einfließen lassen.

Verwendet man hingegen ausschließlich statistisch-mathematische Verfahren für die Absatzprognose, so besteht die Gefahr, daß temporäre Einflußfaktoren (z.B. verändertes Kundenverhalten) nicht berücksichtigt werden. Die Vernachlässigung relevanter Einflußgrößen kann auch zur Folge haben, daß die Entwicklung der Vergangenheit überbetont wird. Ein besonderes Problem ergibt

---

[736] geplant innerhalb der nächsten zwei Jahre oder bereits realisiert, vgl. hierzu Spang/Informationsmodellierung/S. 37.

[737] Vgl. Spang; Scheer/Entwicklungsstand von Marketinginformationssystemen/S. 192.

[738] Vgl. Heinzelbecker/Marketing-Informationssysteme/S. 124.

[739] Vgl. Heinzelbecker/Marketing-Informationssysteme/S. 124.

sich im Hinblick auf die Akzeptanz der Prognoseergebnisse. Aufgrund intrans-
parenter Prognosegrundlagen werden sie nicht als Vorgaben angenommen.
Einfache Prognosen wie Glätten oder lineare Regression sind in der Regel mit
Hilfe von Tabellenkalkulationsprogrammen möglich. Um auch ein komplizierte-
res Prognoseverfahren auf die Daten anwenden zu können, ist es notwendig,
die Daten mit Methoden aus einem Statistikpaket zu bearbeiten. Für die Prognoseerstellung stehen zahlreiche DV-Programme zur Verfügung. Neben den
schon länger bekannten Mainframe-Paketen wie SPSS, SAS, Sybil-Runner
oder BMDP mit umfassenden Anwendungsmöglichkeiten bei hoher Speicher-
platzintensität gibt es auch spezielle Programme für einzelne Verfahren, die
sich für eine persistente Verwendung als zweckmäßiger erweisen wie z.B.:
CURFIT (zur Kurvenanpassung), CENSUS X-11 (Bureau of the Census, Washington, DC), X11ARIMA/80 (Statistics Canada, Ottawa), FORAN II (für Glättungsverfahren), BAYSEA (Bayesian Seasonal Adjustment Program, Institute of
Statistical Mathematics, Tokyo) oder SEAGIV (Seasonal Adjustment with
Givens Transforms, Università di Napoli).

Diese Programmpakete dienen generell der Zerlegung von Zeitreihen in Sai-
son-, Trend- und Zykluskomponenten, wobei die Möglichkeit zur Berücksichtigung von unterschiedlichen Kalenderzeiten und Arbeitstage-Variationen besteht. Auch Pakete, die ein allgemeines Methodenspektrum enthalten, verfügen
über zeitreihenanalytische Verfahren. Eine Übersicht über das Leistungspek-
trum von spezieller Prognosesoftware ist im Anhang enthalten.[740]

Aufgrund der Leistungsfähigkeit moderner Mikrocomputer gibt es auch für PC
eine große Anzahl von Statistik-Software, die als Pakete mit allgemeinem Methodenspektrum zu bezeichnen sind.[741] Die Leistungsmerkmale und damit die
Eignung dieser Pakete für unterschiedliche Prognoseverfahren variieren jedoch
erheblich. Erste Einschränkungen liegen häufig bereits bei der Co-Prozessor-
Unterstützung und im Bereich des Datenmanagements.

Die Vorteile integrierter Softwarepakete bestehen in der Verfügbarkeit aufeinander abgestimmter, häufig menügesteuerter Programme, über die ein we-
sentlicher Teil der Standard-Prognosemethoden jederzeit leicht zugänglich ist.
Außerdem werden von derartigen Systemen zumeist auch Kenngrößen zur

---

[740] Auswahl aus: o.V./42 Statistikprogramme im Überblick/S. 54 f.
Bankhofer; Bausch/Elf Statistikprogramme im Vergleichstest/S. 45 - 52.

[741] Vgl. hierzu die Übersicht zum Leistungsumfang von Prognoseverfahren für ausgesuchte
PC-Statistikpakete.

Methodenevaluation ausgewiesen und/oder die zur Bearbeitung aktueller Zeit-reihen bestgeeigneten Verfahren nach fest vorgegebenen Bewertungskriterien selektioniert. Schnittstellen zu Marketing-Informationssystemen existieren je-doch auch hier nur in Ansätzen.

Speziell für die Problemstellung Absatzprognose entwickelte Systeme sind beispielsweise das bereits angesprochene System DEMI[742] oder das Absatzin-formations- und Prognosesystem FUTURMASTER. Das System FUTURMA-STER bietet beispielsweise eine Unterstützung bei der Analyse der Absatzda-ten, es modelliert die Absatzentwicklung, ermöglicht die Erstellung von Absatz-plänen und kontrolliert die Einhaltung dieser Absatzpläne.[743] Für Produktinno-vationen ist dieses System jedoch kaum geeignet, da für eine Absatzmodellie-rung mindestens die Daten der letzten 60 Monate benötigt werden.[744]

Einen wissensbasierten Ansatz speziell für Umsatzprognosen liefert Lachnit.[745] In den Testläufen für dieses System wurden die folgenden Prognoseverfahren untersucht:[746]

- Verfahren des exponentiellen Glättens ohne und mit Saison,
- Winters-Verfahren,
- Box-Jenkins-Verfahren,
- Verfahren simultan-multipler Regression ohne und mit Saison,
- Verfahren iterativ-multipler Regression ohne und mit Saison.

Vorteile bei diesem Ansatz sieht Lachnit insbesondere in der Kombination von Datenanalyse- und Prognoseverfahren mit der Datenbank, der Anbindung von Heuristiken sowie der integrativen Konzeption, den Systembenutzer in den Verlauf der Prognoseerstellung steuernd einzuschalten.[747]

---

[742] System der Universität des Saarlandes, vgl. hierzu auch 4.3.4.1.3

[743] Vgl. o.V./FUTURMASTER/S. 1.

[744] Vgl. o.V./FUTURMASTER/S. 2.

[745] Lachnit/Umsatzprognose/S. 160 - 167.

[746] Vgl. Lachnit/Umsatzprognose/S. 163.

[747] Vgl. Lachnit/Umsatzprognose/S. 165.

5.3 Anbindung an realisierte wissensbasierte Systeme im Bereich des strategischen Marketing

Neben der Anbindung von Prognosesystemen an Marketing-Informationssysteme ist es auch überlegenswert, ob eine Anbindung an bereits bestehende wissensbasierte Systeme im Bereiche des Marketings, die in der Regel Insellösungen darstellen, erfolgen sollte. In der Analyse strategischer Marketingprobleme können wissensbasierte Systeme sowohl zur Problemanalyse als auch zur Chancen- und Gefahrenanalyse eingesetzt werden.[748] Nachfolgend sollen einige bereits realisierte Systeme vorgestellt werden, deren Integration sinnvoll wäre.

Bei der Suche nach neuen Problemlösungen in der Anfangsphase des Produktinnovationsprozesses wird auch auf die Portfoliotheorie zurückgegriffen. Ein Beispiel für eine wissensbasierte Umsetzung der Portfoliotheorie ist das System STRATEX.[749] STRATEX unterstützt den Erstellungsprozeß von Portfolios verschiedener strategischer Geschäftseinheiten (SGF) einer Unternehmung. Dieser Prozeß läßt sich in folgende Phasen untergliedern:[750]

♦ Aufteilung des Gesamtmarkts einer Unternehmung in SGF,

♦ Ermittlung relevanter Erfolgsfaktoren, Abbildung in einer Faktorhierarchie,

♦ Analyse der SGF mit Hilfe der zuvor festgelegten Faktorhierarchien.

In den Portfolioanalysen wird ein Markt- mit einem Technologieportfolio kombiniert, denen als Grundmodell die Marktanteils-Marktwachstums-Matrix zugrundeliegt.[751] Es wird standardmäßig ein festes Analyseraster angeboten, das mit Hilfe einer Kennzahlenbewertung strategische Positionen einzelner SGF ermittelt. Abhängigkeiten zwischen Bewertungskriterien können dabei mit Regeln berücksichtigt werden. So lassen sich durch Multikollinearität von Faktoren bestimmte Bewertungsfehler vermeiden, welche bei Analysen ohne Expertensystemunterstützung leicht übersehen werden.[752] Insbesondere werden Anwender automatisch auf eventuelle Inkonsistenzen hingewiesen, welche in

---

[748] Vgl. Jucken/Einsatz- und Entwicklungsmöglichkeiten/S. 29, Jucken/Expertensysteme/S. 283.

[749] Eine ausführliche Darstellung von STRATEX findet sich bei Plattfaut/DV-Unterstützung / S. 87 ff., Mertens; Griese/Integrierte Informationsverarbeitung/S.230.

[750] Vgl. Dräger/Unterstützung der oberen Führungsebene/S. 43 f.

[751] Die Marktanteils-Marktwachstums-Matrix (MMM) ist eine graphische Aufbereitug der Kombination des Produktlebenszyklusmodells mit dem Erfahrungskurvenkonzept. Zur strategischen Positionierung mit Hilfe der MMMatrix vgl. Hax; Majluf/Growth-Share Matrix /S. 51 ff.

[752] Vgl. Plattfaut/DV-Unterstützung/ S. 87.

ihren individuellen Einschätzungen von Kriterienausprägungen enthalten sind.[753] Eine Besonderheit von STRATEX ist die Einbindung von sogenannten *Schwellwerten*, welche die Ableitung situationsspezifisch feinerer Strategien erlauben. Einschätzungen, die auf der Grenze zwischen zwei Alternativen liegen, werden aufgrund einer Definition von Unschärfebereichen auf ihre Plausibilität überprüft.[754] Lassen sich einzelne Kriterien nicht eindeutig abschätzen, werden zusätzliche Regeln herangezogen, um beispielsweise Faktoren wie die Wettbewerbsfähigkeit einer Unternehmung abzuschätzen.[755]

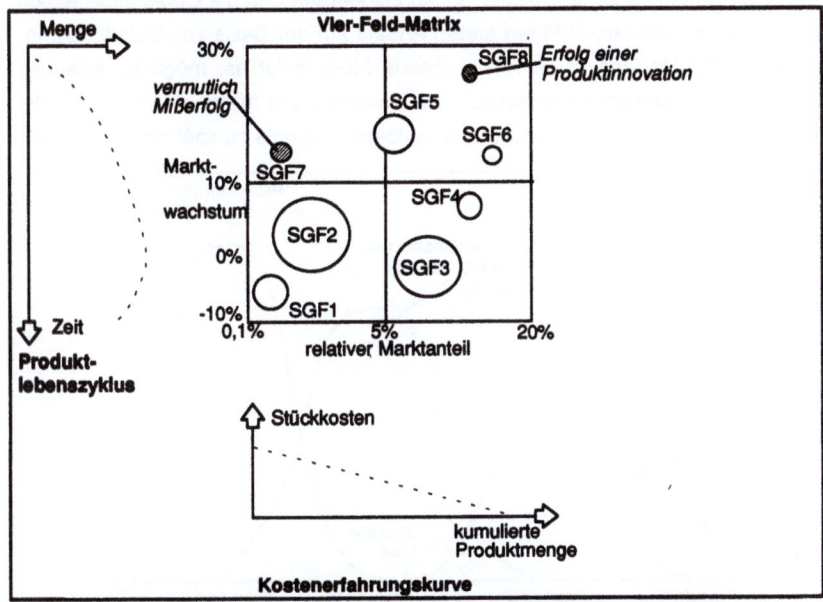

Abb. 5-1: Zusammenhang zwischen der Konzeption des Produktlebenszyklus, der Kostenerfahrungskurve und der vier-Felder-Matrix[756]

In der vorstehenden Grafik wird der Zusammenhang zwischen der Konzeption des Produktlebenszyklus und der Kostenerfahrungskurve im Portfolio-Ansatz verdeutlicht. Der relative Marktanteil stellt einen Indikator für das aus der Erfahrungskurve abgeleitete Kostensenkungspotential dar.

---

[753] Vgl. Plattfaut/DV-Unterstützung/ S. 100.

[754] Vgl. Wandel/Expertensysteme/S. 69.

[755] Vgl. Plattfaut/DV-Unterstützung/ S. 101 - 103.

[756] Eigene Darstellung des Verfassers in Anlehnung an Wöhe/Betriebswirtschaftslehre/S. 145.

Das Marktwachstum kann als Steigungsmaß des Produktlebenszyklus interpretiert werden.[757]

Die Überlagerung von Produktlebenszyklen zeigt eine andere mögliche wissensbasierte Unterstützung der strategischen Planung auf. Der Absatz einzelner Produkte wird anhand von Erfahrungswerten vorhergesagt und überlagert.
Die so entstehende Funktion des Gesamtabsatzes einer Produktgruppe über
die Zeit ist Ausgangspunkt für eine Erfolgsrechnung, bei der unter Berücksichtigung der Kostenverläufe Erträge, Deckungsbeiträge und die Liquiditätssituation
prognostiziert werden.[758] Einen ersten Ansatz auf der Basis von Sättigungsmo-
dellen liefert Mertens.[759] Hauptziel dieses Modells ist es, mögliche Krisensituationen vorherzusehen: wenn z.B. ein Hauptprodukt früher als geplant in die
Degenerationsphase gerät und das Nachfolgeerzeugnis zu spät marktreif wird.

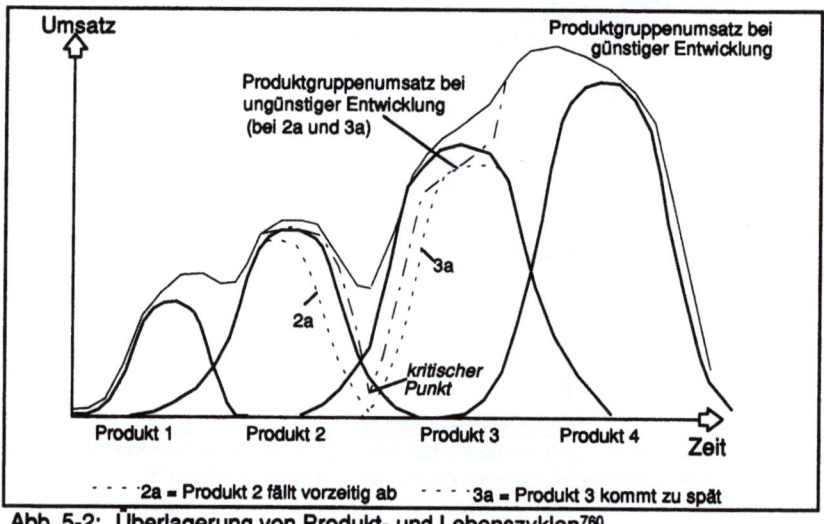

Abb. 5-2: Überlagerung von Produkt- und Lebenszyklen[760]

Ein wissensbasiertes System auf der Basis der Branchenstrukturanalyse nach
Porter ist EXSTRABS.[761] Gegenstand der Branchenstrukturanalyse ist eine
qualitative Darstellung der besonderen Bedrohungen und Potentiale einer

---

[757] Vgl. Scholz/Strategisches Management/S. 190 f.

[758] Vgl. Mertens; Griese/Integrierte Informationsverarbeitung/S.236.

[759] Vgl. Mertens/Mittel- und langfristige Absatzprognose/S. 189 ff.

[760] Eigene Darstellung des Verfassers.

[761] Vgl. Lelke; Werners/EXSTRABS/S. 316 - 324.

Branche mit Vorschlägen geeigneter Strategierichtungen für eine Unternehmung in dieser Branche.[762] Die Stärke der verschiedenen Wettbewerbskräfte, die Branchenmerkmale und die Bedrohungen und Strategien für die Unternehmung bilden dabei die Untersuchungselemente.[763]

CASA[764]	untersucht die drei Schwerpunkte Unternehmungskultur, Markt- und Wettbewerbssituation und Kosten- Ergebnisposition einer Unternehmung anhand spezifischer Erfolgsfaktoren und erstellt aus den Bewertungsergebnissen eine Strategiediagnose.
DECIDEX[765]	Wettbewerbsanalyse für die Vorbereitung der Einführung von neuen Produkten und Dienstleistungen. Die folgenden Aufgabenbereiche werden abgedeckt: Absatzprognose, Verhalten der Lieferanten, Wettbewerbsanalyse und Vertriebskanalbewertung.
ICS[766]	Unterstützung bei der Wettbewerbsanalyse und der Strategieentwicklung in einer Branche mit Mehrproduktunternehmungen, die stark differenzierte Produkte anbieten.
STRATEGIC PLANNER[767]	Unterstützung bei der Unternehmungsstrategieentwicklung, Identifikation der Chancen und Risikogrößen, relative Wettbewerbsposition mit den Erweiterungen Neugeschäftsentwicklung, Franchising, Mail Order Marketing, Neuprodukteinführung und Finanzinvestition.
Marketing Strategy Assistant (MSA)[768]	MSA ersetzt einen Spieler in einem Unternehmungsspiel und trifft intelligente Marketingentscheidungen in Abhängigkeit vom Geschehen im Spielablauf. Zur Erstellung der Regelbasis wurden Erkenntnisse aus der PIMS-Studie und der Produkt-Portfolio-Analyse verwendet. Marktanteil und Gewinnanteil bilden die Grundlage für die zu entwickelnde Marketingstrategie.[769]
SHANEX[770]	Marktanteilsanalyse in der Konsumgüterindustrie für einen Markenartikler auf der Basis von Nielsen-Paneldaten.[771] Der Marktanteil hängt vom relativen Umfang der globalen Verkaufsunterstützung und vom Preis ab.
QUESTOR[772]	Wissensbasierter Arbeitsplatz für empirische Markt- und Sozialforschung, Unterstützung eines Marktforschungsprojekts von der Fragebogengestaltung, über Codierung, Dateneingabe und Tabellengenerierung bis zur Erstellung der Präsentation.

Tab. 5-5: Weitere integrierbare realisierte wissensbasierte Systeme[773]

---

[762] Vgl. Lelke; Werners/EXSTRABS/S. 318.

[763] Vgl. Lelke; Werners/EXSTRABS/S. 319.

[764] Vgl. Müller-Wünsch/Wissensbasierte Unternehmensstrategieentwicklung/S. 91 ff.

[765] Vgl. Levine; Maillard; Pomerol/Décision Stratégique/S. 153 - 155,
Levine; Maillard; Pomerol/DECIDEX, a multi-expert system/S. 247 - 255.

[766] Vgl. Syed; Tse/Integrated Consulting System/S. 183 - 207.

[767] Vgl. Mockler/Knowledge-based systems for strategic planning.

[768] Vgl. Cross; Foxman; Sherell; Kishore/A Marketing Strategy Assistant.

[769] Vgl. Esch; Muffler/Expertensysteme im Marketing/S. 149.

[770] Vgl. Alpar/Expert Systems in Marketing.

[771] Vgl. Esch; Muffler/Expertensysteme im Marketing/S. 148.

[772] Vgl. o.V./QUESTOR/S. 1 - 4.

[773] Eigene Zusammenstellung des Verfassers.

Alle angeführten wissensbasierten Systeme eignen sich inhaltlich für eine Integration in ein Marketing-Informationssystem und weisen einen direkten Bezug zur Problematik der Beurteilung des Absatzes von Produktinnovationen auf. Doch treten auch hier Schnittstellenprobleme auf. Durch eine wissensbasierte Komponente im Marketing-Informationssystem könnte auch hier eine Integration dieser existenten wissensbasierten Systeme ermöglicht werden.

5.4 Empirische Untersuchung über die Informationsversorgung von Unternehmungen im Kammerbezirk der IHK-Kassel

5.4.1 Untersuchungsdesign und Zielsetzung der Untersuchung

Den vorangehenden Ausführungen zu realisierten Marketing-Informationssystemen lagen empirische Untersuchungen zugrunde, die in großen Unternehmungen durchgeführt wurden.[774] Um zu ermitteln, ob diese Ergebnisse auch auf die mittelständische Wirtschaft zu übertragen sind bzw. welche spezifischen Problembereiche die mittelständische Industrie auszeichnen, wurde eine Umfrage über die Informationsversorgung bei Unternehmungen im Kammerbezirk der IHK-Kassel durchgeführt.[775] Befragt wurden Unternehmungen bevorzugt aus den Wirtschaftszweigen Maschinenbau, elektrotechnische Erzeugnisse, Kunststofferzeugnisse, des Ernährungsgewerbes und EBM-Waren.[776] Ein erstes Ziel der Untersuchung war, eine Ist-Analyse über das vorhandene Datenangebot innerhalb der vorwiegend mittelständischen Unternehmungen des nordhessischen Wirtschaftsraumes durchzuführen, um Defizite in der Informationsversorgung zu erkennen. Die daraus abzuleitenden Lösungsansätze, insbesondere zur Verbesserung der Informationsversorgung im Innovationsmanagement, bildeten den zweiten Teil der Untersuchung.

---

[774] Spang/Informationsmodellierung/S. 26.
Die Umfragen von Amstutz (1969), Boone und Kurtz (1971) basieren auf den Fortune Top 500; die Umfragen von Jobber (1975), Fletscher (1981) und Johnston und Woodward (1987) basieren auf den Times Top 500. Die Umfrage zum Anwendungsstand von Marketing-Informationssystemen in der Bundesrepublik nach Spang/Scheer (92) umfaßt die 100 größten deutschen Industrieunternehmen.

[775] Zusammenstellung der Ergebnisse in: Polster/Informationsversorgung im Innovationswettbewerb.

[776] 275 Fragebögen wurden versendet; die Ergebnisstichprobe enthält 52 Fragebögen. Vgl. zum genauen Untersuchungsdesign: Polster/Informationsversorgung im Innovationswettbewerb/S. 8.

Ein Großteil der untersuchten Unternehmungen zeichnete sich durch eine rege Innovationstätigkeit aus, wie aus nachstehender Grafik ersichtlich wird.

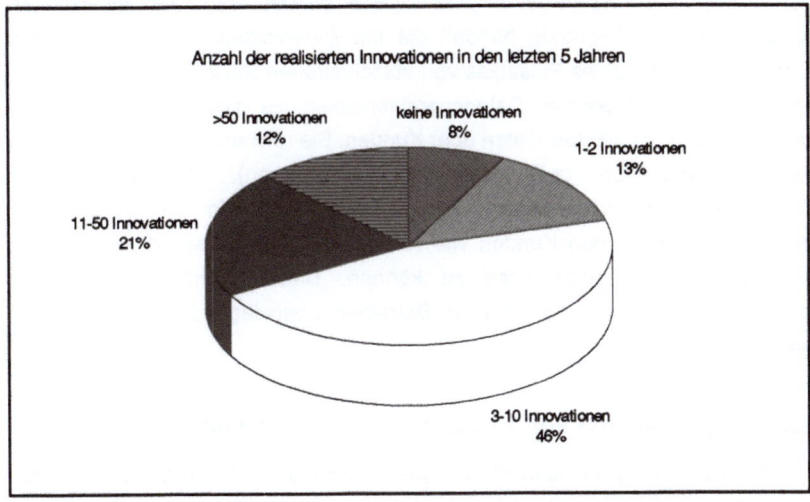

Abb. 5-3: Innovationstätigkeit der untersuchten Unternehmungen[777]

5.4.2 Speicherung und Verarbeitung von Umsatz- und Kunden-daten

5.4.2.1 Speicherung von Umsatz- und Kundendaten

Der Schwerpunkt bei der Speicherung von Umsatz- und Kundendaten liegt bei den befragten Unternehmungen bei den Unternehmungsdatenbanken und den einfachen Dateien. 11,5% der befragten Unternehmungen speichern ihre Umsatz- und Kundendaten nur auf Karteikarten oder in einfachen Listen, 21,1% nutzen nur die einfachste Datentechnik zur Speicherung. Immerhin 67,3% nutzen eine oder mehrere Datenbanken für Absatz-, Marketing- und/oder Un-ternehmungsdaten.[778]

Anzahl der eingesetzten Speichermedien (z.B. Karteikarten, Listen, Dateien, Datenbanken)	1	2	3	4
% der Unternehmungen	27%	40%	29%	4%

Tab. 5-6: Einsatz unterschiedlicher Speichermedien

---

[777] Eigene Darstellung des Verfassers.

[778] Vgl. hierzu Tab. A-5 im Anhang.

Die vorstehende Tabelle zeigt die Tendenz auf, daß in Unternehmungen häufig nicht nur ein einziges Speichermedium für Umsatz- und Kundendaten verwendet wird. Hieraus ist nicht zwingend zu schließen, daß es sich um redundante Datenbestände handelt die mit Dateninkonsistenzen verbunden sind. Die Ursache eines Einsatzes von verschiedenen Speichermedien ist auch in den unterschiedlichen Datencharakteristiken zu suchen. Kundendaten umfassen auch qualitative Daten über Kunden. Sie reichen von Besonderheiten in der Produktion (z.B. besondere Rezepturen), insbesondere bei Auftragsfertigung, Lieferzeiten, Zahlungszielen bis hin zu persönlichen Informationen über den Kunden wie Hobby oder Familienstand, um gezielte Marketingaktionen durchführen zu können. Diese Informationen werden zumindest in kleinen und mittleren Betrieben überwiegend auf Karteikarten gespeichert.

5.4.2.2 Auswertung von Umsatz- und Kundendaten

Der Einsatz der Daten-Auswertungssysteme konzentriert sich bei den befragten Unternehmungen auf reine Informationssysteme.[779] Hier zeigte sich ein weiteres Defizit im Datenangebot auf. Über 40% der Berichtsfirmen nutzten nicht die Möglichkeit, mittels eines rechnergestützten Informationssystems einen raschen Zugriff auf verschiedenste Informationen wie z.B. monatliche Absatzzahlen, Auftragseingänge, Zahlungseingänge zu ermöglichen. Sie müssen immer noch den mühsamen Weg einer manuellen Suche durch Listen oder Journale gehen und manuell Monatszahlen oder Jahreswerte berechnen. Die Einführung eines Marketing-Informationssystems wäre somit für über ein Drittel der Unternehmungen eine erhebliche Neuerung, da notwendigerweise die vorhandenen Datenbestände erstmalig in eine Datenbank aufgenommen werden müßten.

5.4.2.3 Erfassung von Kundenwünschen

Bei den externen Informationsquellen bilden die Außendienstinformationen den Spitzenreiter.[780] Zur Erfassung von Kundenwünschen und somit als Ideenquelle für neue Produkte nutzen 93% der befragten Unternehmungen den Außendienst, 79% nutzen Messegespräche, 58% nutzen Konkurrenzinformationen. Informationen von Marktforschungsinstituten (6%), insbesondere in der

---

[779] Polster/Innovationswettbewerb - Woher kommen die Informationen?/S. 19.

[780] Polster/Innovationswettbewerb - Woher kommen die Informationen?/S. 20.

Konsumgüterbranche und persönliche Gespräche mit Kunden wurden ebenfalls vereinzelt eingesetzt.

5.4.3 Absatzschätzung für eingeführte und neue Produkte

5.4.3.1 Rechnerunterstützung

Im Rahmen der Befragung ergab sich, daß nur 85% eine Analyse und sogar nur 27% eine rechnergestützte Schätzung des Absatzes ihrer eingeführten Produkte vornehmen. Auffällig war, daß die Unternehmungen, die keine Innovationen in den letzten 5 Jahren tätigen, zwar zu 100% eine vergangenheitsorientierte Absatzauswertung vornehmen, aber keine eine zukunftsorientierte Absatzschätzung durchführt. Ein Defizit von 43% bzw. 20% bei der rechnerunterstützten Absatzauswertung ist bei den Unternehmungen mit 1-2 bzw. 3-10 Innovationen zu verzeichnen.

5.4.3.2 Softwareunterstützung

Bei der Softwareunterstützung dominiert eindeutig das Programm EXCEL mit 30%. Ebenfalls sehr häufig wird Lotus 1-2-3 (16,6%) eingesetzt. Weitere häufig eingesetzte Software sind verschiedene KHK-Produkte (7%) und Clipper (7%). Vereinzelt wurden u.a. die Standardsoftwareprodukte SPSS, Symphony, Open Access, Multiplan und Samac sowie die Programmiersprachen QBasic und RPG 3 eingesetzt.

5.4.3.3 Nutzung von Befragungen

Über 80% der Unternehmungen führen in regelmäßigen oder unregelmäßigen Abständen Vertreter-, Experten- oder Konsumentenbefragungen über den Absatz neuer Produkte durch.[781] Diese Befragungen ermöglichen, das produktspezifische Wissen von Vertretern und Experten zu berücksichtigen. Konsumentenbefragungen liefern darüber hinaus Anhaltspunkte für Trends im Konsumenten- bzw. Kaufverhalten.[782] Der Begriff Experte ist dabei sehr weit zu fassen. Als Experte gilt jemand, der über produktspezifisches Wissen verfügt. Der Produktmanager verfügt beispielsweise über die entsprechenden Markt- und Konkurrenzkenntnisse, während der Techniker die produktionsspezifischen

---

[781] Vgl. hierzu im einzelnen die Abbildungen A-3 bis A-8 im Anhang unter Frequenz und Horizont von Befragungen zur Absatzschätzung

[782] Polster/Informationsversorgung im Innovationswettbewerb/S. 29.

und technologischen Besonderheiten kennt.[783] Für eingeführte Produkte führen die Unternehmungen Vertreterbefragungen mit 73,1%, Konsumentenbefragungen mit 42,3% und Expertenbefragungen mit 36,5% durch. Besonders häufig werden Vertreterbefragungen mit einer jährlichen Frequenz und
einem Zeithorizont bis 2 Jahre durchgeführt (25%). Für neue Produkte führen
die Unternehmungen Vertreterbefragungen mit 76,9%, Konsumentenbefragungen mit 40,4% und Expertenbefragungen mit 38,5% durch. Hier
überwiegen ebenfalls Vertreterbefragungen mit einer jährlichen Frequenz und
einem Zeithorizont bis 2 Jahre (23 %). Ebenso viele Unternehmungen führen
aber auch unregelmäßig Vertreterbefragungen für neue Produkte bei einem
Zeithorizont bis 2 Jahre durch (23%).

5.4.3.4 Nutzung mathematischer Prognoseverfahren

Bei der Nutzung von mathematischen Prognoseverfahren war ein besonders
starkes Defizit zu verzeichnen. 5,8% der befragten Unternehmungen führen
eine Prognose für eingeführte Produkte und 3,8% eine Prognose für neue
Produkte durch. Bei den eingeführten Produkten werden exponentielle Glättung
und lineare Regression sowie Trendschätzung zumeist mit einer Frequenz von
2 Monaten bis jährlich bei einem Zeithorizont von 1 Monat bis 2 Jahre
eingesetzt. Diffusionsmodelle werden überhaupt nicht verwendet.

5.4.3.5 Nutzung subjektiver Markt-Informationen

75% der Unternehmungen berücksichtigen zur Absatzschätzung subjektive
Marktinformationen von Vertretern, Lieferanten, Mitbewerbern oder Verbänden.
Für bereits eingeführte Produkte nutzen 63,5% Informationen von Vertretern,
32,7% von Lieferanten, 40,4% von Mitbewerbern und 30,8% von Verbänden.
Für neue Produkte nutzen 50% Informationen von Vertretern, 33% von Liefe-
ranten, 39,6% von Mitbewerbern und 14,6% von Verbänden.

5.4.3.6 Ergänzende Informationsquellen

7,7% der befragten Unternehmungen nutzen externe Datenbanken. Eingesetzt
werden sie sowohl von Unternehmungen ohne Innovationstätigkeit (!) wie auch
von Unternehmungen mit 50 und mehr Innovationen. 5,8% nutzen Paneldaten.
Hier liegt der Einsatz bei Unternehmungen mit mittlerer Innovationstätigkeit (3-
10 bzw. 11-50 Innovationen).

---

[783] Polster/Informationsversorgung im Innovationswettbewerb/S. 31.

5.4.4 Fazit der Untersuchung

Die Verfügbarkeit von Daten in den befragten Unternehmungen war im Durchschnitt zufriedenstellend. Es waren jedoch verschiedene Defizite zu erkennen, insbesondere im Bereich der Datenhaltung und der Datenaufbereitungssysteme, die eine Einführung eines Marketing-Informationssystems erschweren. So setzten beispielsweise über 30% der befragten Unternehmungen nur Karteikarten, Listen oder einfache Dateien zur Speicherung von Umsatz- und Kundendaten ein. Trotzdem wäre mit den Datenangebot eine ausreichende, wenn auch nicht umfassende, Informationsversorgung für die Innovationsplanung zu realisieren. Gerade im Bereich der qualitativen Daten werden umfangreiche Informationen von den Unternehmungen gewonnen. Außendienstinformationen und Messegespräche werden von einem Großteil der Unternehmungen genutzt. Wie bereits bei der Erfassung subjektiver Daten angesprochen wurde, liegt jedoch ein besonderes Informationspotential bei Konkurrenzinformationen. Insbesondere im Hinblick auf eine Produktinnovationstätigkeit stimmt es bedenklich, daß über 40% der befragten Unternehmungen diese Informationsquelle nicht nutzen.

Das Problem der mittelständischen Unternehmungen liegt nicht im eigentlichen Datenangebot, sondern vielmehr in der realisierten Informationsnachfrage.

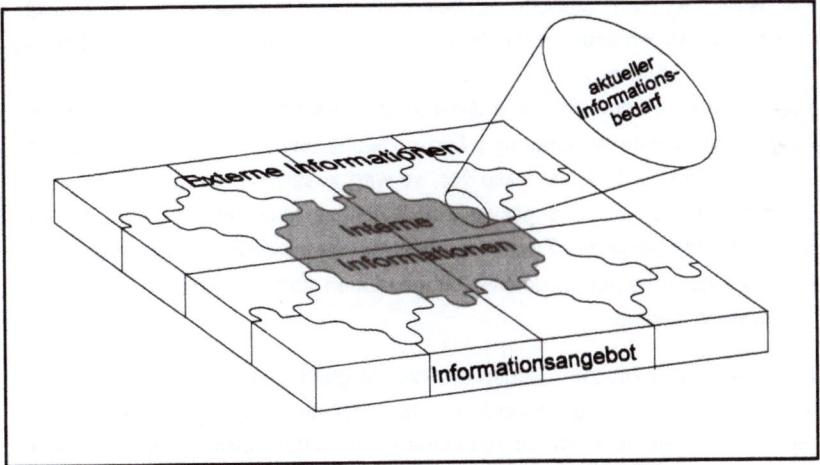

Abb. 5-4: Auswahlproblem des aktuellen Informationsbedarfs[784]

---

[784] Eigene Darstellung des Verfassers.

Der geringe Einsatz von Informations- bzw. Entscheidungsunterstützungs-
systemen (56% bzw. 27%) verweist auf die Problematik in den untersuchten
Unternehmungen, aus einer Fülle von internen und externen Informationen
möglichst rasch, umfassend und doch zielgerichtet den aktuellen Informationsbedarf zu decken. Die zu berücksichtigenden Informationen für Produktinnovationen sind zum Teil quantitativ faßbare Größen wie Absatzzahlen,
Konkurrentenzahl oder Marktvolumen. Anhand der Prognose dieser Werte
kann die Produktinnovationsplanung sinnvoll unterstützt werden. Die Absatzanalyse eingeführter Produkte beispielsweise kann u.U. auf die Notwendigkeit einer Veränderung des Produktes hinweisen. Eine effektive Verarbeitung dieser wichtigen Daten ist bisher noch nicht realisiert.

Hier besteht somit ein Handlungspotential darin, einen Weg zu finden, um das
in den Unternehmungen vorhandene Datenangebot auch einer zielgerichteten
Informationsnachfrage zuzuführen. Ein erster Schritt sollte in Richtung einer
Datenbankunterstützung gehen, wobei relationale Datenbanken u.a. aufgrund
der Wartbarkeit zu bevorzugen sind. Dabei wird eine Speicherung von
qualitativen Kundendaten in Form von Textdateien eine hilfreiche Ergänzung
bilden.

Wichtig ist eine Unterstützung bei der Abfrage der innovationsrelevanten Daten. Häufig ist dem "typischen mittelständischen Unternehmer" nicht bewußt,
daß er über Daten bzw. Informationen verfügt, die seine Entscheidungsfindung
unterstützen können. Zum Teil müssen diese Daten aufbereitet werden, doch
bereits einfache Informationssysteme bieten heutzutage verschiedene Auswer-
tungsmöglichkeiten an. Liegt eine Datenspeicherung in Form einer relationalen
Datenbank mit SQL-Schnittstelle vor, so wird zusätzlich die Transformation in
unterschiedliche Auswertungssysteme erleichtert. Eine Steuerung der Auswertung mit entsprechenden Freiheitsgraden für den jeweiligen Benutzer und intelligenter Checkliste für qualitative Informationen sollte ebenfalls DV-technisch
vorgegeben werden.

Mit Hilfe eines benutzerfreundlichen, rechnergestützten Informationssystemes
sollte es in Zukunft möglich werden, auch qualitative Informationen aufzuberei-
ten, um diese gemeinsam mit den vorhandenen quantitativen Daten zur erfolgreichen Innovationsplanung einzusetzen.

6 Nutzen und Probleme einer wissensbasierten Komponente im Marketing-Informationssystem

Im folgenden Teil sollen die im Rahmen dieser Arbeit ermittelten positiven und negativen Wirkungen einer wissensbasierten Unterstützung bei der Beurteilung des Absatzverlaufes von Produktinnovationen in einem Marketing-Informationssystem zusammenfassend herausgearbeitet und dargestellt werden.

6.1 Integration einer wissensbasierten Komponente in Marketing-Informationssysteme

Anhand der Ergebnisse aus der durchgeführten empirischen Untersuchung sind als Zielgruppe für ein Marketing-Informationssystem mit wissensbasierter Komponente die meisten mittelständischen Unternehmungen aufgrund der defizitären systemtechnischen Unterstützung bei der Informationsversorgung im Produktinnovationsprozeß bisher noch auszuschließen. Im folgenden soll sich deshalb insbesondere auf Unternehmungen bezogen werden, die bereits, wenigstens in Teilbereichen, DV-gestützte Informationssysteme einsetzen.

Die vorangehenden Ausführungen haben gezeigt, daß es sowohl bei den vorhandenen Entwicklungsumgebungen für wissensbasierte Systeme, bei realisierten Management- und insbesondere Marketing-Informationssystemen wie bei den eingesetzten Statistikprogrammen Schnittstellen bzw. Lösungsansätze für Anbindungen gibt, die es ermöglichen würden, die vorgestellte Konzeption eines Systems zur Beurteilung von Produktinnovationen umzusetzen.

Die Hauptvorteile liegen in dem Zusammenwirken einer Methodenbank mit den einzelnen Beurteilungsansätzen wie Prognoseverfahren, Diffusionsverfahren, Hochrechnungsverfahren u.ä. mit einer Datenbank mit den benötigten Ausgangsdaten aus unternehmungsinternen und -externen Bereichen in einem einheitlichen Programm unter einheitlicher Benutzeroberfläche mit einer gleichzeitigen Anbindung von heuristischem Wissen in Bezug auf den Produktinnovationsprozeß und einer Verarbeitung von unsicherem und/oder unvollständigem Wissen.

Ein Hauptproblem besteht jedoch jeweils beim Zugriff von wissensbasierten Systemen auf Datenbestände in den einzelnen Datenbanken (interne oder externe Datenbanken), unabhängig davon, ob sie sich in Informationssystemen oder in den oben angesprochenen Expertensystemen befinden oder unabhängig davon bestehen.

Zwar gibt es beim hierarchischen Datenmodell ebenso wie beim Netzwerk-Datenmodell Entwicklungsbestrebungen, verschiedene Zugriffsmethoden und verschiedene Verknüpfungstechniken zu unterstützen, doch bleibt das Merkmal eines navigierenden, satzorientierten Datenzugriffs erhalten.[785] Auch bei relationalen Datenmodellen, die sich in der Praxis durchgesetzt haben, insbesondere auch bei Marketingdaten, liegt eine datenorientierte Betrachtungsweise vor, obwohl beim Benutzer vielfach eine objektorientierte Betrachtungsweise vorherrscht und für wissensbasierte Systeme eine Objektorientiertheit vorteilhaft wäre.

Viele KI-Shells greifen dementsprechend auf Datenbanken in derselben Art und Weise zu, wie auch herkömmliche prozedurale Programme. Herkömmliche Programme können Datenbankobjekte nicht direkt in ihrer eigenen Programmiersprache manipulieren, sondern benötigen hierzu eine Datenmanipulationssprache wie DL1 für IMS-Datenbanken oder SQL für relationale Datenbanken. Das bedeutet, daß die Datenbankobjekte außerhalb des logischen Adreßraums der Programmiersprache liegen. "Prozedural"-orientierte KI-Shells benötigen entweder eine Datenbank-Subsprache, die in die Regeln eingebettet werden muß, oder Aufrufe an Datenbankmanagementsystem-abhängige Schnittstellenroutinen, in denen die Datenmanipulationssprache isoliert vorhanden ist.

Der gravierende Nachteil dieses Zugriffsmechanismus liegt darin, daß der Inferenzmaschine nicht ein vollständiger Zugriff auf alle Datenbankobjekte ermöglicht wird. Datenbankobjekte, die normalerweise außerhalb des logischen Adreßraums liegen, können nicht erst aufgrund der Konsultation geladen werden. Die Inferenzmaschine kann nicht selbst entscheiden, benötigte externe Sätze, z.B. aus einem Expertensystem zur Wettbewerbsanalyse oder aus einer externen Datenbank, einzulesen, weil diese sich außerhalb des Adreßraums befinden. Alle potentiell relevanten Datensätze müssen somit gezwungenermaßen gelesen werden, ehe eine Regel "gefeuert" bzw. angewendet wird, so daß ein sehr unnatürliches sequentielles Verfahren entsteht. Neuere Shells verwenden deshalb objektorientierte Datenbankschnittstellen, mit deren Hilfe alle internen und externen Objekte durch dieselbe Sprache manipuliert werden können.[786]

---

[785] Vgl. Linnemann/Neue Entwicklungen/S. 11. 1.

[786] KBMS von AICorp liefert drei Sprachen zur Manipulation der Objekte, nämlich die Regelsprache, AI/SQL und das natürlichsprachliche Retrieval-System INTELLECT. vgl. dazu Harris/Anbindung von Expertensystemen /S. 4f.

Die Programmiersprache und die Datenmanipulationssprache werden nicht unterschieden. Das System muß die erforderliche Datenmanipulationssprache im Hintergrund generieren; soweit aber die Inferenzmaschine betroffen ist, befinden sich alle Datenbankobjekte innerhalb des logischen Adreßraums der Regelsprache. Das objektorientierte Konzept hat den Vorteil, daß es über mehrere Datenbanksysteme generisch ist. Die Regeln können unabhängig von den jeweils betroffenen Datenbanksystemen geschrieben werden. Mit einem Übergang der unternehmungseigenen Datenbanken vom relationalen Datenmodell zum objektorientierten Datenmodell in naher bzw. absehbarer Zukunft wird die Schnittstellenproblematik einer angestrebten Integration und insbesondere der Entwicklungsaufwand weiter verringert werden können.

6.2 Positive Auswirkungen

Wenn die traditionelle Prognose durch DV-Anwendungen über die statistischen Softwarepakete hinaus im Entscheidungsprozeß aufgebessert oder erweitert wird, ergeben sich je nach Ausmaß Verbesserungen unterschiedlicher Ausprägung. Die ersten Verbesserungen ergeben sich bereits, wenn einfache Informationsverarbeitungsvorgänge, wie Speichern und der Abruf großer Datenmengen wie z.B. Absatz- oder Umsatzzahlen, erleichtert werden.[787] Vielleicht den wichtigsten Verbesserungsbeitrag liefert die Computerunterstützung durch ihre Möglichkeit, alle Schritte des Beurteilungsprozesses gleichzeitig zu berücksichtigen.[788] Komplexe, strategische Entscheidungen lassen sich in eine Liste von abzuarbeitenden Teilaufgaben gliedern.[789] Der in den vorangehenden Ausführungen vorgestellte Ansatz beinhaltet schließlich neben der Auswahl und Unterstützung der Absatzprognose auch die Navigierung durch verschiedene, phasenabhängige strategische Faktoren im Produktlebenszyklus und involviert unterschiedliche Erfolgs- bzw. Mißerfolgskriterien. Dies hat zur Folge, daß durch den Einsatz eines wissensbasierten Marketing-Informationssystems automatisch ein hohes Maß an Konsistenz über weite Bereiche strategischer Entscheidungen erreicht wird. Ein vergleichbarer, ebenso umfassender Einblick in die einzelnen Phasen der Entscheidungsfindung kann durch eine "manuelle" Führung schwer geschaffen werden, ist gegebenenfalls sogar unmöglich.

---

[787] Vgl. Dannenberg/Microcomputergestützte Instrumente/S. 96.

[788] Vgl. Schober/Rechnergestützte strategische Planung/ S. 183f.

[789] Vgl. o.V./Wissen nutzen Teil II/S. 62.

Die umfassende Verfügbarkeit relevanter strategischer Informationen und leistungsfähiger Analyse- und Prognosemethoden ermöglicht somit eine Reduktion in der Entscheidungskomplexität.[790] Ferner wird der Koordinationsaufwand erheblich reduziert.

Von besonderer Bedeutung bei strategischen Entscheidungen, insbesondere im Bereich von Produktinnovationen, scheint in den letzten Jahren die Zeit als Erfolgsfaktor zu sein. In zweifacher Weise beschleunigt ein Informationssystem den Arbeitsablauf.[791] Einerseits können große Datenmengen aus der unternehmungseigenen Datenbank und externen Datenquellen innerhalb eines sinnvollen Zeitrahmens berechnet werden, mit dem Ergebnis, daß die Überlegungen auf aktuelleren und genaueren Prognosen beruhen. Andererseits werden Änderungen der Einflußfaktoren und Determinanten schnell und mit allen Konsequenzen aufgenommen. Auf diese Weise erhöht ein Informationssystem und insbesondere ein wissensbasiertes System auch die Flexibilität gegenüber Umwelt- und Umfeldveränderungen, wie sie im Marketingbereich verstärkt zu finden sind.[792] Die Neubeurteilungsmöglichkeiten werden in ihrer vollen Breite erfaßt und erlauben eine schnelle Anpassung der Handlungsaktivitäten. Durch das "disziplinierte" Arbeiten mit einem wissensbasierten Marketing-Informationssystem wird der Anwender gezwungen, alle wesentlichen Informationen einzugeben und auszuwerten, wobei die "intelligente Checkliste" die Eingabe erleichtert und notwendige Hinweise bzw. Erläuterungen gibt. Bereits stattgefundene Absatzprognosen oder Erkenntnisse aus der Einführungsphase der Produktinnovation gehen durch das Ausscheiden von Schlüsselpersonen wie z.B. Branchen-Experten nicht mehr verloren. Da alle am Prognosebildungsprozeß beteiligten Personen die "gemeinsame" Sprache des Informationssystems sprechen, wird die Entscheidungsprozeßkommunikation sinnvoll unterstützt.[793] Dies hat zur Folge, daß die Prognostiker um eine möglichst objektive Darstellung ihrer Vorstellungen bemüht sind.

Nicht zu vernachlässigen ist in konventionellen Systemen der Mitläufereffekt, der bei jeder subjektiven Schätzung durch mehrere Experten auftreten kann. Die Schätzung einer Absatzprognose ergibt sich jeweils als Summe der einzelnen Schätzungen verschiedener Prognostiker. Der Prognosefehler, gemessen

---

[790] Vgl. Meffert/Strategische Unternehmensführung/S. 171.

[791] Vgl. Hanssmann/EDV-Einsatz im strategischen Management/S. 82.

[792] Vgl. Meffert/Strategische Unternehmensführung/S. 171.

[793] Vgl. Mertens; Plattfaut/Ansätze zur DV-Unterstützung /S. 25.

als Varianz der Schätzung, ergibt sich als Summe von n Zufallsvariablen, wobei jede Zufallsvariable als Prognosewert aufgefaßt werden kann.[794] Der erste Summenausdruck erfaßt die Prognosefehler, gemessen durch die Varianz der einzelnen Schätzungen pro Person. Diese ist wahrscheinlich umso kleiner, je sachverständiger die Schätzpersonen sind. Dieser Beitrag zur Gesamtvarianz kann als Experteneffekt bezeichnet werden. In einem wissensbasierten System ist das System selbst der "Experte". Auch wenn verschiedene Fachleute an diesem System arbeiten, wird aufgrund aller Daten und Fakten in der Regel nur eine gemeinsame Schätzung je Produkt oder Artikel ermittelt, so daß der Experteneffekt eliminiert werden kann.

Die zweite Summe erfaßt die Kovarianzen zwischen den Schätzungen für jedes Produkt oder für jeden Artikel. Sind alle Schätzungen stochastisch voneinander unabhängig, so sind die Korrelationskoeffizienten r_{ij} gleich 0 und der Ausdruck entfällt. Werden die Schätzungen aber von Faktoren beeinflußt, die auf alle Schätzpersonen einwirken, so ergeben sich bei genereller Über- oder Unterschätzung positive Korrelationskoeffizienten und die Varianz erhöht sich. Dies gilt z.B. wenn alle Prognosen von dem gleichen beobachteten Wachstumstrend in einer Branche beeinflußt werden. Der Beitrag zur Gesamtvarianz wird deshalb als Ansteckungs- oder Mitläufereffekt bezeichnet. Sind die Prognosen dagegen überwiegend negativ miteinander korreliert, so verringert sich die Varianz. In einem wissensbasierten System können Einflußfaktoren für Absatzentwicklungen aufgrund der vielen Unsicherheiten ebenfalls über- oder unterschätzt werden, Der sogenannte Mitläufereffekt kann somit auch in einem wissensbasierten System nicht vollständig ausgeschlossen werden. In der Regel ist er jedoch aufgrund der umfassenden Verarbeitung von Unsicherheiten und der verstärkten Berücksichtigung von mehreren Einflußfaktoren geringer als in konventionellen Prognosesystemen.

Wie in dieser Arbeit gezeigt wurde, liegt ein weiterer Vorteil der wissensbasierten computergestützten Absatzprognose in ihrem Potential, komplexe Modelle wie Diffusionsmodelle und Analyseverfahren mit qualitativen Daten erstmals anwendungsfähig gemeinsam zu realisieren. Man denke hier auch an die Kombination von Prognoseverfahren. Durch die Unterstützung können somit nicht nur bereits bestehende Modelle praktiziert, sondern auch neue Entwicklungen initiiert werden, so daß in diesem Marketing-Informationssystem auch eine innovative Komponente enthalten wäre.

---

[794] Vgl. Scheer/Absatzprognosen/S. 204.

Ein weiterer aufgezeigter Vorteil liegt darin, daß bei der Entwicklung einer wissensbasierten Modellkonzeption eine explizite Ausformulierung kausaler Wirkungszusammenhänge notwendig wird, besonders bewirkt durch die Komplexität der Interdependenzen der einzelnen strategischen Faktoren in den unterschiedlichen Phasen des Produktlebenszyklus, den Erfolgs- und Mißerfolgsfaktoren und den Prognoseverfahren. Der Prognostiker wird auf diese Weise gezwungen, sich intensiv mit dem Hintergrundwissen bis ins kleinste Detail auseinanderzusetzen, was bewirkt, daß ein hoher Grad an Verfahrens-Know-How erreicht werden kann. Das System kann somit zusätzlich eine bestimmte Lernfunktion erfüllen.

Eine nicht unwesentliche Hilfe liefert eine durch ein Informationssystem gestützte Absatzbeurteilung dadurch, die erarbeiteten Ergebnisse in eine entsprechende Form zu bringen und in für die Adressaten, z.B. das Top-Management, überzeugender Weise zu präsentieren. Wie in den Ergebnissen der Untersuchung von Spang/Scheer über den Entwicklungsstand von Marketing-Informationssystemen deutlich wurde, besteht insbesondere für den Aufgabenbereich der Marktforschung/ Absatzprognose ein erhebliches Defizit.[795] Durch die mit einer wissensbasierten Komponente ermöglichte Darstellung von unsicheren Entwicklungen, z.B. in Form von Konfidenzintervallen oder Certainty Factors, kann dieses Defizit verringert werden. Schon derzeit ist es mit einer manuellen Modellierung möglich, Krisensituationen frühzeitig zu erkennen, Diskontinuitäten wahrzunehmen oder Trends vorherzusagen,[796] jedoch erheblich schwieriger als bei einer wissensbasierten DV-Unterstützung. Als Folge davon sind starke Akzeptanzprobleme im Marketing-Management zu verzeichnen, die mittels eines Marketing-Informationssystems mit einer umfassenden Benutzerschnittstelle, incl. Erklärungskomponente und einer eventuell mit Hypertext erstellten Hilfefunktion, erheblich reduziert werden können.

---

[795] Vgl. Spang/Scheer/Entwicklungsstand von Marketinginformationssystemen/S. 186.

[796] Vgl. Mertens; Plattfaut/Ansätze zur DV-Unterstützung/S. 24,
Krallmann/Strategische Entscheidungsunterstützungssysteme/S. 193.

Für das konzipierte System zur Beurteilung von Produktinnovationen liegt somit ein weiteres Anwendungspotential im Einsatz als operatives[797] und strategisches Früherkennungssystem. Durch die Existenz eines Marketing-Informationssystems mit wissensbasierter Komponente kann auch der kognitive Stil des Managements geprägt werden, indem die Offenheit gegenüber Informationen und die Auseinandersetzung mit strategischen Analyse- und Prognosemethoden gefördert wird.[798]

Insgesamt ist somit festzuhalten, daß das Erfolgspotential eines Marketing-Informationssystems mit wissensbasierter Komponente in dem Bereich der Beurteilung der Absatzentwicklung von Produktinnovationen so groß ist, daß eine Realisation des vorgestellten Konzeptes unbedingt anzustreben ist. Die möglichen negativen Auswirkungen dieser Realisation dürfen jedoch nicht unerwähnt bleiben und sollen deshalb im folgenden Teil diskutiert werden.

6.3 Negative Auswirkungen

Bei Kritikern wissensbasierter Systemen gibt zumeist eine Kombination aus emotionalen, sachlichen und aus Erfahrung resultierenden Beweggründen den Anlaß zur Ablehnung. Diese Kritik darf nicht vernachlässigt werden, da sie auf seriösen Fakten und anerkanntem Erfahrungswissen basiert. Sie liefert jedoch auch einen konstruktiven Beitrag bei der Verbesserung zukünftiger Systeme. Es könnte angeführt werden, daß die Verwirklichung von objektiven, analytisch-rationalen Modellen, wie z.B. Diffusionsmodelle, durch ein Marketing-Informationssystem die Gefahr beinhaltet, die notwendige Intuition bei der Beurteilung von Produktinnovationen zu dämpfen. Dem muß entgegengehalten werden, daß DV-Unterstützung und insbesondere eine wissensbasierte Unterstützung nicht mit Mechanisierung gleichgesetzt werden darf. Wie bereits mehrfach angesprochen, finden auch nicht nur quantitative Verfahren Anwendung, sondern auch qualitative Verfahren bzw. Faktoren. Es werden somit nicht nur Daten, sondern auch Wissen verarbeitet.[799] Das bedeutet, daß intuitive Einschätzungen über zukünftige Entwicklungen eher gefördert und unterstützt als prohibiert werden.

---

[797] Vgl. Knappe/DV-Konzepte operativer Früherkennungssysteme/S. 22 ff.

[798] Vgl. Meffert/Strategische Unternehmensführung/S. 171.

[799] Vgl. o.V./Wissen nutzen, Teil I/S. 39.

Ein weit verbreitetes Argument gegen ein DV-Modell im allgemeinen liegt in der Natur der zu lösenden Problematik: Handhabung der Komplexität, Unsicherheit und Beschleunigung der Umwelt- und Unternehmungsdynamik. Eine Anpassung der Modelle und deren Daten an die sich ständig ändernden externen und internen Faktoren erhöhe den Programmierungsaufwand derart, daß die Kosten den Erkenntnissen in keiner Weise gerecht wüden. Gerade in der Aufbauphase steht ihnen oft nur ein geringer Nutzen gegenüber.[800] Auch, so die Argumentation, stehen die Modelle zumeist erst bereit, wenn sich die Gegebenheiten bereits wieder verändert haben. Das Argument der umfangreichen Aufbauphase ist nicht zu entkräften, doch erhält das Marketing-Informationssystem einen umfassenden Methodenvorrat, wird eine schnellere Reaktion auf dynamische Bewegungen und Änderungen am Markt ermöglicht als in konventionellen Systemen.

6.4 Besondere Schwierigkeiten statistisch-orientierter wissensbasierter Systeme im strategischen Marketing

Gegenüber wissensbasierten Systemen in anderen Marketingbereichen weisen statistisch orientierte wissensbasierte Systeme eine Reihe spezifischer Probleme auf, die gesondert betrachtet werden müssen.[801] In vielen Situationen ist mehr als ein Verfahren anwendbar (u.U. abhängig von unterschiedlichen, nicht nachprüfbaren Annahmen). Statistiker sind uneins über die angebrachte Verfahrensweise z.B. bei Prognosen, und es gibt kein anerkanntes Kriterium (Gütemaß) dafür, welches davon das beste sei.[802] Die Minimierung des Prognosefehlers ist kein Garant für eine treffsicher Prognose in der nächsten Periode. Selbst wenn nur ein einziges statistisches Verfahren geeignet ist, sind oft differierende Folgerungen möglich, zum Beispiel "Der Ausreißer ist ein

---

[800] Vgl. Meffert/Strategische Unternehmensführung/S. 172.

[801] Vgl. hierzu insbesondere die Diskussion über die Nichtexistenz statistischer Expertensysteme Streitberg/Nonexistence/S. 55 - 62,
Chambers; Gale; Pregibon/Existence/S. 63 - 66,
Hajek/What does Logic teach us/S. 67,
Haux/Existence/S. 68 - 69,
Havranek/Comment/S. 70 - 71,
Nelder/Comment/S. 72,
Streitberg/Rejoinder/S. 73 - 74.

[802] Vgl. Hahn/More intelligent statistical software/S. 1 - 8,
Pregibon;Gale/REX: an expert system for regression analysis/S. 242 - 248.

Zufallsprodukt", "Die Verteilung ist nicht normal" oder "Es hat sich ein Beobachtungsfehler eingeschlichen".[803]

Es gibt bisher nur wenige erste Ansätze zu einer Theorie des Problemlösungsverhaltens in der Statistik.[804] Weitere Schwierigkeiten ergeben sich daraus, daß bei der statistischen Beratung und damit auch bei statistischen wissensbasierten Systemen im Marketing zwei sehr unterschiedliche Wissensgebiete in Verbindung treten, wie im vorgestellten Konzept die Prognostik und die strategische Marketingplanung. Der statistische Berater muß die fachlichen Zusammenhänge erkennen oder wenigstens erahnen; der Fachwissenschaftler für Marketing muß ein Verständnis für statistische Methoden entwickeln. Dies führt schon bei Konsultationen zwischen Menschen zu Verständnisschwierigkeiten, auf die in der Literatur im Zusammenhang mit wissensbasierten Systemen an verschiedenen Stellen hingewiesen wird.[805]

Seitdem die Benutzung statistischer Programmpakete immer einfacher wird, ist es besonders wichtig, eine falsche Anwendung statistischer Methoden zu verhindern oder zumindest zu erschweren. Auf die verschiedenen Gründe und Vorgehensweisen der fehlerhaften Anwendung von Statistik-Paketen und auf die Notwendigkeit der Abhilfe ist in der Literatur verschiedentlich hingewiesen worden.[806] Die Fehler betreffen nicht nur die korrekte Auswahl und Anwendung statistischer Methoden, sondern auch die Interpretation der Ergebnisse. Diese Gefahr besteht bei wissensbasierten Systemen für statistische Anwendungen nur in einem geringen Maße. Durch eine gesteuerte Benutzerführung werden die statistischen Annahmen automatisch überprüft, notwendige Parameterschätzungen werden durch Erklärungen aus der Erklärungskomponente erläutert und die Schätzungen selbst zum Teil automatisiert. Konventionelle statistische Methodenpakete mit der gleichen Aufgabenstellung scheitern spätestens dann, wenn Parameterschätzungen aufgrund von Heuristiken oder Verfahren anhand qualitativer Kriterien durchgeführt werden müssen.

---

[803] Vgl. Gebhardt/Statistische Fragestellungen/S.93.

[804] Vgl. Oldford; Peters/Study of statistical strategy/S. 335 - 353.

[805] Vgl. Chambers/Some thoughts on expert software/S. 36 - 40,
Thisted/Representing statistical knowledge/S. 267 - 284,
Huber/Environment for supporting statistical strategies/S. 285 - 294.

[806] Vgl. Gale;Pregibon/Research in statistics/S. 72 - 75,
Hahn/More intelligent statistical software/S. 1 - 8,
Hand/Statistical expert systems/S. 19-27,
Portier; Lai/A Statistical expert system/S. 309 - 311,

Eine allgemeine Gefahr bei DV-Anwendungen, die erst recht das für viele Benutzer unbekannte Feld der Statistik und insbesondere der Prognoserechnungen betrifft, ist die weit verbreitete Computergläubigkeit. Ein wissensbasiertes System sollte daher durch Texte die immanente Unsicherheit bei Resultaten wie Prognosewerten zum Ausdruck bringen und zwar nicht nur bei Erklärungstexten, die der Benutzer anfordert, sondern vielmehr automatisch bei der Ergebnispräsentation. Eine wichtige Aufgabe für ein wissensbasiertes System besteht auch aufgrund des folgenden Umstandes. Da es für einen gegebenen Datensatz nicht nur eine Möglichkeit der statistischen Auswertung, nur ein einziges Prognoseverfahren mit einer bestimmten Parameterkonstellation gibt, besteht die Gefahr, daß der Benutzer mehrere Analysen durchführt und sich dann die ihm genehmen Ergebnisse, wie eine maximale Absatzsteigerung, heraussucht, die ihm nicht passenden, wie einen Absatzrückgang, jedoch ignoriert. Diese Möglichkeit kann mit dem vorgestellten Konzept weitgehend eliminiert werden, z.B. aufgrund der gesteuerten Benutzerführung mit einer umfassenden, regelbasierten Methodenverwaltung.

Wittkowski/Expertensystem zur Datenhaltung und Methodenauswahl,
Wittkowski/Generating and testing statistical hypotheses/S. 139 - 154.

7 Schlußbemerkungen

Derzeit stehen entscheidungsrelevante Informationen für Produktinnovationen nicht im wahlfreien Zugriff der Unternehmungen. Auswertungen der dezentral verwalteten Datenbestände werden unvollständig und unsystematisch vorgenommen. Dadurch sind die Unternehmungen nicht in der Lage, ihre Reaktionszeiten auf Umweltveränderungen zu verringern.

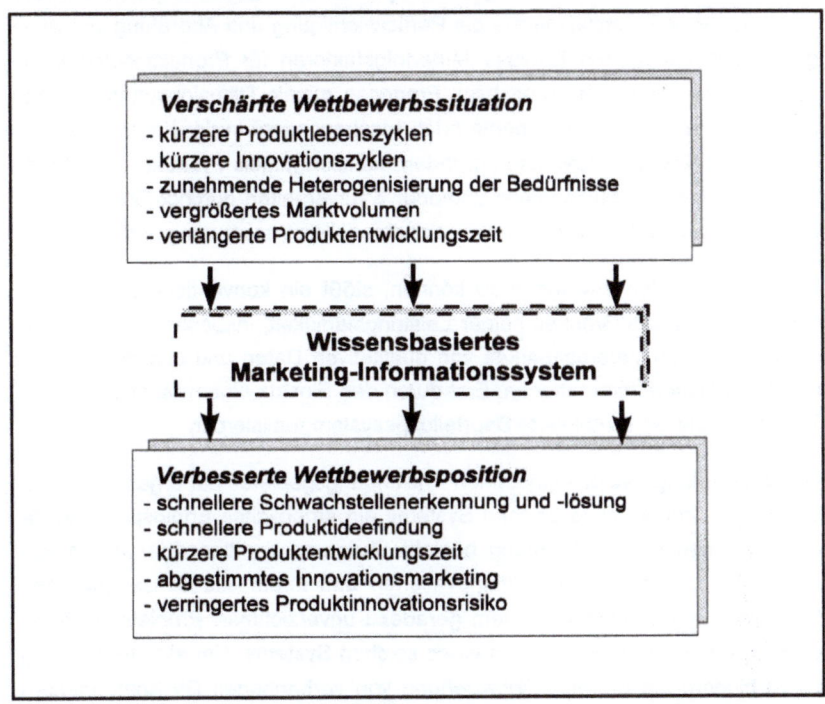

Abb. 7-1: Zielsetzung eines wissensbasierten Marketing-Informationssystems[807]

Die im Rahmen dieser Arbeit entwickelte und vorgestellte Konzeption eines wissensbasierten Marketing-Informationssystems zur Beurteilung, d.h. Prognose und Diagnose, der Absatzentwicklung von Produktinnovationen hat einige Fragestellungen aufgeworfen, die zum einen die Ermittlung der Kriterien zur Beurteilung und zum anderen die Realisierung des Systems zum Gegenstand hatten.

---

[807] Eigene Darstellung des Verfassers.

Zur Prognose und Diagnose der Absatzentwicklung im Produktinnovationsprozeß können vier Ansätze verwendet werden, die bisher nur einzeln und nicht
gemeinsam zur Anwendung kamen:

Die erste Komponente im Beurteilungsprozeß stellt das geeignete Absatzprognoseverfahren für bereits bestehende Produkte dar. Daran schließt sich eine
Absatzschätzung für diese bestehenden Produkte anhand einer quantitativen
und qualitativen Produktlebenszyklusanalyse an. Die dritte Komponente bildet
innerhalb einer Potentialanalyse die Berücksichtigung und Abprüfung von exo-
genen und endogenen Erfolgs-/ Mißerfolgsfaktoren für Produktinnovationen,
der sich die Absatzschätzung bzw. Prognose mittels Diffusionsverfahren an-
schließt. Diese vierte Komponente erfährt insbesondere in der Konsumgüterindustrie verstärkt eine Erweiterung, indem nämlich mittels Produkt- und Markttest Prognosen für Marktanteile und/oder Kaufverhalten durchgeführt werden,
die als Parameter in erweiterten Diffusionsmodellen Verwendung finden.

Um diese Kriterien anwenden zu können, stößt ein konventionelles Informationssystem an die Grenzen seiner Leistungsfähigkeit, insbesondere aufgrund
der mangelnden Verarbeitbarkeit von qualitativen Daten und unsicheren oder
unvollkommenen Informationen. Erst durch den Einsatz einer wissensbasierten
Technik ist dieses kombinierte Beurteilungssystem realisierbar.

Die Überprüfung des beschriebenen Anwendungsgebietes hat ergeben, daß in
der Verwirklichung eines solchen Systems ein erhebliches Erfolgspotential für
die anwendende Unternehmung besteht. Aufgrund der besonderen strategischen Bedeutung von Produktinnovationen und ihrem situationsangepaßten
"Handling" ist ein solches System geradezu unverzichtbar. Problematisch erweist sich jedoch die Realisation eines solchen Systems. Um eine Insellösung
zu verhindern, sollte unter Einbeziehung von vorhandenen DV-Komponenten
nur eine Erweiterung um eine wissensbasierte Komponente erfolgen. Als ideal-
typische DV-Infrastruktur wurde die Existenz eines Marketing-Informationssystems vorausgesetzt. Aufgrund der mangelnden Verbreitung bzw. des unzu-
reichenden Leistungsumfangs dieser Systeme sollten jedoch auch statistische
Methoden-Pakete bzw. Prognosesoftware bei den Integrationsbemühungen
Berücksichtigung finden, wobei diese in der Regel um die diversen Diffusionsmodelle ergänzt werden müssen. Um unternehmungsexterne Daten nutzen zu
können, muß darüber hinaus auch eine Kopplungsmöglichkeit zu externen
Datenbanken oder Paneldatenbeständen bestehen. Idealerweise sollte auch
eine Einbeziehung bereits realisierter wissensbasierter Systeme aus diesem
Bereich erfolgen. Die hiermit verbundene Schnittstellenproblematik kann auf-

grund einer geeigneten Wahl des Entwicklungswerkzeuges für die wissensbasierte Komponente gelöst werden. Idealerweise sollte zur Realisation der wissensbasierten Komponente eine offene Shell mit objektorientierter Daten-
schnittstelle enthalten sein, um den Entwicklungsaufwand zu minimieren. Eine
praxisnähere Lösung bietet hingegen eine Shell mit Schnittstellen zu relationalen Datenbanken. Es ist jedoch auch denkbar, daß aufgrund der individuell
vorgegebenen unternehmungseigenen DV-Infrastruktur eine wissensbasierte
Komponente mit anderen Entwicklungsumgebungen realisiert wird.

Als Fazit ist festzustellen, daß, unabhängig von der realen Umsetzung dieser
Konzeption, das vorgestellte Konzept eines Marketing-Informationssystems zur
Beurteilung des Absatzverlaufes von Produktinnovationen mittels einer wis-
sensbasierten Komponente ein Erfolgspotential in sich birgt, welches langfristig
über die Wettbewerbsposition der Unternehmung entscheiden kann und im
Hinblick auf eine ergänzende wissensbasierte Komponente in Informations-
systemen bestimmt auch in anderen strategischen Entscheidungsbereichen der
Unternehmung Anwendung finden wird.

Anhang

Anwendbarkeit der Technologie wissensbasierter Systeme
- Expertenwissen ist knapp oder Experten stark durch Routineaufgaben gebunden
- Wissen muß gesichert werden
- Verschiedene Experten notwendig
- Wissen muß verteilt werden
- Schwerpunkt nicht auf umfangreiche Berechnungen
- Kaum Algorithmen zur Problemlösung
- Anwendung in großen Suchräumen
- Primär kognitive Aufgabenstellung
- Aufgabe gleicht existierenden Expertensystemen
Expertenverfügbarkeit
- Das Problem wird heute schon von Experten gelöst
- Die Experten sind als solche anerkannt
- Experten sind bis zu 10 Std./Woche verfügbar
- Experten sind kooperativ und motiviert und bereit ihr Wissen preis zu geben
- Experten haben selbst Interesse an der Problemlösung
- Experten können ihr Wissen formulieren
- Inhaltliche Übereinstimmung mehrerer Experten
Beurteilung des Problembereiches
- Schwierigkeitsgrad der Aufgabenstellung
- Vermeidbarkeit eines Fehlschlages
- Abgrenzbarkeit des Aufgabengebietes und relativ statischer Aufgabenbereich
- Häufigkeit der Nutzung von XPS
- Input und Output des Systems sind bekannt
- Modularisierbarkeit der Problemlösung
- Problemlösung ist weder sensitiv noch kontrovers
- Prozentsatz ungenügender Lösungen wird toleriert
- Projekt ist auf keinem kritischen Pfad
- Es handelt sich nicht um ein Real-time-System
- Gestaltung der Oberfläche ist nicht zu aufwendig
- Einfache Datenerfassung
- Akzeptanz bei den Benutzern vorhanden und Publikumswirksamkeit ist gegeben
- Testfälle sind verfügbar
- Die Einführung des Systems ist problemlos
- Integration in die konventionelle DV notwendig
Rahmenbedingungen
- Unterstützung durch das Management gewährleistet
- Einhaltung des Entwicklungsrahmens (u.a. Budget)
- Entwicklungsdauer
Wirtschaftlichkeitsbetrachtung
- Schnelles Erreichen des Break-Even-Points
- Günstiges Verhältnis von Aufwand und Ertrag

Tab. A-1: Nutzwertanalyse im Rahmen der Projektauswahl/Kriterien[808]

---

[808] Vgl. Schweneker/Entwicklung eines Expertensystems/S. 39,
Prerau/Appropriate Domain for an Expert System/S.27 ff.

- Auf welcher Hardware unter welchem Betriebssystem soll das Expertensystem entwickelt und eingesetzt werden?
- Ist die Software auf verschiedenen Rechnern ablauffähig?
- Gibt es eine Runtime-Version des Werkzeugs?
- Für welchen Anwendungsbereich ist das Expertensystementwicklungswerkzeug konzipiert worden?
- Welche Wissensrepräsentationsschemata, Inferenz- und Ablaufstrategien sind vorgesehen?
- Wie wird mit unsicherem Wissen gearbeitet?
- Sind bei inkrementeller Erweiterung des Systems Laufzeit-, Stabilitäts- und/oder Speicherverwaltungsprobleme zu befürchten?
- Welche Modularisierungsmöglichkeiten der Wissensbasis werden angeboten?
- Wie leistungsfähig ist die Erklärungskomponente?
- Welche Gestaltungsmöglichkeiten gibt es für die Entwicklung einer attraktiven Benutzeroberfläche?
- Welche externen Schnittstellen zu Datenbanken und anderer konventioneller Software sind standardmäßig vorgesehen?
- Wie werden die Daten aus anderen Programmen übernommen und an diese weitergegeben?
- Gibt es ein Online-Hilfesystem?
- Wie ist die Qualität der Dokumentation?
- Welche Unterstützung bietet der Hersteller in der Anfangsphase und wie ist die Erlernbarkeit des Systems zu beurteilen?
- Welchen Preis haben die zugrundeliegende Hardware, das Entwicklungssystem und ein eventuelles Runtime-Modul?

Tab. A-2: Checkliste zur Auswahl der Entwicklungsumgebung[809]

Puppe/Einführung in Expertensysteme/S.148 ff.
Rolston/Principles of Artifical Intelligence/S.141ff.

[809] Vgl. Lebsanft/Projektmanagement/S.73f.
Schweneker/Entwicklung eines Expertensystems/S.98, sowie eigene Angaben.

PRODUKT	UNTERSTÜTZTE DATENBANKSYSTEME
ADEPT	DBASE III+; ORACLE
ADS	DB ZISQL; SQL/DS; SQL; DL/I; VSAM; ORACLE/VM; ORACLE/OS2; IBM DATA-BASE MANAGER; QSAM, DBASE III und IV; sowie jede definierte DB-Schnittstelle
Babylon	ORACLE; SQL-Schnittstelle
COPERNICUS	SQL/INFORMIX (in Entwicklung)
Delphia Prolog	ORACLE; INGRES
DB Expert	CA-DBIVAX; RDB; RMS; CA-IDMS/DB; VSAM (CICS)
E'G'E'R'I'A	DBASE
ESE	SQL/DS; DB2
Goldworks II	DBASE III; eigene DB-files über ASCII Parser
GS Real-Time	ORACLE; RDB; ASCII
Guru	Guru-eigene, Knowledge-man/2; OBJECT/1; DBASE; in Vorbereitung mit OS/2 auch SQL-Server
HUMBLE	
ICAD	ORACLE
IPW	SQL/DS
Kappa/PC	DBASE III; DBASE III+; DBASE IV; (ORACLE geplant)
KBMS	DB2;IMS/DB;SQL/DB;IDMS;ADABAS; VSAM; Teradata sequent.;OS/2 Data Manager;RDB,RMS,ORACLE (VMS)
KEE	relationale DBS
KES	ORACLE(Eigenentw.)(mit CACC-Schnittstelle realisierb.)
KET	DBASE
Knossos	Allgemein über Prozedurschnittstelle (C, Fortran, Pascal)
Knowledge Craft	SQL- Datenbanken(ORACLE)
Knowledge Tool	Alle, die von PL/1 unterstützt werden (z.B. SQL; DB2)
Kool	ORACLE
Leonardo	DBASE; Btrieve; Data Ease
Level 5 Object	DBASE III
Maintex	DBASE; ORACLE; INGRES; SYBASE; INFORMIX; DEC RDB; DATATRIEVE; FOCUS; VSAM; QSAM; ISAM
Natural expert	VSAM;ISAM (DBASE;ORACLE;INGRES;DEC RDB;FOCUS geplant)
Nexpert Object	RDB;ORACLE;SYBASE;INGRES;INFORMIX;DB2;DBASE
ProKappa	relationale Datenbanken
SML	ORACLE; INGRES; SYBASE
Tablo	ORACLE; RMS
Testbench	über eine C-Schnittstelle
TIRS	alle (über C-Interface-Routinen)
TWAICE	Low-Level zu beliebigen SQL-DB High-Level zu DDB/4
VAX Dec. Exp	spez. Textdateinen; DB-Systeme mit Progr.-schnittstellen
XI Plus	eigene Datenverwaltung; DBASE II; ORACLE
Zeno Expert	DBASE (geplant)
Zeno Prof.	DBASE; ORACLE (geplant)

Tab. A-3: Unterstützte Datenbanksysteme in Expertensystemshells[810]

---

[810] Vgl. von Bechtholsheim; Schweichhart; Winand/Expertensystemwerkzeuge/S. 121, Hoff; Zinn; Kurz/Marktspiegel Expertensysteme/S. 118 - 120 und eigene Quellen.

PRODUKT	VW	VAGES WISSEN
ADEPT	ja	Fuzzy Sets
ADS	ja	numerisch Certainty factors
Babylon	nein	
COPERNICUS	ja	Certainty factors
Delphia Prolog	nein	
DB Expert	ja	Fuzzy if
E´G´E´R´I´A	ja	logikbasiert numerisch
ESE	ja	Fuzzy logic
Goldworks II	ja	Certainty factors
GS Real-Time	nein	
Guru	ja	Certainty factors; Fuzzy Variablen
HUMBLE	ja	Certainty factors
ICAD	ja	Wahrscheinlichkeiten
IPW	nein	
Kappa/PC	nein	
KBMS	nein	
KEE	ja	Unsicherheiten/vom Benutzer programmiert
KES	ja	Certainty factors
KET	ja	Confidence
Knossos	ja	Certainty factors; modale Prädikaten
Knowledge Craft	nein	
Knowledge Tool	nein	
Kool	nein	
Leonardo	ja	Certainty factors; Bayes Theorem
Level 5 Object	ja	numerische Confidence
Maintex	ja	Certainty factors; Unsicherheiten
Natural expert	ja	Certainty factors; Unsicherheiten
Nexpert Object	ja	nur dreiwertige Logik
ProKappa	ja	Prioritäten
SML	nein	
Tablo	nein	
Testbench	nein	
TIRS	nein	
TWAICE	ja	Certainty factors
VAX Dec. Exp	ja	dreiwertige Logik, Gewichtung
XI Plus	nein	
Zeno Expert	ja	first all, first best
Zeno Professional	ja	quasi homomorphische Inferenz

Tab. A-4: Berücksichtigung von vagem Wissen in Expertensystemshells[811]

---

[811] Vgl. von Bechtholsheim; Schweichhart; Winand/Expertensystemwerkzeuge/S. 50,
Hoff; Zinn; Kurz/Marktspiegel Expertensysteme/S. 96,
Buhl; Weinhardt/EAG: Ein Verfahren zur Gewißheitsverarbeitung/S. 297,
Payne; Mc Arthur/Developing Expert Systems/S. 383 und eigene Quellen.

Verfahren / Programmpakete	AUTOCAST II	4CAST/2	ForeCalc	Lotus-Foreman	SmartForecasts II	Spreatsh. Forecaster	Tomorrow	Trendsetter Expert	FOCA	ForecastMaster	ForecastMasterPlus	ForecastPlus	ForecastPro	PRO*CAST	Statgraphics	Sybil-Runner	AUTOBOX	AUTOBOXplus	SCAStatisticalSystem	RATS
graphische Datenanalyse	X	X				X		X	X	X	X	X	X	X	X	X	X	X	X	X
funktionsbezogene Datenanalyse		X	X	X		X			X	X	X	X		X	X	X	X		X	
einfache/multiple lineare Regressionsanalyse		X			X	X	X	X	X	X	X	X	X	X	X	X	X	X	X	
Spezialverfahren Regressionsanalyse		X		X		X			X	X	X	X	X		X	X	X			
gleitende Durchschnitte		X			X			X			X			X	X	X	X		X	
einfache exponentielle Glättung	X	X	X	X	X	X	X	X	X	X	X	X	X	X	X	X	X	X	X	X
mehrfache exponentielle Glättung		X		X	X	X	X	X	X			X		X		X	X			X
Holt-Verfahren		X	X	X		X			X	X	X	X			X	X	X			X
Winters-Verfahren		X	X	X	X				X	X	X	X	X	X	X	X	X			X
nichtautomatische univariate Identifikationsmodelle									X	X	X	X	X	X	X	X	X	X	X	X
automatische univariate Identifikationsmodelle										X	X		X		X		X	X		
multivariate Transferfunktionsmodelle																	X	X	X	X
Spezialmodelle									X											X

Tab. A-5: Leistungsspektrum von spezieller Prognosesoftware[812]

812 Vgl. Weber/Prognosemethoden und -Software/S. 12f.

stat. Prozeduren / Produkte	partielle Korrelation.	lineare u. multiple Regress.	schritt- weise. Regress.	nicht- lineare Regress.	Glättungs verfahren	ARMA ARIMA	Spektral- analyse
BMDP/PC	x	x	x	x	x	x	x
CSS 2.1	x	x	x	x	x	x	x
HP Statistics Library		x	x	x			
Minitab Statistical Software		x	x			x	
MPSS 1.02		x	x		x	x	
NCSS 5.03	x	x	x	x	x	x	x
P-Stat 2.13	x	x	x	x	x	x	
PC-Statistik 2.0	x	x					
Prodas	x	x	x		x		
S-Plus 1.1		x		x	x	x	x
SAS 6.04	x	x	x	x	x	x	x
Sigstat	x	x	x	x	x	x	x
SPSS für Windows 5.0.1	x	x	x	x	x	x	x
Stata 2.1	x	x	x		x		
Statgraphics 5.0	x	x	x	x	x	x	
StatPac Gold 3.0	x	x	x	x	x	x	
Statpro 2.0		x	x	x	x	x	
Systat/Sygraph 5.0	x	x	x	x	x	x	

Tab. A-6: Leistungsumfang von Prognoseverfahren für ausgesuchte PC-Statistikpakete[813]

---

[813] Eigene Zusammenstellung des Verfassers.

Notwendiger Stichprobenumfang bei vorgegebenen absoluten Genauigkeitsforderungen

Die gewählte Stichprobe sollte im Hinblick auf die Unternehmungsgröße repräsentativ sein, da erwartet wurde, daß die Innovationsfreudigkeit der Unternehmungen und damit die Informationsversorgung im Innovationsprozeß von der Unternehmungsgröße abhängig ist. Die Stichprobenauswahl bezog sich auf die Unternehmungsgröße (gemessen in Beschäftigtenzahlen). Die Anteilssätze sind in den einzelnen in Betracht kommenden Grundgesamtheiten annähernd identisch. Es wurden die notwendigen Stichprobenumfänge n für die Bundesrepublik[814], für Hessen[815], die IHK-Kassel[816] und eine konzentrierte Auswahl (Maschinenbau, Elektrotechnik, EBM-Waren, Kunststoffe, Ernährung = 42% der Grundgesamtheit)[817] berechnet (Stand jeweils 1989).

$P_{(200-400\ Beschäftigte)} = 0.0936$; $\alpha=0,05$; $u_{0,975}=1,96$; maximale Zufallsabweichung des Schätzwertes $= 0,01$[818].

Der Stichprobenumfang n ergibt sich aufgrund folgender Gleichung:[819]

$$n = \frac{1,96^2 * 0,0936 * 0,9064}{0,01^2 + \dfrac{1,96^2 * 0,0936 * 0,9064}{N}}$$

Für die einzelnen Grundgesamtheiten N ergaben sich folgende Stichprobenumfänge:

$N_{BRD}=$	46124	$n_{BRD}=$	3044
$N_{Hessen}=$	3595	$n_{Hessen}=$	1709
$N_{IHK-Kassel}=$	705	$n_{IHK-Kassel}=$	580
$N_{konz.}=$	301	$n_{konz.}=$	**275**

Als praktikable Grundgesamtheit der Stichprobe wurde die konzentrierte Auswahl gewählt, da hier vollständige Adressenverzeichnisse von Seiten der IHK-Kassel vorhanden waren. Die Rücklaufquote betrug 18,9%. Auf eine Nachfassaktion wurde verzichtet.

---

[814] vgl. Institut der Deutschen Wirtschaft; Zahlen zur wirtschaftlichen Entwicklung der Bundesrepublik Deutschland, Köln, 1991, Tab. 63.

[815] vgl. IHK-Kassel; Nordhessen in Zahlen 1989, Kassel, 1990.

[816] vgl. IHK-Kassel; Nordhessen in Zahlen 1989, Kassel, 1990.

[817] vgl. IHK-Kassel; Nordhessen in Zahlen 1989, Kassel, 1990.

[818] Innerhalb der einzelnen Klassen wurde jeweils eine Gleichverteilung angenommen.

[819] vgl. Schwarz, Heinrich; Stichprobenverfahren; Berlin, 1975, S. 61ff.

Fragebogen

Befragung zur *Absatzschätzung neuer Produkte* der Philipps-Universität Marburg, FB Wirtschaftswissenschaften -Abt. Wirtschaftsinformatik-

Wieviele neue Produkte haben Sie in den vergangenen 5 Jahren...

geplant?   ❑ keine   ❑ 1 - 2   ❑ 3 - 10   ❑ 11 - 50 ❑ mehr als 50

getestet?   ❑ keine   ❑ 1 - 2   ❑ 3 - 10   ❑ 11 - 50 ❑ mehr als 50

auf den Markt gebracht? ❑ keine   ❑ 1 - 2   ❑ 3 - 10   ❑ 11 - 50 ❑ mehr als 50

Wo haben Sie Ihre Absatzchancen für neue Produkte getestet?
(Mehrfachnennungen möglich)

❑ Laborversuch zur Schätzung   ❑ Regionaltest/Storetest   ❑ sonstiges❍   ❑ nicht
    des Marktpotentials   z.B. in Nordhessen   _____   getestet

Wieviele Produktinnovationen waren davon...

wirtschaftlich
erfolgreich   ❑ 0 - 10% ❑ 10 - 25% ❑ 25 - 50% ❑ 50 - 75%   ❑ mehr als 75%

Image
fördernd   ❑ 0 - 10% ❑ 10 - 25% ❑ 25 - 50% ❑ 50 - 75%   ❑ mehr als 75%

Für Ihre Produkte besitzen Sie feste Abnehmer...

Anzahlmäßig für etwa   ❑ 0-10%   ❑ 10-25% ❑ 25-50% ❑ 50-90% ❑ über 90%

Umsatzmäßig für etwa   ❑ 0-10%   ❑ 10-25% ❑ 25-50% ❑ 50-90% ❑ über 90%

Wie erfassen Sie Kundenwünsche? (Mehrfachnennungen möglich !)

❑ Außendienst- ❑ Messe-   ❑ Konkurrenz-   ❑ Marktforschungs-❑ sonstiges
    berichte   gespräche   informationen   institute   _____

Wie haben Sie Ihre Umsatz- und Kundendaten gespeichert?

Auf Kunden-Karteikarten	❑ ja	❑ nein
In einfachen Listen (manuell geführt)	❑ ja	❑ nein
In einfachen Dateien auf Rechnern	❑ ja	❑ nein
Spezielle Datenbank für Absatzzahlen	❑ ja	❑ nein
Innerhalb einer Marketingdatenbank	❑ ja	❑ nein
Integriert in die Unternehmensdatenbank	❑ ja	❑ nein

Schätzen Sie Ihren zukünftigen Absatz ...

mit Informationen aus Paneldaten (z.B. GfK, Nielsen...)	❑ ja	❑ nein
mit Informationen aus externen Datenbanken (z.B. Genios)	❑ ja	❑ nein

Nutzen Sie für Ihre Umsatz- und Kundendaten ...

Schnittstellen zu Informationssystemen (Rechnungswesen, Vertriebssteuerung...)	❑ ja	❑ nein
Schnittstellen zu Entscheidungsunterstützungssystemen	❑ ja	❑ nein
Schnittstellen zu wissensbasierten Systemen	❑ ja	❑ nein

Betreiben Sie die *Auswertung* Ihres bisherigen Absatzes rechnerunterstützt?

❏ nein   ❏ ja

Betreiben Sie die *Schätzung* Ihres zukünftigen Absatzes rechnerunterstützt?

❏ nein   ❏ ja

Welche Software nutzen Sie?   (Mehrfachnennungen möglich !)

Vertriebssysteme
(z.B. VSTS/VMIS, SALES FORCE, ...) ❏ nein   ❏ ja wenn ja, welche_____

Integrierte Pakete
(z.B. Open Access, LOTUS 1 2 3,...)   ❏ nein   ❏ ja wenn ja, welche_____

Tabellenkalkulationsprogramme
(z.B. MULTIPLAN, EXCEL, ...)   ❏ nein   ❏ ja wenn ja, welche_____

Allgemeine Statistikpakete
(z.B. SPSS, BMDP, NCSS,...)   ❏ nein   ❏ ja wenn ja, welche_____

Spezialpakete für Prognosen
(z.B. FOCA, FORSYS, AUTOCAST,...)❏ nein   ❏ ja wenn ja, welche_____

Programmiersprachen
(z.B. COBOL, PL1, C, ...)   ❏ nein   ❏ ja wenn ja, welche_____

Sonstiges   _____

In welchem Produktionsbereich sind Sie tätig? (Mehrfachnennungen möglich !)

❏ Konsumgüter ❏ Investitionsgüter   ❏ Handel   ❏ Zulieferer   ❏ Dienstleistungen

---

Ordnen Sie bitte Ihre Unternehmung größenklassenspezifisch zu.

a Beschäftigtenzahl (1992)	**b Jahresumsatz (1992)**
❏ 1 - 19	❏ unter 1 Mio. DM
❏ 20 - 99	❏ 1 Mio. - 5 Mio. DM
❏ 100 - 199	❏ 5 Mio. - 10 Mio. DM
❏ 200 - 499	❏ 10 Mio. - 50 Mio. DM
❏ 500 - 999	❏ 50 Mio. - 250 Mio. DM
❏ 1000 - 50000	❏ 250 Mio. - 1 Mrd. DM
❏ über 50000	❏ über 1 Mrd. DM

Wie ist der Konkurrenzdruck auf Ihren Märkten einzuschätzen ?

❏ schwach   ❏ mittel   ❏ stark

Wie ist der Preisdruck auf Ihren Märkten einzuschätzen ?

❏ schwach   ❏ mittel   ❏ stark

Wie beurteilen Sie das Umsatzwachstum Ihrer Unternehmung in den letzten 5 Jahren?

❏ rückläufig   ❏ stagnierend ❏ gering   ❏ kontinuierlich   ❏ überproportional
                              steigend   steigend   steigend

Wie ist Ihr Umsatzwachstum/-rückgang im Vergleich zum Branchendurchschnitt einzuschätzen?

❏ niedriger   ❏ etwa gleich   ❏ höher

Wie schätzen Sie den zukünftigen Absatz für Ihre *eingeführten Produkte*? (Mehrfachnennungen möglich !)

durch....	wie häufig			für welchen Zeitraum			
	regelmäßig wöchentlich bis monatlich	regelmäßig 2 monatig bis jährlich	unregelmäßig	kurz fristig bis 1 Monat	kurzfristig bis 3 Monate	mittelfristig 3 Monate bis 2 Jahre	langfristig bis 5 Jahre
Vertreterbefragung	❑	❑	❑	❑	❑	❑	❑
Expertenbefragung	❑	❑	❑	❑	❑	❑	❑
Konsumentenbefrag.	❑	❑	❑	❑	❑	❑	❑

Nutzen Sie mathematische Prognoseverfahren? * (z.B einfache oder exponentielle Glättung, lineare Regression zur Trendschätzung, Wachstumskurven, multiple Regression, o.ä.) ❑nein ❑ja

wenn ja, welche....	wie häufig (s.o.)			für welchen Zeitraum (s.o.)			
_____	❑	❑	❑	❑	❑	❑	❑
_____	❑	❑	❑	❑	❑	❑	❑
_____	❑	❑	❑	❑	❑	❑	❑

Berücksichtigen Sie subjektive Markt-Informationen für Absatzschätzungen von...?

❑Vertretern ❑ Lieferanten ❑Mitbewerbern ❑Verbänden ❑ _____ ❑nein

---

Wie schätzen Sie den zukünftigen Absatz für Ihre *neuen Produkte*? (Mehrfachnennungen möglich !)

durch....	wie häufig			für welchen Zeitraum			
	regelmäßig wöchentlich bis monatlich	regelmäßig 2 monatig bis jährlich	unregelmäßig	kurz fristig bis 1 Monat	kurzfristig bis 3 Monate	mittelfristig 3 Monate bis 2 Jahre	langfristig bis 5 Jahre
Vertreterbefragung	❑	❑	❑	❑	❑	❑	❑
Expertenbefragung	❑	❑	❑	❑	❑	❑	❑
Konsumentenbefrag.	❑	❑	❑	❑	❑	❑	❑

Nutzen Sie mathematische Prognoseverfahren? * (z.B einfache oder exponentielle Glättung, lineare Regression zur Trendschätzung, Wachstumskurven, multiple Regression, o.ä.) ❑nein ❑ja

wenn ja, welche....	wie häufig (s.o.)			für welchen Zeitraum (s.o.)			
_____	❑	❑	❑	❑	❑	❑	❑
_____	❑	❑	❑	❑	❑	❑	❑
_____	❑	❑	❑	❑	❑	❑	❑

Berücksichtigen Sie subjektive Markt-Informationen für Absatzschätzungen von...?

❑Vertretern ❑ Lieferanten ❑Mitbewerbern ❑Verbänden ❑ _____ ❑nein

Einzelergebnisse

Ermittlung eines selbstdefinierten Innovationsfaktors

(geplante, getestete und realisierte Innovationen)

Um die Stärke der Innovationstätigkeit in den einzelnen Branchen und insgesamt zu ermitteln, wird differenziert nach Beschäftigtenzahl und Umsatzklasse in jeder Klasse ein Innovationskoeffizient berechnet, der die Innovationstätigkeit der Unternehmungen mißt.

Ik = [0* Betriebe ohne Innovationen
+ 1 * Betriebe mit 1-2 Innovationen
+ 2 * Betriebe mit 3-10 Innovationen
+ 3 * Betriebe mit 11 - 50 Innovationen
+ 4 * Betriebe mit über 50 Innovationen] / Anzahl aller Betriebe in dieser Klasse

Dieser Formel liegt die Annahme zugrunde, daß das Innovationsstärke einer Branche bzw. einer Unternehmung nicht linear mit der Anzahl der Innovationen zunimmt sondern eher mittels einer Exponentialfunktion dargestellt werden kann. Als Begründung hierfür kann angeführt werden, daß bei einer geringen Anzahl von Innovationen das Know-How überproportional ansteigt, ab einer bestimmten Anzahl von Innovationen jedoch kaum noch zusätzliches Know-How erworben werden kann. Das Sättigungsniveau wurde fiktiv bei etwa 50 Innovationen angesetzt.

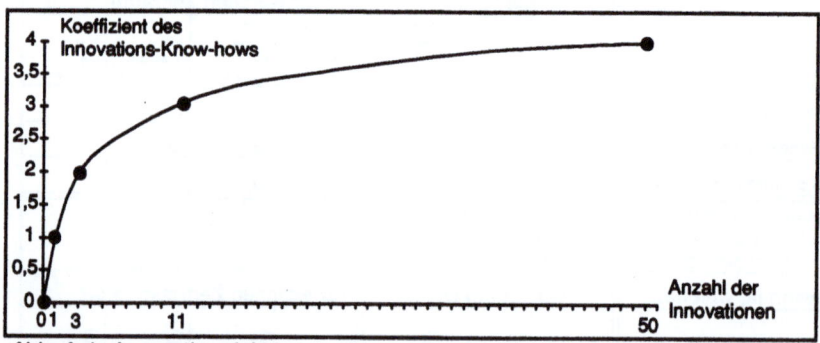

Abb. A-1: Innovationsfaktor

Der Innovationsfaktor ergibt sich aufgrund der drei Einzelfaktoren:
- geplante Innovationen
- getestete Innovationen und
- realisierte Innovationen.

Der ermittelte Gesamtinnovationsfaktor ist die Summe aus den drei Einzelfaktoren.

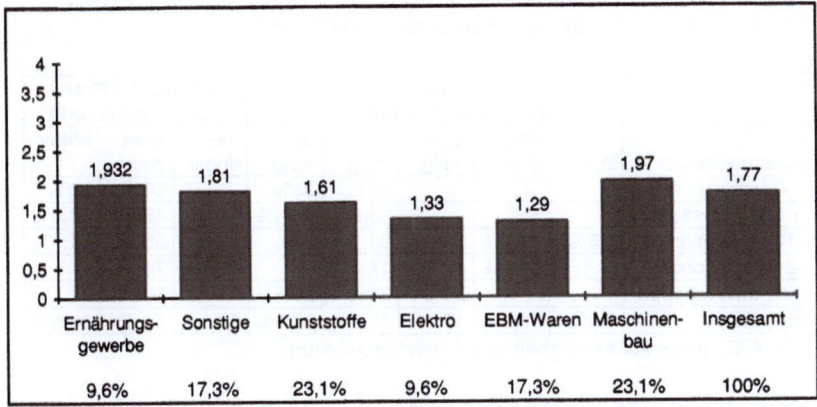

Abb. A-2: Brancheninnovationsfaktor[820]

---

[820] Die Prozentzahlen geben den Anteil an der Ergebnisstichprobe wieder.

realisierte Innov.	Konkurrenzdruck			Preisdruck		
	schwach	mittel	stark	schwach	mittel	stark
>50 Innovationen		50%	50%		16,6%	83,3%
11-50 Innovationen		27,3%	72,7%		27,3%	72,7%
3-10 Innovationen	4,2%	25%	70,8%	4,2%	25%	70,8%
1-2 Innovationen		14,3%	85,7%			100%
keine Innovationen		25%	75%			100%
Insgesamt	1,9%	26,9%	71,2%	1,9%	19,2%	78,9%

Tab. A-7: Innovationstätigkeit, Konkurrenz- und Preisdruck

realisierte Innov.	Umsatzwachstum der letzten 5 Jahre					Umsatz im Branchendurchschnitt		
	rück-läufig	stag-nier.	gering steig.	kont. steig.	überp. steig.	nie-driger	etwa gleich	höher
>50 Innovationen				66%	33%		50%	50%
11-50 Innovationen				63,6%	36,4%		45,5%	54,5%
3-10 Innovationen	4,2%	16,7%	20,8%	33,3%	25%		58,3%	41,7%
1-2 Innovationen		42,9%	42,9%	14,2%		28,6%	71,4%	
keine Innovationen			25%	25%	50%		100%	
Insgesamt	1,9%	13,5%	17,3%	40,4%	26,9%	3,9%	59,6%	36,5%

Tab. A-8: Innovationstätigkeit und Umsatzwachstum

Wieviel Produktinnovationen waren davon...

	0-10%	10-25	25-50	50-75	>75	k.A.	Σ
wirtschaftlich erfolgreich?	0%	14,6%	17,1%	16,6%	25%	16,6%	100
davon >50 Innovationen		33%	33%	33%			100
11-50 Innovationen		9,1%	54,5%	18,2%	18,2%		100
3-10 Innovationen		16,7%	20,8%	12,5%	37,5%	12,5%	100
1-2 Innovationen				14,3%	14,3%	71,4%	100

	0-10%	10-25	25-50	50-75	>75	k.A.	Σ
Image fördernd?	8,3%	4,2%	25%	6,2%	25%	39,6%	100
davon >50 Innovationen					33,3%	66,6%	100
11-50 Innovationen			72,7%			27,3%	100
3-10 Innovationen	12,5%	8,3%	16,6%	8,3%	37,5%	16,6%	100
1-2 Innovationen				28,6%		71,4%	100

Tab. A-9: Erfolg bei Innovationstätigkeit

Betreiben Sie eine rechnerunterstützte...

	Absatzauswertung	Absatzschätzung
Insgesamt	84,6%	26,9%
davon >50 Innovationen	100%	50%
11-50 Innovationen	100%	54,5%
3-10 Innovationen	79,2%	16,6%
1-2 Innovationen	57,1%	14,3%
keine Innovationen	100%	0%

Nutzen Sie mathematische Prognoseverfahren bei...

	ja		ja
eingeführten Produkten von	5,8%	neuen Produkten von	3,8%

Benutzen Sie subjektive Markt-Informationen für Absatzschätzungen bei...

	Vertretern	Lieferanten	Mitbewerbern	Verbänden
eingeführten Produkten von	63,5%	32,7%	40,4%	30,8%
neuen Produkten von	50%	33,3%	39,6%	14,6%

Schätzen Sie Ihren zukünftigen Absatz mittels...

	Panel	Extern. DB
Insgesamt	5,8%	7,7%
davon >50 Innovationen	0%	33,3%
11-50 Innovationen	9,1%	0%
3-10 Innovationen	8,3%	0%
1-2 Innovationen	0%	0%
keine Innovationen	0%	50%

Tab. A-10:   Absatzauswertung von neuen und eingeführten Produkten

Frequenz und Horizont von Befragungen zur Absatzschätzung

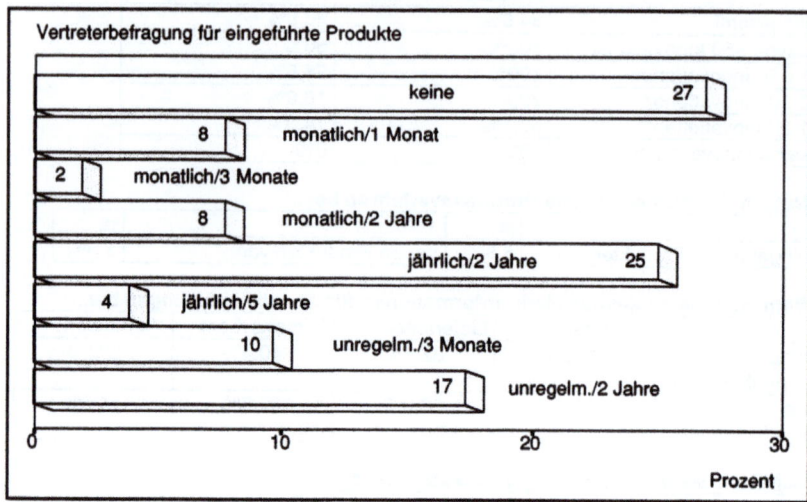

Abb. A-3: Vertreterbefragung für eingeführte Produkte

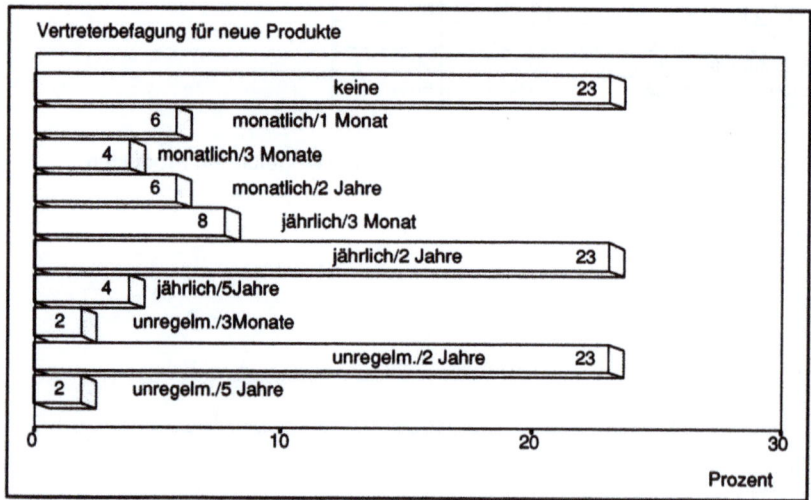

Abb. A-4: Vertreterbefragung für neue Produkte

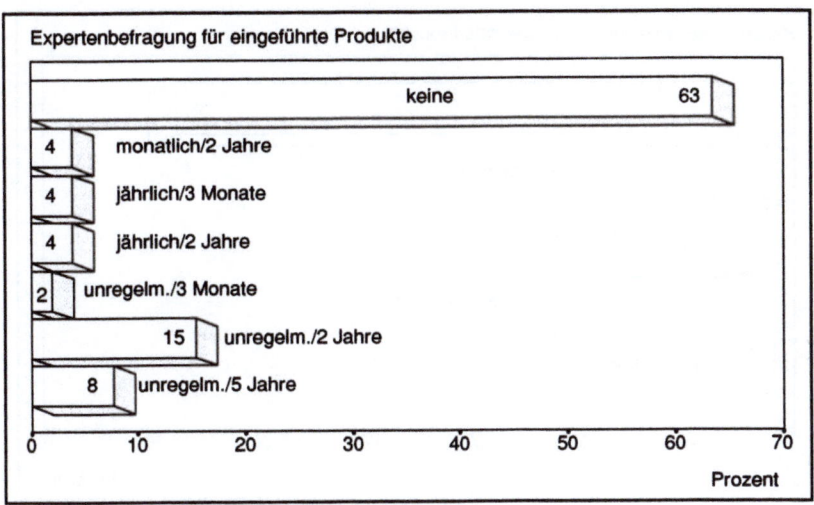

Abb. A-5: Expertenbefragung für eingeführte Produkte

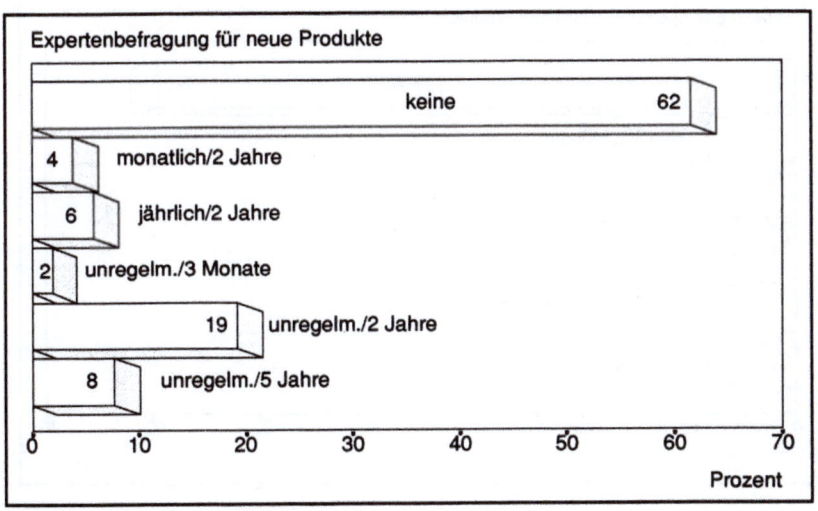

Abb. A-6: Expertenbefragung für neue Produkte

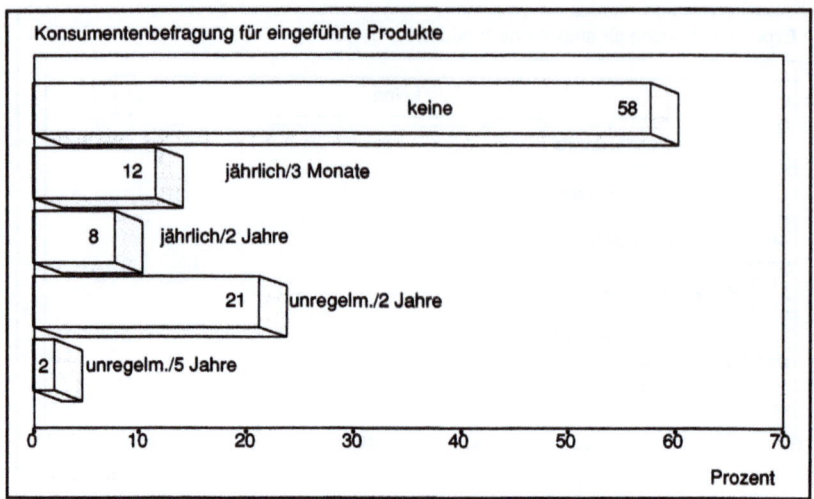

Abb. A-7: Konsumentenbefragung für eingeführte Produkte

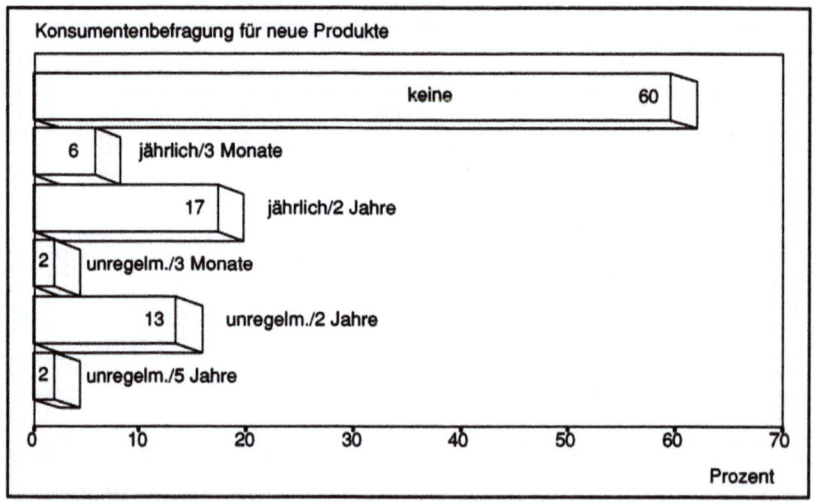

Abb. A-8:Konsumentenbefragung für neue Produkte

Wie haben Sie Ihre Umsatz- und Kundendaten gespeichert? (Mehrfachnennungen möglich !)

	Kartei-karten	einfache Listen	einfache Dateien	Absatz-Datenbank	Marketing Datenb.	Unterneh. Datenb.
Insgesamt	34,6%	25%	51,9%	38,5%	3,8%	55,8%
davon >50 Innovationen	-	-	50%	50%	-	66,6%
11-50 Innovationen	18,2%	27,3%	72,7%	45,5%	9,1%	81,8%
3-10 Innovationen	41,7%	33,3%	50%	33,3%	4,17%	41,7%
1-2 Innovationen	57,1%	28,6%	42,9%	14,3%	-	42,9%
keine Innovationen	50%	-	25%	75%	-	75%

Nutzen Sie für Ihre Umsatz- und Kundendaten?(Mehrfachnennungen möglich !)

	IS	EUS	WBS
Insgesamt	55,8%	26,9%	5,8%
davon >50 Innovationen	66,6%	16,7%	-
11-50 Innovationen	81,8%	36,4%	-
3-10 Innovationen	50%	29,2%	-
1-2 Innovationen	28,6%	-	42,9%
keine Innovationen	50%	50%	-

Wie erfassen Sie Kundenwünsche?(Mehrfachnennungen möglich !)

	Außen-dienst	Messe	Konkurrenz-Informationen	Marktfor-schung	Sonstige
Insgesamt	92,3%	78,8%	57,7%	5,8%	17,3%
davon >50 Innovationen	83,3%	50%	66,6%	-	16,7%
11-50 Innovationen	100%	100%	72,7%	18,2%	-
3-10 Innovationen	91,7%	75%	54,2%	4,2%	25%
1-2 Innovationen	85,7%	100%	71,4%	-	28,6%
keine Innovationen	100%	50%	-	-	-

Tab. A-11:   Vorhandenes Datenangebot in Unternehmungen

Literaturverzeichnis

Abell, D.F.:   **Defining the Business**, Englewood Cliffs, N.J., 1980.

Ader, E.:   **L´analyse stratégique** moderne et ses outils, Futuribles, décembre, 1983, S. 12 - 20.

Albach, H.:   **Kritische Wachstumsschwellen** in der Unternehmensentwicklung, in: ZfB, 1976, S. 683 - 696.

Albach, H.:   Zur **Theorie des wachsenden Unternehmens**, in: Krelle, W. (Hrsg.), Theorien des einzelwirtschaftlichen und gesamtwirtschaftlichen Wachstums, Berlin, 1965.

Albach, H.:   Beiträge zur **Unternehmensplanung**, 3. Aufl., Wiesbaden, 1979.

Alpar, P.:   **Methodenbanksysteme im Marketing**, in: Marketing ZFP, Nr. 1, 1983, S. 29 - 36.

Alpar, P.:   **Expert Systems in Marketing**, Arbeitspapier am Department of Information and Decision Science, University of Illinois at Chicago, 1986.

Ansoff, H.I.:   **Corporate Strategy**, New York, 1965.

Ansoff, H.I.:   **Implanting Strategic Management**, Englewood Cliffs, 1984.

Appelrath, H.J.:   **Von Datenbanken zu Expertensystemen**. Informatik Fachberichte Nr. 102, Berlin; Heidelberg; New York, 1985.

Assmus, G.:   **New Product Forecasting**, in: Journal of Forecasting, 1984, S. 121 - 138.

Backhaus, K.:   **Investitionsgütermarketing**, München, 1982.

Back-Hock, A.:   **Produktlebenszyklus-Controlling** als Teil einer Daten- und Methodenbank für das Rechnungswesen, in: Angewandte Informatik, Nr. 12, 1987, S. 518 - 526.

Badelt, Chr.; Clement, W.:   Kritische und konzeptive Reflexionen über **Methoden der Zukunftsforschung** und ihre Kombination, in: Bruckmann, G.(Hrsg.), Langfristige Prognosen, Möglichkeiten und Methoden der Langfristprognostik komplexer Systeme, Würzburg; Wien; 1977, S. 407 - 424.

Baker, M.J.:   **Marketing New Industrial Products,** London, 1975.

Baker, N.R.;   **Why R&D Projects Succeed or Fail,** in: Research
Green, S.G.;   Management, Nr. 29, 1986, S. 29 - 34.
Bean, A.S.:

Bamberg, G.;   Betriebswirtschaftliche **Entscheidungslehre,**
Coenenberg, A.G.: München, 1974.

Bankhofer, U.;   **Elf Statistikprogramme im Vergleichstest,** in: PC
Bausch, T.:   Magazin, Nr. 15, 10.04.91, S. 45 - 52.

Barksdale, H.;   **Portfolio Analysis and the Product Life Cycle,** in: Long
Harris, C.E.:   Range Planning, Nr. 6, 1982, S. 74 - 83.

Barnett, W.:   Four Steps to Forecast **Total Market Demand,** in: Har-
                          vard Business Review, July-August 1988, S. 28 - 38.

Barr, A.;   **The Handbook of Artifical Intelligence,** Vol. 1, Los
Feigenbaum, E.:   Altos, 1981.

Barstow, D.R.;   **Languages and Tools for Knowledge Engineering,** in:
Aiello, N;   Hayes-Roth, S.; Waterman, D.; Lenat, D.B., Building
Duda, R.O.:   Expert Systems, Reading; London, 1983, S. 283 - 345.

Bass, F.M.:   The **Adoption** of a Marketing Model: Comments and Ob-
                          servations, in: Mahajan, V.; Wind, Y. (Hrsg.), Innovation
                          diffusion models of new product acceptance, Ballinger,
                          1986, S. 27 - 36.

Bass, F.M.:   The Relationship between **Diffusion Rates,** Experience
                          Curves, and Demand Elasticities for Consumer Durable
                          Technological Innovations, in: Journal of Business, Nr. 3,
                          1980, S. 51 - 67.

Bass, F.M.:   **A New Product Growth** for Model Consumer Durables,
                          in: Management Science, Nr. 5, 1969, S. 215 - 227.

Baumberger, J.;   Ausbreitung und **Übernahme von Neuerungen,** Bern;
Gmür, U.;   Stuttgart, 1973.
Käser, H.:

Bayus, B.L.;   **Harnessing** the Power of Word of Mouth, in: Mahajan,
Carroll, V.P.;   V.; Wind, Y. (Hrsg.), Innovation diffusion models of new
Rao, A.G.:   product acceptance, Ballinger, 1986, S. 61 - 86.

Beaumont, C.:   **Forecasting with Micros,** in: Futures 10, Nr. 1, 1986,
                          S. 84 - 91.

Becker, J.:   **Steuerungsleistungen** und Einsatzbedingungen von
                          Marketingstrategien, in: Marketing ZFP, Nr. 3, 1986,
                          S. 189 - 198.

Becker, J.: Grundlagen der **Marketing-Konzeption**, München, 1988.

Benkenstein, M.: **Integriertes Innovationsmanagement**, in: Marktforschung & Management, 1/1993, S. 21 - 25.

Bennett, J.S.: **ROGET**: A Knowledge-Based System for Acquiring the Conceptual Structure of a Diagnostic Expert System, in: Journal of Automated Reasoning, Nr. 1, 1985.

Berekoven, L.; **Marktforschung**, Wiesbaden, 1986.
Eckert, W.;
Ellenrieder, P.:

Bergner, H.: **Planung und Rechnungswesen** in der Betriebswirtschaftslehre, Berlin, 1981.

Berndt, R.: **Einführungsplanungen** neuer Produkte bei unsicheren Erwartungen, Göttingen, 1983.

Berndt, R.; **Die Diffusion** von Videogeräten in der Bundesrepublik
Fantapié Altobelli, Deutschland, in: GFK, Jahrbuch der Absatz- und Ver-
C.: brauchsforschung, Nr. 3, 1991, S. 245 - 257.

Berthel, J.: **Betriebliche Informationssysteme**, Stuttgart, 1975.

Besnard, P.: An introduction to **default logic**, Berlin, 1988.

Bewley, R.; **A Flexible Logistic Growth Model** With Applications in
Fiebig, D.G.: Telecommunications, in: International Journal of Forecasting, 1988, Nr. 2, S. 177 - 192.

Beys, O.; Wissensbasierte Analyse von **Handelspaneldaten,** in:
Fischer, M.; Marketing, ZFP, Nr. 3, 1992, S. 157 - 166.
Tripmaker, S.;
Mertens, P.:

Bierfelder, W.; Systemforschung und **Neuerungsmanagement**
Höcker, K.-H.: München, 1980.

Bierfelder, W.: **Innovationsmanagement**, München; Wien, 1987.

Blackman, A.W.: **A Mathematical Model for Trend Forecast**, in: Technological Forecasting and Social Change, Nr. 4, 1972, S. 341 - 352.

Böcker, F.: **Die Diffusion neuer Produkte**-Eine kritische Bestands-
Gierl, H.: aufnahme, in: zfbf, Nr. 1, 1988, S. 32 - 48.

Bodendorf, F.; Eine **Methodenbankhülle** um das Programmpaket
Oslander, U: SPSS/PC+ für Gelegenheitsanwender, in: Angewandte Informatik, Nr. 1, 1988, S. 3 - 8.

Bolte, C.;   Ein Schnappschuß der **Expertensystemszene** in der
Kurbel, K.;   BRD, in: Wirtschaftsinformatik, Nr. 1, 1990,
Moazzami, M.;   S. 79 - 86.
Pietsch, W.:

Bonn, H.;   Konzeption und Realisation einer Erklärungskomponente
Bodendorf,F.;   für das **Expertensystemtool HEXE**, in: Mertens, P.
Mertens,P.:   (Hrsg.), Arbeitspapiere Informatik-Forschungsgruppe VIII,
                        Erlangen, 1986.

Bonus, H.:   Die **Ausbreitung des Fernsehens**, Meisenheim am
                        Glan, 1968.

Boos, R.W.:   **Absatzprognose**, in: Marketing 14, 1980.

Booz, Allen &   **Technology Management** Presentation Summary, o.O.,
Hamilton Inc.:   Informationsbroschüre Booz, Allen & Hamilton Inc., 1982.

Bourne, F.S.:   Der **Einfluß der Bezugsgruppen** beim Marketing, in:
                        Kroeber-Riel, W. (Hrsg.), Marketingtheorie. Verhaltens-
                        orientierte Erklärungen von Marktreaktionen, Köln, 1972,
                        S. 141 - 155.

Bowerman,B.L.;   **Time Series Forecasting**. Unified Concepts and Com-
O'Connell, R.T.:   puter Implementation, 2nd Ed., Boston, 1987.

Box,G.;   **Time Series Analysis**. Forecasting and Control, San
Jenkins, G.M.:   Francisco, 1970.

Bradley, M.F.:   **Buying Behaviour** in Ireland's Public Sector, in: In-
                        dustrial Marketing Management, Nr. 6, 1977, S. 250 - 257.

Brand, E.:   Der **Lebenszyklus von Produkten** und sein Einfluß auf
                        die Preispolitik der Unternehmung, Diss., Hamburg, 1974.

Brand, G.T.:   The **Industrial Buying Decision**, London, 1972.

Brandes,W.P.:   Integration von Expertensystemen in die **betriebliche IV-
                        Umgebung**, in: Krallmann, H. (Hrsg.); Expertensysteme
                        im praktischen Einsatz, Berlin, 1987, S.17 - 28.

Breitung, A.F.:   **Management-Informationssysteme**. Ein methodologi-
                        scher Beitrag zur Analyse von Datenverarbeitungspro-
                        zessen in Marketing-Informationssystemen, Meisenheim
                        am Glan, 1975.

Brewka, G.:   **Wissensrepräsentation und Inferenztechniken**, in:
                        Krallmann, Herrmann (Hrsg.), Expertensysteme im Unter-
                        nehmen, Band 6, 2. Aufl., Berlin 1986, S. 13 - 26.

Bridges, E.;
Coughlan, A.T.;
Kalish, S.:
New technology adoption in an innovative market-place: Micro- and macro-level decision making models, in: International Journal of Forecasting, Nr. 7, 1991, S. 257 - 270.

Bright, J.:
Technological Forecasting for Industry and Government: Methods and Applications, Inglewood Cliffs, NJ, 1968, S. 95 - 109.

Brockhoff, K.:
Unternehmenswachstum und Sortimentsänderungen, Köln, Opladen, 1966.

Brockhoff, K.:
A Test for the Product Life Cycle, in: Econometrica, Nr. 35, S. 472 - 474.

Brockhoff, K.:
Produktlebenszyklen, in: Tietz, B. (Hrsg.), HWA, Stuttgart, 1974, Sp. 1763 - 1770.

Brockhoff, K.:
Produktpolitik, Stuttgart; New York, 1981.

Brockhoff, K.:
Prognoseverfahren für die Unternehmensplanung, Wiesbaden, 1977.

Brockhoff, K.:
Technologischer Wandel und Unternehmenspolitik, ZfbF, Nr. 8/9, 1984, S.619 - 635.

Brombacher, R.;
Scheer, A.W.:
DEMI Dezentrales Marketing-Informationssystem, Dialogsystem zur Auswahl geeigneter Datenanalyse- und Prognoseverfahren, Veröffentlichungen des Instituts für Wirtschaftsinformatik an der Universität des Saarlandes, Heft 28, August 1981.

Brombacher, R.:
Entscheidungsunterstützungssysteme für das Marketing-Management, Berlin, 1988.

Brown, R.:
Smoothing, Forecasting and Prediction of Discrete Time Series, Englewood Cliffs. Prentice Hall, 1963.

Brown, R.:
Statistical Forecasting for Inventory Control, New York, 1959.

Bryant, E.C.:
Statistical Analysis, 2. Aufl., New York, 1966, S.196 - 198.

Buhl, H.-U.;
Massier, T.;
Weinhardt, C.:
Ein Erweiterungsansatz zur Darstellung und Verarbeitung unsicheren Wissens in wissensbasierten Systemen, in: Wirtschaftsinformatik, Nr. 3, 1991, S. 213 - 218.

Buhl, H.-U.;
Weinhardt, C.,
EAG: Ein Verfahren zur Gewißheitsverarbeitung in wissensbasierten Systemen, in: Informationstechnik it, Nr. 5, 1992, S. 296 - 306.

Calantone, R.;   **New Product Scenarios,** Prospect for Success, in:
Cooper, R.G.:   Journal of Marketing, Nr. 45, 1981, S. 48 - 60.

Carbone, R.;   Evaluation of **Extrapolative Forecasting Methods:**
Armstrong, J.S.:   Results of a Survey of Academicians and Practitioners, in:
                        Journal of Forecasting, Nr. 1, 1982, S. 215 - 217.

Chakrabati A.K.;   **Critical Factors** in Technological Innovation and their
Souder, W.E.:   Policy Implication, in: Technovation, Nr. 2, 1984,
                        S. 255 - 275.

Chambers, J.;   How to choose the **Right Forecasting Technique,** in:
Mullick, S.;   Harvard Business Review, July,Aug. 1971, S. 45 - 74.
Smith, D.:

Chambers, J.;   On the **Existence** of Expert Systems, in: Statistical
Gale, W. A.;   Software Newsletter, Nr. 2, 1988, S. 63 - 66.
Pregibon, D.:

Chambers, J.:   **Some thoughts on expert software,** Computer Science
                        and statistics, Proceedings of the 13th Symposium on the
                        Interface, Eddy, W.F.(Hrsg.), New York, 1981, S. 36 - 40.

Chatfield, C.;   Progress on a Simplified Model of **Stationary Purchasing**
Ehrenberg, A.S.;   **Behaviour,** in: Journal of the Royal Statistical Society,
Goodhardt, G.J.:   1966, S. 315 - 318.

Chow, G.C.:   **Technological Change** and the Demand for Computers,
                        in: The American Economic Review, Nr. 57, Dez. 1967,
                        S. 1117 - 1130.

Coleman, J.S.;   **Medical Innovation:** A Diffusion Study, Indianapolis,
Katz, E.;   1966.
Menzel, H.:

Constandse, W.:   **Why new product management fails,** in: Business Ma-
                        nagement, Nr. 6, 1971, S. 16 - 19.

Cook, R.L.;   Application of **Expert systems to Advertising,** in:
Schleede, J.M.:   Journal of Advertising Research, Nr. 3, 1988, S. 47 - 56.

Cooper, R.G.;   **Criteria for Screening** New Industrial Products, in:
Brentari, U. de: Industrial Marketing Management, Nr. 13, 1984,
                        S. 149 - 156.

Cooper, R.G.;   **Success Factors** in Product Innovations, in: International
Kleinschmidt, E.:   Marketing Management, Nr. 16, 1987, S. 215 - 223.

Cooper, R.G.;   **New Product Success Factors:** A Comparison of ´kills´
Kleinschmidt, E.:   versus Successes and Failures, in: R&D - Management,
                        Nr. 20, 1990, S. 47 - 63.

Cooper, R.G.;   **New Products**: What Separates Winners from Loosers?,
Kleinschmidt, E.: Journal of Product Innovation Management, Nr. 4, 1987,
                       S. 169 - 184.

Cooper, R.G.:   **New Product Success in Industrial Firms**, in: Industrial
                       Marketing Management, 1982, S. 215 - 223.

Cooper, R.G.:   **Project NewProd**: Factors in New Product Success, in:
                       European Journal of Marketing, Nr. 14, 1980,
                       S. 277 - 292.

Cooper, R.G.:   **The Dimension of Industrial New Product Success**
                       and Failure, in: Journal of Marketing, Nr. 43, 1979,
                       S. 93 - 103.

Cooper, R.G.:   **Why New Industrial Products Fail**, in: Industrial
                       Marketing Management, Nr. 4, 1975, S. 315 - 326.

Cox, W.E.:   **Product Life Cycles** as Marketing Models, in: The
                       Journal of Business, Nr. 4, 1967, S. 375 - 384.

Cross, G.R.;   A **Marketing Strategy Assistant**, Proceedings: Expert
Foxman, E.R.;   Systems in Business, Berlin, 1985.
Sherell, D.L.;
Kishore, N.:

Cross, G.R.;   A **Marketing Strategy** Assistant, in: Krallmann, H. (Hrsg.),
Foxman, E.R.;   Expertensysteme im Unternehmen, 2. Aufl. Berlin, 1986,
Kishore, N.:   S. 75 - 85.
Sherell, D.L.;

Curth, M.;   **Entwicklung von Expertensystemen**, München, Wien,
Bölscher, A.;   1991.
Raschke, B.:

Dalrymple, D.:   **Sales Forecasting Practices**. Results from a United
                       States Survey, in: International Journal of Foreasting,
                       Nr. 3/4, 1987, S. 379 - 391.

Dannenberg, J.:   **Microcomputergestützte Instrumente** de strategischen
                       Unternehmensplanung, Wiesbaden, 1990.

Day, G.S.:   **Strategic Market Planning**. The Pursuit of cometitive
                       advantage, St. Paul, 1984.

de Kluyver, C. A.: **Innovation and Industrial Product Life Cycle**, in:
                       California Management Review, Nr. 1, 1977, S. 21 - 33.

Dean, J.:   **Pricing Policies** for Nw Products, in: Harvard Business
                       Review, 1950, S. 45 - 53.

Dhalla, U.;   **Forget the product life cycle concept**, in: Harvard
Yuspeh, S.:   Review, Nr. 2, 1976, S. 102 - 112.

Diedrich, R.:   Methoden der künstlichen Intelligenz zur **Lösung des Prognoseproblems** bei der Unternehmensbewertung, Berlin, 1993.

Diels, O.A.:   **Systematischer Aufbau von Methodenbanken** für die Arbeitsplanung, Aachen, 1989.

Dixon, R.:   **Hybrid corn revisited**, in: Econometrica 48, 1980, S. 1451 - 1461.

Dockner, E.;   **Optimal Advertising Policies** for Diffusion Models of
Jörgensen, St.:   New Product Innovation in Monopolistic Situations, in: Management Science, Nr. 1, 1988, S. 119 - 130.

Dodson, Jr. J.A.;   Models of New Product **Diffusion through Advertising**
Muller, E.:   and Word-of Mouth, in: Management Science, Nr. 15, 1978, S. 1568 - 1578.

Dörfel, F.:   DV - Projektmanagemant und **Fuzzy Logic Teil I**, in: DV - Management, I, 1992, S. 40 - 47.

Dörfel, F.:   DV - Projektmanagement und **Fuzzy Logic Teil II**, in: DV - Management, II, 1992, S. 91 - 98.

Dolan, R.J.;   **Models of New Product Diffusion:** Extension to
Jeuland, A.P.;   Competition against Existing and Potential Firms over
Muller, E.:   Time, in: Mahajan, V.; Wind, Y. (Hrsg.), Innovation diffusion models of new product acceptance, Ballinger, 1986, S. 117 - 150.

Dräger, U.:   Ansätze zur **Unterstützung der oberen Führungsebene** durch wissensbasierte Planungs- und Kontrollsysteme, Diss., Nürnberg, 1990.

Dreyfuß, H.L.;   **Künstliche Intelligenz.** Von den Grenzen der Denkma
Dreyfuß, S.E.:   schine und dem Wert der Intuition, Reinbek, 1987.

Dubois, D.;   **Processing of Imprecision and Uncertainty** in Expert
Prade, H.:   System Reasoning Models, in: Ernst, Christian (Hrsg.), Management Expert Systems, Reading, New York, Bonn, o.J., S.67.

Dzida, W.:   **Das IFIP-Modell** für Benutzerschnittstellen, Office Management, Sonderheft, 1983, S. 6 - 8.

Easingwood, C. J.:   **Early product life cycle** forms for infrequently purchased major products, in: International Journal of Research in Marketing, Nr. 4, 1987, S. 3 - 9.

Easingwood, C. J.:   **Product lifecycle patterns** for new industrial products, in: R&D Management, Nr. 1, 1988, S. 23 - 32.

Easingwood, C.J.; **A nonsymmetric responding logistic model** for
Mahajan, V.; forcasting technological substitution, in: Technological
Muller, E.W.: Forecasting and Social Change, Nr. 20, 1981,
S. 199 - 213.

Easingwood, C.J.; **A non-uniform influence** innovation diffusion model of
Mahajan, V.; new product acceptance, in: Marketing Science, Nr. 2,
Muller, E.W.: 1983, S. 273 - 295.

Ehrenberg, D.; **Wissensbasierte Systeme** in der Betriebswirtschaft,
Krallmann, H.; Berlin, 1990.
Rieger, B.:

Eliashberg, J.; **Stochastic Issues** in Innovation Diffusion Models, in:
Chatterjee, R.: Mahajan, V.; Wind, Y. (Hrsg.), Innovation diffusion
models of new product acceptance, Ballinger, 1986,
S. 151 - 202.

Emde, W.; **Modell- und methodenorientierte Anwendungs-**
Hasenkamp, U.: **Software** in entscheidungsorientierten Informationssystemen - Beurteilungskriterien und Auswahl, BIFOA Arbeitsbericht, Nr. 72, 12, Köln, 1972.

Engelmann, R.: **Integration nicht-sicheren Wissens** in Expertensystemen, in: Ehrenberg, Dieter; Krallmann, Hermann ;Rieger,
Bodo (Hrsg.), Wissensbasierte Systeme in der Betriebswirtschaft, Band 15, Berlin, 1990.

Erichson, B.: **Testmarktsimulator**, simulierter Testmarkt (STM), in:
Diller, H. (Hrsg.), Vahlens großes Marketing Lexikon,
München, 1992.

Enrick, N.L.; **Quantitative Marktprognose**, Heidelberg, 1972.
Schäfer, W.:

Ernst, C.: **Management Expert Systems** Reading, New York;
Bonn, o.J..

Esch, F.-R.; **Expertensysteme im Marketing**, in: Marketing ZFP,
Muffler, T.: Nr. 3, 1989, S. 145 - 152.

Esprester, A.C.: **Die Entwicklung einer Methodenbank** und einer
Methodenbanksprache, in: Angewandte Informatik, Nr. 5,
1978, S. 203 - 206.

Etienne, E.C.: Interactions between **Product R&D and Process
Technology**, in: Research Management, Nr. 1, 1981,
S. 22 - 27.

Fantapié Die **Diffusion neuer Kommunikationstechniken** in der
Altobelli, C.: Bundesrepublik Deutschland, Heidelberg, 1991.

Farnum, N. R.;   **Quantitative Forecasting Methods**, Boston, 1989.
Stanton-
La Verne, W.:

Feddersen, W.C.:   Die **Verbesserung der Absatzplanung** durch
                     Zeitreihenzerlegung, in: Der Markt, 1, 1989, S. 13 - 18.

Feigenbaum, E.:   **The Art of Artifical Intelligence**: Themes and case
                     studies of knowledge engineering, Proceedings of the 5th
                     International Joint Conference on Artifical Intelligence,
                     1977, S. 1014 - 1029.

Feigentreu, K.U.;   **Entwicklungsumgebungen**, HMD 26, Heft 147, 1989,
Mankel, M.;   S. 44 - 53.
Schnoor, A.:

Ferstl, O.K.;   Grundlagen der **Wirtschaftsinformatik**, Bd. 1, München,
Sinz, E.J.:   Wien, 1993.

Fischer, J.:   **Datenmanagement.** Datenbanken und betriebliche
                     Datenmodellierung, München; Wien, 1992.

Fisher, J.C.;   **A Simple Substitution Model of Technological**
Pry, R.H.:   **Change**, in: Technological Forecasting and Social
                     Change, Nr. 1, 1971, S. 75 - 88.

Floyd, A.:   **A Methodology for trend forecasting** of figures of
                     merrit, Bright, J. (Hrsg.), Technological Forecasting for
                     Industry and Government: Methods and Applications,
                     Inglewood Cliffs, NJ, 1968, S. 95 - 109.

Fohmann, L.:   **Wissenserwerb und maschinelles Lernen**, in: Savory,
                     Stuart, Künstliche Intelligenz und Expertensysteme,
                     2.Aufl., München, Wien 1985, S.125 - 200.

Folberth, O.G.:   Die **"Künstliche Intelligenz"** und ihre physikalischen
                     Aspekte, in: Physikalische Blätter, Nr. 6, 1988,
                     S. 161 - 165.

Fourt, L.A.;   **Early Prediction of Market Success** for New grocery
Woodlock, J. W.:   Products, in: Journal of Marketing, 1960, S. 31 - 38.

Fox A.J.:   **Outliers in Time Series**, in: Journal of Royal Statist. Soc.,
                     1972 B 34 3, S.232 - 243.

Fox, Harold W.:   **Product Life Cycle** - An Aid to Financial Administration,
                     in: Mancuso, E. (Hrsg.), Managing Technology Products,
                     1975, S. 107 - 112.

Fozzard, R.;
Bradshaw, G.;
Cecl, L.:
A Connectionist Expert System for Solar Flare Forecasting, Touretzky, D.(Hrsg.), Advances in neural information processing system, Morgan Kaufmann Publishers, 1989, S. 264 - 271.

Frank, U.:
Expertensysteme: **Neue Automatisierungspotentiale** im Büro- und Verwaltungsbereich?, Wiesbaden, 1988.

Frese, E.:
Organisationstheorie, 2. Aufl. , Wiesbaden, 1992.

Freundlich, Y.:
Knowledge Bases and Databases. Converging Technologies, Diverging Interests, in: IEEE Computer, Nr. 6, 1990, S. 51 - 57.

Gabele, E.:
Das **Management von Neuerungen.** Eine empirische Studie zum Verhalten zur Struktur, zur Bedeutung und zur Veränderung von Managementgruppen bei tiefgreifenden Neuerungsprozessen in Unternehmen, in: ZfbF, 30, 1978, S. 194 - 220.

Gale, W.;
Pregibon, D.:
Artifical intelligence **research in statistics,** in: AI Magazine, Nr. 4, 1985, S. 72 - 75.

Gale, W.:
Artifical Intelligence and Statistics, Reading, Mass., 1986, S. 285 - 294.

Gatignon, H.A.;
Robertson, T.S.:
Integration of **Consumer Diffusion Theory** and Diffusion Models: New Research Directions, in: Mahajan, V.; Wind, Y. (Hrsg.), Innovation diffusion models of new product acceptance, Ballinger, 1986; S. 37 - 60.

Gaugler, E.;
Jacobs, O.H.;
Kieser, A.:
Strategische Unternehmensführung und **Rechnungslegung,** Stuttgart, 1984.

Gaul, W.;
Both, M.:
Computergestütztes Marketing, Berlin; Heidelberg; New York, 1990.

Gaul, W.;
Förster, F.;
Schiller, K.,:
Typologie deutscher Marktforschungsinstitute. Ergebnisse einer empirischen Studie, Marketing ZFP, Nr. 3, 1986, S. 163 - 172.

Gebhardt, F.:
Statistische Fragestellungen bei einem Expertensystem zur explorativen Datenanalyse, GMD-Studie Nr. 137, Sankt Augustin, 1988.

Genesereth, M.;
Nilsson, N.:
Logische Grundlagen der künstlichen Intelligenz, Braunschweig; Wiesbaden, 1989.

Gerken, G.:
Der neue Manager, Freiburg, 1988.

Gerstenfeld, A.:
A Study of Successful Projects, Unsuccessful Projects and Projects in Process in West Germany, in: IEEE

Transactions on Engineering Management, Nr. 3, 1976, S. 116 - 123.

Gerybadze, A.:   **Innovation**, Wettbewerb und Evolution, Tübingen, 1982.

Geschka, H.:   **Marketing Konzepte für Innovationen**, in: Harvard Manager, Nr. 4, 1984, S. 7 - 16.

Geschka, H.:   **Innovationsmanagement**, in: Handbuch Unternehmensführung Bd. II, Wilkes, M., Wilkes, G.(Hrsg.), S. 823 - 837.

Geyer, A.:   **Marketingprognosen** mit Zeitreihenmodellen, in: Der Markt, Nr. 105, 2.1988, S 77.

GfK: **Behaviourscan**, Produktinformation, Nürnberg, Stand 1993.

Gierl, H.:   Die Erklärung der **Diffusion technischer Produkte**, Berlin, 1987.

Gierl, H.:   Ist der **Erfolg industrieller Innovationen** planbar?, in: ZfbF, Nr. 39, 1987, S. 53 - 73.

Gierl, H.:   **Die Analyse des Produkt-Lebenszyklus** neuer Investitionsgüter, GfK Jahrbuch der Absatz- und Verbrauchsforschung, 1, 1988, S. 4 - 27.

Gilchrist, W.:   **Statistical Forecasting**, New York, 1976.

Glove, S.;   **Key factors** and events in the innovation process, in: Re-
Levy, G.W.;   search Management, Nr. 7, 1973, S. 8 - 15.
Schwartz, C. M.:

Gold, B.:   **Technological Change**: Economics, Management and Environment, Oxford, 1975.

Götte, U.:   **Betriebswirtschaftliche Expertensysteme** - Wunsch und Wirklichkeit, in: Barrmeyer, Martin-Christian; Caspers, Friedrich-Wilhelm (Hrsg.), Betriebswirtschaftliche Reihe Band 61, o.O., o.J.

Goj, D.:   **Software Wiederverwendung** - Einführung; in: Neumann, D.; Sekerinski, E.; Tick, J.; Weber, F.(Hrsg.), Software-Wiederverwendung, Karlsruhe, 1991, S. 1 - 10.

Graff, P.:   **Die Wirtschaftsprognose**: Empirie und Theorie, Voraussetzungen und Konsequenzen, Tübingen, 1977.

Granger, C.W.:   **Forecasting in Business and Economics**, New York, 1980.

Gray, V.:   **Innovation in the States**: a diffusion study, The American Political Science Review, Nr. 6, 1976, S.1174 - 1182.

Greensted, C.S.;   **Essentials of Statistics in Marketing**, London;
Jardine, A.K.S.;   Melbourne, 2. Aufl., 1978.
Macfarlane, J.D.:

Gregg, J.V.;   **Mathematical Trend Curves**: an Aid to Forecasting,
Hassell, C.H.;   Edinburgh, 1964.
Richardson, J.T.:

Griliches, Z.:   **Hybrid corn**: an exploration in the economics of technological change, in: Econometrica, 1957, S. 501 - 522.

Grochla, E.:   **Unternehmungsorganisation**, 9. Aufl., Opladen, 1983.

Günter, B.;   **Effizientes Informationsmanagement** im Vertrieb, in:
Fließ, S.:   Marktforschung & Management, Nr. 1, 1990, S. 29 - 34.

Gutenberg, E.:   Neuere Entwicklungen in der **Unternehmenstheorie**, Festschrift zum 85. Geburtstag von Erich Gutenberg, Koch, H. (Hrsg.), Wiesbaden, 1982.

Gutenberg, E.:   **Grundlagen der Betriebswirtschaftslehre**, Band II: Der Absatz, 17. Aufl., Berlin, 1984.

Hahn, G.:   **More intelligent statistical software** and statistical expert systems: future directions, The American Statistician, 39, 1985, S. 1 - 8.

Hahn, D.;   **Strategische Unternehmensplanung**, 4. Aufl.,
Taylor, B.;   Heidelberg; Wien,1986.

Hajek, P.:   **What does Logic teach us?**, in: Statistical Software Newsletter, Nr. 2, 1988, S. 67.

Hamann, P.:   Neuere Ansätze der **Marketingtheorie**, Berlin, 1974.

Hamblin, R.L.;   **A mathematical theory of Social Change**, New York,
Jacobsen, R.B.;   1973.
Miller, J.L.L.:

Hand, D.J.:   **Statistical expert systems**: necessary attributes, in: Journal of Appied Statistics, 12, 1985, S. 19 - 27.

Hanke,J.E.;   **Business Forecasting**, Boston, 1981.
Reitsch, A.G.:

Hansen, H.R.:   **Computergestützte Marketing-Planung**, München, 1984.

Hansen, H. R.;   **Betriebs- und Wirtschaftsinformatik**, Berlin, Heidelberg,
Krallmann, H.;   1989.
Mertens, P.;
Scheer, A.-W.:

Hansen, H.R.:   **Wirtschaftsinformatik I**, 6. Aufl., Stuttgart, Jena, 1992.

Hansmann, K.W.:   **Industriebetriebslehre**, München; Wien, 1984.

Hansmann, K.W.;   **Business Forecasts** Using a Forecasting Expert System,
Zetsche, W.:   in: Schader, M.; Gaul, W.(Hrsg.), Knowledge, Data and
                          Computer-Assisted Decisions, Berlin; Heidelberg, 1990,
                          S. 377 - 392.

Hansmann, K.W.:   **Prognosefehlermaße**, in: Diller, H. (Hrsg.) Vahlens gro-
                          ßes Marketing Lexikon, München, 1992, S. 970 - 971.

Hanssmann, F.:   **EDV-Einsatz im strategischen Management**, in:
                          Henzler, H. (Hrsg.), Handbuch Strategische Führung,
                          Wiesbaden, 1988, S 82.

Harmon, P.;   **Expertensysteme**: Werkzeuge und Anwendungen,
Maus, R.;   München, Wien, 1989.
Morissey, W.,

Harmon, P.;   **Expertensysteme in der Praxis**, 3.Aufl., Wien, 1989.
King, D.:

Harmon, P.;   **Expert Systems**, Artifical Intelligence in Business, New
King, D.:   York, Chicester, 1985.

Harris, L.R.:   **Anbindung von Expertensystemen** an die Datenbank,
                          Schulungsunterlagen der AlCorp , o.O., 25.09.89.

Hartung, J.;   **Statistik**, 8. Aufl. München, Wien, 1991.
Elpelt, B.;
Klösener, K.-H.:

Hattwig, J.:   **KI-Keine Integration**, Online, Heft 4, 1989, S. 36 - 38.

Hausknecht, J.:   Expertensysteme im **Finanz- und Rechnungswesen**,
Zündorf, H.:   Stuttgart, 1989.

Hauschild, J.;   **Arbeitsteilung** im Innovationsmanagement, in: ZfO,
Chakrabarti, A.K.;   57. Jg., 1988, S. 378 - 388.

Hauschildt, J.:   **Innovationsmanagement**, in: Handwörterbuch der
                          Organisation, Frese, Erich (Hrsg.), 3. Aufl., Stuttgart,
                          1992, Sp. 1029 - 1041

Haustein, H.D.:   **Prognoseverfahren** in der sozialistischen Wirtschaft,
                          Berlin, 1970.

Haux, R.:	**Expert Systems In Statistics**: Selected Papers from a workshop, Stuttgart, 1986.
Haux, R.:	On the **Existence** of Expert Systems, in: Statistical Software Newsletter, Nr. 2, 1988, S. 68 - 69.
Havranek, T.:	**Comment** on Streitberg´s Remarks on Artifical Intelligence in Statistics, in: Statistical Software Newsletter, Nr. 2, 1988, S. 70 - 71.
Hax, A.C.; Majluf, N.S.:	The Use of the **Growth-Share Matrix** in Strategic Planning, Dyson, R.G.(Hrsg.), Strategic Planning: Models and Analytical Techniques, Chichester-New York, 1990, S. 51 - 71.
Hayes-Roth, F.; Waterman, D.; Lenat, D.B.:	**Building Expert Systems**, London, Amsterdam, 1983.
Heeler, R.M.; Hustad, T.:	**Problems in Predicting** New Product Growth for Consumer Durables, in: Management Science, Nr. 10, 1980, S. 1007 - 1020.
Hehl, K.:	**Scanner-Marktforschung**, in: Wirtschaft & Praxis, Nr. 4, 1986, S. 161 - 164.
Hellmann, H.:	**Computerunterstützung** für das Management - Entwicklung und Überblick, in: HMD, 138, 1987, S. 3 - 18.
Hellmann, H.; Simon, M.:	**Expertensysteme**: Grundlagen, Historie, Einsatzmöglichkeiten, in: HMD, Nr. 147, 1989, S. 3 - 17.
Heinrich, H.:	Die **Absatzpolitik** als Teil der Unternehmungspolitik, Würzburg; Wien, 1977.
Heinrich, L.:	**Informationsmanagement**, 4. Aufl., München, 1992.
Heinzelbecker, K.:	**Partielle Marketing-Informationssysteme**, Zürich, Frankfurt, 1977.
Heinzelbecker, K.:	**Marketing-Informationssysteme**, Stuttgart, Berlin, 1985.
Henschel, H.:	**Wirtschaftsprognosen**, München, 1979.
Hesse, H.W.:	**Kommunikation und Diffusion** von Produktinnovationen im Konsumgüterbereich, Berlin, 1987.
Hichert, R.; Moritz, M.:	**Management-Informationssysteme**. Praktische Anwendungen, Berlin; Heidelberg, New York, 1992.
Hichert, R.; Stumpp, M.:	**Ist-Situation** und Zukunftserwartungen bei Management-Informationssystemen - Ergebnisse einer Befragung, in: Hichert, R.; Moritz, M.(Hrsg.), Management-Informations-

syteme. Praktische Anwendungen, Berlin; Heidelberg, New York, 1992, S. 89 - 100.

Hinterhuber, H.H.: **Innovationsdynamik** und Unternehmensführung, Wien; New York, 1975.

Hinterhuber, H.H.: **Strategische Unternehmensführung**, 3. Aufl., Berlin, New York, 1984.

Höft, U.: **Lebenszykluskonzepte.** Grundlage für das strategische Marketing- und Technologiemanagement, Berlin, 1992.

Hörschgen, H.: Internationale **Unternehmenstätigkeit** Baden-Württembergischer Unternehmen, Stuttgart, 1983.

Hofer, Ch. W.: **Toward a Contingency Theory** of Business Strategy, in: Academy of Management Journal, Nr. 9, 1975, **S. 784 - 810.**

Hoff, J.C.: A **Practical guide** to Box-Jenkins Forecasting, Belmont, 1983.

Hoff, H.(Hrsg.); Marktspiegel **Expertensysteme** auf dem Prüfstand, TÜV
Zinn, H.J.; Rheinland Köln, 1990.
Kurz, E.:

Hoffmann, K.: **Die Konkurrenzuntersuchung** als Determinante der langfristigen Absatzplanung, Göttingen, 1979.

Hofstätter, H.: **Die Erfassung der langfristigen Absatzmöglichkeiten** mit Hilfe des Lebenszyklus eines Produktes, Würzburg, Wien, 1977.

Holt, C.: **Forecasting Seasonals and Trends** by Exponentially Weighted Moving Averages, Washington, 1957.

Holten, R.H.: The **Distinction** Between Convenience Goods, Shopping Goods and Specialty Goods, in: Journal of Marketing, Nr. 7, 1958, S. 53 - 56.

Holzapfel, M.: **Wirtschaftlichkeit** wissensbasierter Systeme, Wiesbaden, 1992.

Hopkins, D.S.: New Product **Winners and Losers**, in: Research Management, Nr. 24, 1981, S. 12 - 17.

Hopkins, D.S.: **New-Product Winners** and Losers, Report No. 773, The Conference Board, New York, Ottawa, 1980.

Horski, D.; **Advertising and the Diffusion of New Products**,
Simon, L.S.: Marketing Science, Nr. 1, 1983, S. 1 - 17.

Hruschka, H.:   Neuere Ansätze der Repräsentation von **Methoden- und Modellwissen** in betriebswirtschaftlichen Entscheidungs-unterstützungssystemen, in: Angewandte Informatik, Nr. 4, 1988, S. 158 - 168.

Huber, P.J.:   **Environment for supporting statistical strategies,** Artifical Intelligence and Statistics, Gale, W.(Hrsg.), Reading, Mass., 1986, S. 285 - 294.

Huch, B.; Stahlknecht, P.:   **EDV-Anwendungen im Unternehmen.** Fertigungs-, Vertriebs- und Managementsysteme, Frankfurt, 1987.

Hüttner, M.; Czenkowsky, T.:   **Zum Stande von Marktforschung,** Prognose, Langfrist-informationsbeschaffung und Strategischer Unterneh-mensplanung in der deutschen Wirtschaft, Bremen, 1988.

Hüttner, M.:   Zur **Anwendung von Markt- und Absatzprognosen** in der Praxis. Bericht über eine empirische Untersuchung, Bremen, 1981.

Hüttner, M.:   Grundzüge der **Marktforschung,** 3. Aufl., Wiesbaden, 1977.

Hüttner, M.:   **Markt- und Absatzprognosen,** Stuttgart, 1982.

Hüttner, M.:   **Prognoseverfahren** und ihre Anwendung, Berlin, New York, 1986.

Hüttner, M.:   **Absatzprognosen nach Box-Jenkins.**Ein Überblick, Marketing ZFP, Nr. 1, 1981, S. 37 - 46.

Hüttner, M.:   Der Einsatz von **Prognoseverfahren in der Praxis,** in: Marktforschung, Nr. 1, 1987, S. 29 - 34.

Huxold, S.:   **Marketingforschung** und strategische Planung von Produktinnovationen: ein Früherkennungsansatz, Berlin, 1990.

Jackson, P.:   **Expertensysteme,** Bonn, 1987.

Jacob, H.; Becker, J.; Krcmar, H.:   **Integrierte Informationssysteme,** Wiesbaden, 1991.

Jahnke, B.; Groffmann, H.-D.; Vogel, E.:   **Konzeption** von Marketing-Informationssystemen, in: HMD, Nr. 173, 1993, S. 9 - 25.

Jarke, M.:   **Wissensbasierte Systeme** - Architektur und Einbettung in betriebliche DV-Landschaften, in: Kurbel, K.; Strunz, H. (Hrsg.), Handbuch Wirtschaftsinformatik, Stuttgart, 1990, S. 459 - 479.

Jarrett, J.:   **Evaluation a PC Software System** for Automatic
                        Statistical Time Series Modelling and Forecasting, in:
                        Statistical Software Newsletter, Nr. 4, 1987, S.115 - 117.

Jenkins, G.M.:   **Practical Experiences** with Modelling and Forecasting
                        Time Series, St. Helier, 1979.

Jeuland, A. P.:   **Parsimonious Models of Diffusion** of Innovation Part A
                        Derivations and Comparisons, Working Paper, Chicago,
                        June 1981.

Jucken H.:   **Expertensysteme** zur Analyse strategischer Marketing-
                        probleme, Bern, Stuttgart, 1990.

Jucken H.:   **Einsatz- und Entwicklungsmöglichkeiten** von Exper-
                        tensystemen zur Analyse strategischer Marketingproble-
                        me, in: Marketing ZFP, Nr. 1, 1991, S. 23 - 32.

Kaas, K.P.:   **Diffusion und Marketing.**Das Konsumentenverhalten bei
                        der Einführung neuer Produkte, Stuttgart, 1973.

Kaas, K.P.;   Systematische **Konkurrentenforschung** durch Compe-
Brezski, E.:   titor Intelligence-Systeme, in: Marktforschung & Manage-
                        ment, Nr. 2, 1989; S. 42 - 45.

Kalish, S.:   **A New Product Adoption** with Price, Advertising, and
                        Uncertainty, in: Management Science, Nr. 12, 1985,
                        S. 1569 - 1585.

Kalish, S.;   **Applications** of Innovation Diffusion Models in Marke-
Lilien, G.L.:   ting, in: Mahajan, V.; Wind, Y. (Hrsg.), Innovation
                        diffusion models of new product acceptance, Ballinger,
                        1986, S. 235 - 280.

Kalish, S.;   **A Market Entry** Timing Model for New Technologies, in:
Lilien, G.L.:   Management Science, Nr. 2, 1986, S. 194 - 205.

Karbach, W.;   **Wissensakquisition für Expertensysteme**: Techniken,
Linster, M.:   Modelle und Softwarewerkzeuge, München, Wien, 1990.

Karras, D.   **Entwicklungsumgebungen** für Expertensysteme -
Kredel, Lutz;   Vergleichende Darstellung ausgewählter Systeme, Berlin,
Pape, U.:   New York, 1987.

Katz, E.:   **Die Verbreitung neuer Ideen und Praktiken**, in:
                        Schramm, W.(Hrsg.), Grundfragen der Kommunikation,
                        München, 1978, S. 99 - 116.

Kaufer, E.:   **Innovationspolitik** und Wirtschaftsordnung, Köln, Berlin,
                        1979.

Kendall, M.G.;   **Time-Series**, 3rd Ed., London, 1990.
Ord, J.K.:

Kiefer, K.: **Die Diffusion von Neuerungen**, Tübingen, 1967.

Kirsch, W. u.a.: **Planung und Organisation** in Unternehmen, München, 1975.

Kirsch, W.: **Unternehmenspolitik** - Von der Zielforschung zum strategischen Management, München, 1981.

Kirsch, W.; **Vom Marketing** zum strategischen Management, in:
Trux, W.: Kirsch, W.; Roventa, P. (Hrsg.), Bausteine eines strategischen Managements, Berlin; New York, 1983, S. 43 - 63.

Kirsch, W.; **Bausteine** eines strategischen Managements, Berlin;
Roventa, P.: New York, 1983.

Klee, H.W.: **Relevanz der Erklärungskomponente** - Erkenntnisse einer empirischen Untersuchung, in: Information Management, Nr. 3, 1989, S.44 - 46.

Kleinhans, A.; **Management-Unterstützungssysteme** - Eine vielfältige
Rüttler, M.; Begriffswelt, in: Hichert, R.; Moritz, M. (Hrsg.), Manage-
Zahn, E.: mentformationssysteme. Praktische Anwendungen, Berlin; Heidelberg, New York, 1992, S. 1 - 14.

Kleinhans, A.M.: **Wissensverarbeitung im Management**. Möglichkeiten und Grenzen wissensbasierter Managementunterstützung-, Planungs- und Simulationssysteme, Frankfurt am Main, 1989.

Klenger, F.; **Simulation des Käuferverhaltens**, Teil II: Analyse des
Krautter, J.: Kaufprozesses, Wiesbaden, 1972.

Knappe, T.: **DV-Konzepte operativer Früherkennungssysteme**, Heidelberg, 1991.

Kneschaurek, F.; **Wirtschafts- und Marktprognosen** als Grundlage
Graf, H.G.: der Unternehmenspolitik, St. Gallen, 1984.

Köhler, R.: Das **Informationsverhalten** im Entscheidungsprozeß vor der Markteinführung eines neuen Artikels. Bericht über eine empirische Erhebung. Wiesbaden, 1972.

Köhler, R.: **Modelle**, Handwörterbuch der Betriebswirtschaft, 4. Aufl., Hrsg. Grochla, E.; Wittmann, W., Stuttgart, 1975, Sp. 2707.

Köhler, R.: **Strategisches Marketing:** Auf die Entwicklung eines umfassenden Informations-, Planungs- und Organisationssystem kommt es an, in: Marketing ZFP, 1985, S.213 - 216.

Köhler, R.: Marketing und **Rechnungswesen**: "Zwei Welten" oder Partner?, in: Absatzwirtschaft, Nr. 8, 1985, S. 72 - 77.

Köhler, R.: Beiträge zum **Marketing-Management**, Stuttgart, 1988.

Köhler, R.; **Informationssysteme** für die Unternehmensführung, in:
Heinzelbecker, K.: DBW, Nr. 2, 1977, S. 267 - 282.

Kolb, S.: **EskiMo**-eine expertensystem-kontrollierte Methodenbank, Heidelberg, 1992.

Kotler, P.: **Marketing Management**: Analyse, Planung, Umsetzung und Steuerung, 7. Aufl., Stuttgart, 1992.

Kotzbauer N.: **Erfolgsfaktoren** neuer Produkte-Synopsis der empirischen Untersuchung **(Teil I)** , GfK Jahrbuch der Absatz- und Verbrauchsforschung, Nr. 1, 1992, S. 4 - 23.

Kotzbauer, N.: **Erfolgsfaktoren** neuer Produkte-Synopsis der empirischen Untersuchung **(Teil II)** , in GfK Jahrbuch der Absatz- und Verbrauchsforschung, Nr. 2, 1992, S. 108 - 128.

Krallmann, H.: **Strategische Entscheidungsunterstützungssysteme** im Unternehmen, in: Bergner, H. (Hrsg.), Planung und Rechnungswesen in der Betriebswirtschaftslehre, Berlin, 1981, S. 191 - 222.

Krallmann, H.: **Expertensysteme im Unternehmen**, Band 6, 2. Aufl., Berlin, 1986.

Krallmann, H.: **Expertensysteme im praktischen Einsatz**, Berlin, 1987.

Kratzer, K.: **Neuronale Realisierung von Prognoseverfahren**, Nakhaeizadek, G; Vollmer, K.H.(Hrsg.) , Anwendungsaspekte von Prognoseverfahren. Beiträge zum 2. Karlsruher Ökonometrie-Workshop, Heidelberg, 1990, S. 71 - 80.

Kreikebaum,H.; **Die Analyse strategischer Faktoren** und ihre Bedeutung
Grimm, U.: für die strategische Planung, in: WiST, Nr. 12, 1983, S. 6 - 12.

Krelle, W.: **Theorien** des einzelwirtschaftlichen und gesamtwirtschaftlichen Wachstums, Berlin, 1965.

Kroeber-Riel, W.: **Marketingtheorie**. Verhaltensorientierte Erklärungen von Marktreaktionen, Köln, 1972.

Kühn, M.: **Künstliche neuronale Netze** spielen elektronische Kassandra, Computerwoche, Nr. 19, 1.05.92, S. 46.

Kühn R.: **Planungssystematik** für Wirtschaftsverbände, in: Die Unternehmung, Nr. 1, 1979, S.42 - 44.

Kühn R.:   **Strategische Marketingkonzepte:** Notwendigkeit oder Luxus?, in: Die Unternehmung, Nr. 4, 1985, S.271 - 288.

Kulvik, H.:   **Factors Underlying the Success** or Failure of New Products, Report Nr. 29, Helsinki University of Technology, 1977.

Kurbel, K.:   **Entwicklung und Einsatz von Expertensystemen -** Eine anwendungsorientierte Einführung in wissensbasierte Systeme, Berlin, Heidelberg, 1989.

Lachnit, L.:   **Umsatzprognose** auf Basis von Expertensystemen; in: Controlling, Nr. 3, 1992, S. 160 - 167.

Lackman, C.L.: **Gompertz curve forecasting:** a new product application, in: Journal of the Market Research Society, Nr. 20, 1978, S. 45 - 57.

Langkamp, P.: **Prognosen** mit Hilfe des Box-Jenkins-Ansatzes, Arbeitsbericht des Instituts für Markt- und Distributionsforschung, Köln, 1980.

Laux, H.:   **Entscheidungskriterien** bei Unsicherheit, in: WiSt, Nr. 4, 1975, S. 159 - 164.

Lazarsfeld, P.; **The Peoples´s Choice,** 2. Aufl., New York, 1948.
Berelson, B.R.;
Gaudet, H.:

Lazarsfeld, P.; **Massenmedien und personaler Einfluß,** Schramm, W.
Menzel, H.:   (Hrsg.), Grundfragen der Kommunikation, München, 1978, S. 117 - 140.

Lazo, H.:   **Finding a key to success** in new product failures, in: Industrial Marketing, Nr. 11, 1965, S. 74 - 77.

Lebsanft, E.:   **Projektmanagement** und Software Engineering in Expertensystemprojekten, in: Scheer, A.W., Betriebliche Expertensysteme I, Wiesbaden, 1988, S.67 - 86.

Lee, J.;   **Determinants of New Product Outcome** in a Developing
Kim, H.:   Country: A Longitudinal Analysis, in: International Journal of Research Management, Nr. 3, 1986, S. 143 - 156.

Lehmann, I.;   **Fuzzy Set Theory.** Die Theorie der unscharfen Mengen,
Weber, R.;   in: OR-Spektrum, Nr. 14, 1992, S. 1 - 9.
Zimmermann, H.:

Lehvall, P.;   A Study of some Assuptions Underlying Innovation
Wahlbin, C.:   **Diffusion Functions,** in: Swedish Journal of Economics, 1973, S. 362 - 377.

Lelke, B.;   Modellierung und Implementierung von **EXSTRABS**: Ein
Werners, B.:   Expertensystem zur Branchenstrukturanalyse der
                        strategischen Planung, in: Wirtschaftsinformatik, Nr. 4,
                        1991, S. 316 - 324.

Levenbach, H.;   The **modern forecaster**, The Forecasting Process
Cleary, J.P.:   through Data Analysis, Belmont, 1984.

Levine, P.;   DECIDEX, Un Système "Intélligent" Pour L´Aide à la
Maillard, J.-Ch.;   **Décision Stratégique**, in: L´économique et Intelligence
Pomerol, J.-Ch.:   Artificielle Conference Tutorial, Aix en Provence, 1986,
                        S. 153 - 155.

Levine, P.;   **DECIDEX, a multi-expert system** for strategic decisions,
Maillard, J.-Ch.;   in: Sol, H.G.(Hrsg.), Expert Systems and Artifical
Pomerol, J.-Ch.:   Intelligence in Decision Support Systems, Reidel Publ.
                        Company, 1987, S. 247 - 255.

Lewandowski, R.:   **Prognose- und Informationssysteme** und ihre
                        Anwendungen, Bd.1, Berlin, 1974.

Lewis, C.D.:   Industrial and **Business Forecasting Methods**. A
                        Practical Guide to Exponential Smoothing and Curve
                        Fitting, London, Butterworth, 1982.

Lilien, G.L.;   **Marketing Decision Making**. A Model Building Approach,
Kotler, P.:   New York, 1983.

Lilien, G.L.;   **Determinants** of New Industrial Product Performance: A
Yoon, E.:   Strategic Reexamination of the Empirical Literature, in:
                        IEEE Transactions on Engineering Management, Nr. 1,
                        1989, S. 3 - 10.

Link, P.L.:   **Keys to New Produkt Success** and Failure, Industrial
                        Marketing Management, Nr. 16, 1987, 109 - 118.

Linnemann, V.:   **Neue Entwicklungen** bei relationalen
                        Datenbanksystemen für komplexe Strukturen, IBM-
                        Heidelberg, 6 - 1989.

Linstone, H.A.;   **Futures Research**. New Directions, Reading, 1977
Simmonds, W.H.:

Little, J.D.C.:   **Models and Managers:**The Concept of a Decision
                        Calculus, Management Science, Nr. 16, 1970,
                        S. 466 - 485.

Luhmer, A.:   Eine theoretische Begründung der **Albach-Brockhoff-
                        Formel** des Produkt-Lebenszyklus, ZfB, Nr. 6, 1978,
                        S. 666 - 671.

Lutschewitz, H.;   **Die Diffusion von innovativen Investitionsgütern.**
Kutschker, M.:   Theoretische Konzeption und empirische Befunde,
München, 1977.

Mahajan, V.;   **An Evaluation** of Estimation Procedures for New
Mason, C.H.;   Product Diffusion Models, in: Mahajan, V.; Wind, Y.
Srinivasan, V.:   (Hrsg.), Innovation diffusion models of new product
acceptance, Ballinger, 1986, S. 203 - 234.

Mahajan, V;   **Innovation Diffusion** and New Product Growth Models in
Muller, E.:   Marketing, in: Journal of Marketing, Nr. 1, 1974, S. 59.

Mahajan, V.;   **Introduction Strategy for New Products** with Positive
Muller, E.;   and Negative Word-of-Mouth, in: Management Science,
Kerin, R.A.:   Nr. 12, 1984, S. 1389 - 1404.

Mahajan, V.;   **New Product Diffusion** Models in Marketing: A Review
Muller, E.;   and Directions for Research, in: Journal of Marketing,
Bass, F.:   Nr. 1, 1990, S. 1 - 26.

Mahajan, V.;   Innovation Diffusion in a **Dynamic Potential Adopter**, in:
Peterson, R.A.:   Management Science, Nr. 15, 1978, S. 1589 - 1597.

Mahajan, V.;   **Integrating time and space** in technological substitution
Peterson, R.A.:   models, in: Technological Forecasting and Social Change,
Nr. 14, 1979, S. 127 - 146.

Mahajan V.;   **Models for Innovation Diffusion**, Sage University,
Peterson, R.A.:   Beverly Hills; London, 1985.

Mahajan, V.;   Generalized Model for the Time Pattern of the **Diffusion**
Schoeman, M.:   **Process**, in: IEEE Transactions on Engineering Management, Nr. 1, 1977,S. 12 - 18.

Mahajan, V.;   **Innovation Diffusion Models** of New Product Accep
Wind, Y.:   tance: A Reexamination, in: Mahajan, V.; Wind, Y.
(Hrsg.), Innovation diffusion models of new product
acceptance, Ballinger, 1986, S. 3 - 26.

Mahmoud, E.:   **The Evaluation of Forecasts**, in: Makridakis, S.; Wheelwright, S.(Hrsg.), The Handbook of Forecasting, Mana-
ger's Guide, 2. Aufl. , New York, 1987, S. 504 - 522.

Mahmoud, E.;   **Mainframe Multipurpose Forecasting Software**, A
Rice, G. ;   Survey, in: Journal of Forecasting, Nr. 2, 1986,
Mc Gee, V.E.;   S.127 - 137.
Beaumont, C.:

Maidique, M.A.;   **A Study of Success and failure** in Product Innovation,
Zirger, B.J.:   in: IEEE Transactions on Engineering Management,
Nr. 4, 1984, S. 192 - 203.

Maidique, M.A.;   **The New Product Learning Cycle**, in: Research Policy,
Zirger, B.J.:   Nr. 14, 1958, S. 299 - 313.

Maidique, M.A.:   **Key Success Factors** in High-Technological Innovation,
                         Strategic Management Journal, Nr. 21, 1986,
                         S. 170 - 180.

Maibaum, G.:   **Wahrscheinlichkeitstheorie** und mathematische
                         Statistik, 2. Aufl., Berlin, 1980.

Majer, H.:   **Industrieforschung** in der Bundesrepublik, Tübingen,
                         1978.

Makridakis, S.   **Forecasting**. Methods and Applikations, 2. Aufl., New
Wheelwright, S.;   York, 1983.
Mc. Gee, V.E.:

Makridakis, S.;   **Prognosetechniken für Manager**, Wiesbaden, 1980.
Reschke, H.;
Wheelwright, S.C.:

Makridakis, S.;   **Handbook of Forecasting**, 2. Aufl., New York, 1987.
Wheelwright, S.C.:

Makridakis, S.;   **Forecasting Methods** for Management, 5. Aufl., New
Wheelwright, S.C.:   York, 1989.

Makridakis, S.:   **Interactive Forecasting.**Univariate and Multivariate
Wheelwright, S.C.:   Methods, 2. Aufl., San Francisco, 1978.

Mamer, J.W.;   **Uncertainty**, Competition, and the Adoption of New
McCardle, K.F.:   Technology, in: Management Science, Nr. 2, 1987,
                         S. 161 - 177.

Mancuso, J.:   **Managing Technology Products**, New York, 1975.

Mansfield, E.;   **Organizational and Strategic Factors** Associated with
Wagner, S.:   Probabilities of Success in Industrial R&D, in: The Journal
                         of Business, April 1975, S. 179 - 198.

Mansfield, E.:   Technical Change and the **Rate of Imitation**, in:
                         Econometrica, 1961, S. 741 - 766.

Mansfield, E.:   The Economics of **Technological Change**, New York,
                         1968.

Marciejewski, P.;   Bildschirmtext für ein **Marketing-Informationssystem**, in:
Bergmann, M.;   Office Management, Nr. 7-8, 1985, S. 742 - 745.
Litke, H.D.:

Marr R.:   **Absatzprognose**, in: Tietz, B. (Hrsg.) HdA, Stuttgart,
                         1974, Sp. 88 - 101.

Mason, R.S.:   **Product Maturity and Marketing Strategy,** European Journal of Marketing, Nr. 1, 1976, S. 36 - 47.

Massy, W.F.;   **Stochastic Models of Buying Behavior,** Cambridge;
Montgomery, D;   London, 1970.
Morrison, D.G.,

Massy, W.F.;   **Forecasting** the Demand for New Convenience Products, in: Journal of Marketing Research, Vol. VI., 1969, S. 405 - 412.

Mattmüller, R.:   **Marketing-Prognosen** für den Handel, Augsburg, 1990.

McCleary, R.;   **Applied Time Series Analysis** for the Social Science,
Hay, R.A.:   London, 1982.

Meffert, H.:   **Marketing,** 7.Aufl., Wiesbaden, 1986.

Meffert, H.:   **Marketing und strategische Unternehmensführung -** ein wettbewerbsorientierter Kontingenzansatz, in: Hahn, D.; Taylor, B., Strategische Unternehmensplanung, 4. Aufl., Heidelberg; Wien, 1986, S. 660 - 683.

Meffert, H.:   **Interpretation und Aussagewert** des Produktlebens-zyklus-Konzeptes, in: Hamann, P. u.a.(Hrsg.), Neuere Ansätze der Marketingtheorie, Berlin, 1974, S. 85 - 134.

Meffert, H.;   **Marketing-Prognosemodelle.** Quantitative Grundlagen
Steffenhagen, H.: des Marketing, Stuttgart, 1977.

Meffert, H.;   **Unternehmensstrategie und Marketing** aus
Wagner, H.:   europäischer und amerikanischer Perspektive, Münster, Arbeitspapier Nr. 34, 1986.

Meffert, H.:   **Erfolgreiche Unternehmens- und Marketingstrategien** im Marktlebenszyklus, in: Meffert, H.; Wagner H. (Hrsg.), Unternehmensstrategie und Marketing aus europäischer und amerikanischer Perspektive, Münster, Arbeitspapier Nr. 34, 1986, S. 3 - 33.

Meffert, H.:   Interpretation und **Aussagewert des Produkt-Lebens-zyklus Konzeptes,** in: Hamann, P., Neuere Ansätze der Marketingtheorie, Berlin, 1974.

Meffert, H.:   **Computergestützte Marketing-Informationssysteme,** Wiesbaden, 1975.

Meffert, H.:   Zur Bedeutung von **Konkurrenzstrategien** im Marketing, Marketing ZFP, Nr. 1, 1985, S. 13 - 19.

Meffert, H.:   **Strategische Unternehmensführung** und Marketing: Beiträge zur marktorientierten Unternehmenspolitik, Wiesbaden, 1988.

Mensch, G.O.:   Gesamtwirtschaftliche **Innovationspraxis**, Göttingen,
                       1976.

Mentzer, John T.;   Familiarity, Application and Performance of **Sales**
Cox, James, E.:   **Forecasting Techniques**, in: Journal of Forecasting,
                       1984, Nr. 1, S. 27 - 36.

Mertens P.;   **Interaktiv nutzbare Methodenbanken**, in: Angewandte
Bodendorf, F.:   Informatik, Nr. 12, 1979, S. 533 - 541.

Mertens, P.;   **Integrierte Informationsverarbeitung**; Bd. 2: Planungs-
Griese, J.:   und Kontrollsysteme in der Industrie, 6. Aufl., Wiesbaden,
                       1991.

Mertens, P.;   **Ansätze zur DV-Unterstützung** der Strategischen
Plattfaut, E.:   Unternehmensplanung, in: DBW, Nr. 1, 1985, S. 19 - 29.

Mertens, P.:   **Prognoserechnung**, 4. Aufl. Würzburg; Wien, 1981.

Mertens, P.:   **Expertensysteme in den betrieblichen Funktions-
                       bereichen**, in: Scheer, A.W., Betriebliche Experten-
                       systeme I, Wiesbaden, 1988, S.29 - 66.

Mertens, P.:   **Mittel- und langfristige Absatzprognose** auf der Basis
                       von Sättigungsmodellen, Mertens, P.(Hrsg.), Prognose-
                       rechnung, 4. Aufl., Würzburg; Wien, 1981, S. 193 - 216.

Mertens, P.;   Eine Gegenüberstellung von **Integrationsansätzen** der
Holzner, J.:   Wirtschaftsinformatik, in: Wirtschaftsinformatik, Nr. 1,
                       1992, S. 5 - 25.

Mescheder, B.;   **Offene Architekturen** in Expertensystemshells, in:
Westerhoff, Th.:   Angewandte Informatik, Heft 9, 1988, S. 390 - 398.

Meyer, A.:   **Das Absatzmarktprogramm**, in: Meyer, P.W. (Hrsg.),
                       Integrierte Marketingfunktionen, 2. Aufl., Stuttgart, 1990,
                       S. 51 - 82.

Meyer, P.W.;   Zur **Problematik handelsspezifischer Prognosen** , in:
Mattmüller, R.:   Handelsforschung 1989, Jahrbuch der Forschungs-
                       stelle für den Handel Berlin FfH, Wiesbaden, 1989,
                       S. 27 - 40.

Meyer, P.W.:   **Der Integrative Marketingansatz** und seine
                       Konsequenzen für das Marketing, Meyer, P.W. (Hrsg.),
                       Integrierte Marketingfunktionen, 2. Aufl., Stuttgart, 1990,
                       S. 13 - 30.

Meyer, P.W.:   **Die Absatzwirtschaft** im Jahre 1970, Jahrbuch der
                       Absatz- und Verbrauchsforschung, Nr. 10, 1964,
                       S. 212 - 222.

Midgley, D.F.:   **Innovation and New Product Marketing**, London, 1977.

Minderlein, M.: **Markteintrittsbarrieren** und strategische
Verhaltensweisen, in: ZfB, Nr. 2, 1990, S. 155 - 178.

Minsky, M.: **Artifical Intelligence**, San Francisco, New York, 1966.

Mintzberg, H.: **Planning** on the left side and managing on the right,
Harvard Business Review, Nr. 7, 1976, S 49 - 59.

Miracle, G.E.: **Product Characteristics** and Marketing Strategy, in:
Journal of Marketing, Nr. 1, 1965, S. 18 - 24.

Moch, M.M.; Size, Centralization and Organizational **Adoption of**
Morse, E.V.; **Innovations**, in: American Sociological Review, Oct.
1977, S. 716 - 725.

Mockler, R.J.: **Knowledge-based systems** for strategic planning,
London, 1989.

Mohr, H.W.: **Bestimmungsgründe** für die Verbreitung von neuen
Technologien, Berlin, 1977.

Mohr, W.: **Neue Identifikationsstrategien** für uni- und multivariate
Zeitreihen, Habilitationsschrift, Kiel, 1984.

Montgomery, D.; **Forecasting and Time Series Analysis**, New York,
Johnson, L.A.: 1976.

Montgomery, D.; **Management Science in Marketing**, Englewood Cliffs,
Urban, G.L.: 1960.

Moore, W.; **Managing Innovation** over Product Life Cycle, in:
Tushman, M.: Tushman,M.; Moore, W.(Hrsg.), Readings in the
Management of Innovation, 1982, S. 131 - 150.

Moormann, J.: Relaunch des strategischen Instruments **Portfolioana-**
lyse: Computergestützte Unschärfenpositionierung, in:
Marketing ZFP, Nr. 3, 1992, S. 183 - 187.

Moosmüller, G.: **Exponentielle Glättung als Prognoseinstrument**, WiSt,
Nr. 4, 1988, S. 209 - 216.

Müller-Hagedorn, **Handelsmarketing**, Stuttgart, 1984.
L.:

Müller-Merbach, **Betriebsinformatik am Ende?**, in: ZfB, Nr. 3, 1981,
H.: S. 274 - 282.

Müller-Wünsch, **Wissensbasierte Unternehmensstrategieentwicklung**,
M.: Berlin, Heidelberg, 1991.

Mullick, S.K.; **Life-Cycle Forecasting**, in: Makridakis, S.; Wheelwright,
u.a.: S.C.(Hrsg.), Handbook of Forecasting, 2. Aufl., New York,
1987, S. 321 - 335.

Mumpower, J.;   **Expert Judgement** of political Riskness, in: Journal of
Livingston, S.;   Forecasting, Nr. 6, 1987, S. 51 - 65.
Lee, T.:

Myers, S.;   **Successful Industrial Innovations,** in: National Science
Marquis, D.G.:   Foundation NSF, 69-17)Washington D.C., 1969.

NaSF   **National Science Foundation** , 69-17, Washington D.C.,
                       1969.

NaSICB   National Science Industrial Conference Board, **Why New
                       Products Fail,** The Conference Board Record, New York,
                       1964.

Nakanishi, M.:   **Advertising and Promotion Effects** on Consumer
                       Response to New Products, in: Journal of Marketing
                       Research, Nr. 8, 1973, S. 242 - 249.

Nelbecker, B.:   **Einsatz von Expertensystemen im Marketing,** in:
                       Scheer, August-Wilhelm, Betriebliche Expertensysteme II,
                       Wiesbaden, 1989, S. 55 - 82.

Nelbecker, B.:   **Werbewirkungsanalyse** mit Expertensystemen,
                       Heidelberg, 1990.

Nelder, J.A.:   **An Alternative Form** of a Generalized Logistic Equation,
                       in: Biometrics, Nr. 18, 1962, S. 614 - 616.

Nelder, J.A.:   **Comment** on Streitberg´s Remark on Artifical Intelligence
                       in Statistics,in: Statistical Software Newsletter, Nr. 2,
                       1988, S. 72.

Nelson, R.;   An **Evolutionary Theory** of Economic Change, Cam-
Winter, S.G.:   ridge, 1982.

Neuert, U.:   **Computergestützte Unternehmensberatung.** Möglich-
                       keiten und Grenzen der Computerunterstützung unter
                       besonderer Berücksichtigung der Strategieberatung,
                       Diss., Marburg, 1990.

Neumann, B.:   **Was sind Expertensysteme?,** in: Expertensysteme im
                       Unternehmen, 2.Aufl., Hrsg. Krallmann, Hermann, Berlin,
                       1986, S. 11 - 13.

Nieschlag, R.;   **Marketing,** 15. Aufl., Berlin, 1988.
Dichtl, E.;
Hörschgen, H.:

Nielsen: **Telerim,** Produktinformationen, o.O., Stand März 1993.

Noelke, U.:   **Das Wesen des Knowledge Engineering,** in: Savory,
                       Stuart, Künstliche Intelligenz und Expertensysteme,
                       2.Aufl., München, Wien, 1985, S.109 - 124.

Nonhoff, J.: Entwicklung eines Expertensystems für das **DV-Controlling**, in: Hansen, H. R., Krallmann, H., Mertens, P., Scheer, A.-W. (Hrsg.), Betriebs- und Wirtschaftsinformatik, Berlin, Heidelberg, 1989.

o.V.: **Innovation als Wachstumsmotor**, in: Absatzwirtschaft, Nr. 9, 1986, S. 100 - 110.

o.V.: **Knowledge Engineering Environment**, 370, IBM Enzyklopädie der Informationsverarbeitung, Stuttgart, 1989.

o.V.: **Marktinfarkt im Monopol**, in: Absatzwirtschaft, Nr. 12, 1977, S. 22 - 25.

o.V.: **Nexpert Object Product Description**, New York, Palo Alto, London, April, 1990.

o.V.: **Produktinformation FUTURMASTER** Absatzinformations- und Prognosesystem, ExperTeam, Köln, 1993.

o.V.: **QUESTOR** Wissensbasierter Arbeitsplatz für empirische Markt- und Sozialforschung, ExperTeam, Köln, 1993.

o.V.: **Wissen nutzen.** Was leisten Expertensysteme im Marketing? **(Teil I)**, in: Absatzwirtschaft, Nr. 12, 1989, S. 38 - 49.

o.V.: **Wissen nutzen.** Was leisten Expertensysteme im Marketing? **(Teil II)**, in: Absatzwirtschaft, Nr. 1, 1990, S. 62 - 67.

o.V.: **XI Plus- Für Wissen auf Abruf**, Experteam, Köln, Dortmund, 1991.

o.V.: **42 Statistikprogramme im Überblick**, PC Magazin , Nr. 16, 17.04.91, S. 54 - 55.

Ofir, C.; Raveh, A.: **Forecasting Demand in International Markets:** The Case of Correlated Time Series, in: Journal of Forecasting, Nr. 6, 1987, S. 41 - 50.

Oldford, R.; Peters, S.C.: Implementation and **study of statistical strategy**, Artifical intelligence and statistics, Gale, W. (Hrsg.), Reading Mass., 1986, S. 350 - 353.

Oral, M.; Kettani, O.: A mathematical programming model for **market share prediction**, International Journal of Forecasting, Nr. 5, 1989, S. 59 - 68.

Pankratz, A.: Forecasting with **Univariate Box-Jenkins Models**, New York, 1983.

Parfitt, J.H.;   Prognose des **Marktanteils** eines Produktes aufgrund von
Collins, C.J.K.:   Verbraucherpanels, in: Marketing-Theorie, Kroeber-Riel,
                            W. (Hrsg.), Köln, 1972, S. 171-207.

Parfitt, J.H.;   **Use of Consumer Panels** for Brand-Share Prediction, in:
Collins, C.J.K.:   Journal of Marketing Research, 1968, S. 131 - 145.

Patton, A.:   Top Managements Stake in the **Product Life Cycle**,
                            Management Review, 1959, S. 9 - 14; 67 - 79.

Payne, E.C.;   **Developing Expert Systems**: A Knowledge Engineer's
Mc Arthur, R.C.:   Handbook for Rules and Objects, New York, 1990.

Pegram, R.;   The **Marketing Executive Looks** Ahead, Report N. 13,
Bailey, E.L.:   The Conference Board, New York, 1967.

Perillieux, R.:   Der **Zeitfaktor im strategischen Technologiemanage-**
                            ment, Berlin, 1987.

Peterson, R.A.;   **Multi-product growth models**, in: Sheth, J. (Hrsg.), Re-
Mahajan, V.:   search in Marketing, Greenwich, 1978, S. 201 - 231.

Petzold, A.;   **MAIS** zur Entscheidungsunterstützung, in: Marktforschung
Bug, P.:   und Management, Nr. 3, 1990, S. 115 - 118.

Pfau, W.:   **Die Integration von Expertensystemen** in den betrieb-
                            lichen Problembearbeitungsprozeß in: Europäische
                            Hochschulschriften, Volks- und Betriebswirtschaftliche
                            Reihe V, Bd., Vol. 1097, Frankfurt a. M., Bern, 1989.

Pfeiffer,W.;   **Produktlebenszyklen** als Basis der Unternehmens-
Bischof, P.:   planung, in: ZfB, Nr. 4, 1974, S. 635 - 666.

Pfeiffer, W.;   **Produktlebenszyklen-Instrument** jeder strategischen
Bischof, P.:   Produktplanung, in: Steinmann, H. (Hrsg.), Planung und
                            Kontrolle, München, 1981.

Philipp, R.;   **Datenbankservices** im Dialog. Die Entwicklung des
Matthies, B.:   Online-Marktes, Düsseldorf, 1990.

Picot, A.:   Neue **Techniken der Bürokommunikation** in wirtschaft-
                            licher und organisatorischer Sicht, in: Kongressbuch
                            Bürosysteme und Informationsmanagement, München,
                            1982.

Pieroth, G.K.:   **Expertensysteme**, Einsatzgebiete: Risiken und Chancen,
                            Gabler Magazin, Nr. 10, 1988, S.16 - 20.

Plattfaut, E.:   **DV-Unterstützung** strategischer Unternehmensplanung,
                            Berlin u.a., 1988.

Poh, H.L.:   **Demand Forecasting** for Strategic Decision Support, in:
                            Schader, M.; Gaul, W.(Hrsg.), Knowledge, Data and Com-

puter-Assisted Decisions, Berlin; Heidelberg, 1990,
S. 377 - 392.

Polli, R.;
Cook, V.:

Validity of the Product Life Cycle, Journal of Business,
1969, S. 385 - 400.

Polster, R.:

Plausibilitätsprüfung, Lexikon der Betriebswirtschaftslehre, Lück, W. (Hrsg.), Marburg, (erscheint 1994).

Polster, R.:

Innovationswettbewerb - Woher kommen die
Informationen?, in: Wirtschaft Nordhessen, Nr. 9, 1993,
S. 18 - 20.

Polster, R.:

Informationsversorgung im Innovationswettbewerb -
empirische Untersuchung im Kammerbezirk der IHK-
Kassel, Fachbericht Nr. 93/03 der Abteilung
Wirtschaftsinformatik an der Philipps-Universität Marburg,
1993.

Porter, M.E.:

Wettbewerbsstrategie: Methoden zur Analyse von
Branchen und Konkurrenten, 3. Aufl., Frankfurt, 1985.

Porter, M. E.:

Competitive Advantage, New York, 1986.

Portier, K. M.;
Lai, Pan-Yu:

A Statistical expert system for analysis determination,
in: Proceeedings of the American Statistical Association,
Statistical Computing Section, 1983, S. 309 - 311.

Potucek, V.:

Produkt-Lebenszyklus, WiSt, Nr. 2, 1984, S. 83 - 86.

Pregibon, D.;
Gale, W.:

REX: an expert system for regression analysis,
COMPSTAT Proceedings in computational statistics,
Hawranek, T.; Sidak, Z. (Hrsg.), Wien, 1984, S. 242 - 248.

Preiß, N.;
Stucky, W.:

Probleme des Datenmanagements, Entscheidungsunterstützende Systeme im Unternehmen, Wolff, M.R.
(Hrsg.), München, 1988, S. 193 - 227.

Prerau, D.:

Selection of an Appropriate Domain for an Expert
System, in: The AI-Magazine, Summer 1985, S.27 - 30.

Puppe F.:

Einführung in Expertensysteme, Berlin; Heidelberg;New
York, 1988.

Puppe, F.:

Expertensysteme, in: Informatik Spektrum, Nr. 9, 1986,
S. 1 - 13.

Raffeé, H.;
Wiedmann, K.P.:

Strategisches Marketing, Stuttgart, 1985.

Raffeé, H.:

Strategisches Marketing, in: Gaugler, E.; Jacobs, O.H.;
Kieser, A.(Hrsg), Strategische Unternehmensführung und
Rechnungslegung, Stuttgart, 1984, S.61 - 81.

Raffeé, H.:   Prognosen als ein Kernproblem der Marketingplanung, S.
                          151.

Raffeé, H.:   **Grundformen und Ansätze** des strategischen
                          Marketings, in: Raffeé, H.; Wiedmann, K.P. (Hrsg.),
                          Strategisches Marketing, Stuttgart, 1985, S. 3 - 33.

Reber, G.:   **Personales Verhalten** im Betrieb, Analyse entschei-
                          dungstheoretischer Ansätze, Stuttgart, 1973.

Reiner, M.;   **Strategische Prognose** von Markt- und Absatzentwick-
Weßner, K.;   lungen durch kombinierten Einsatz quantitativer und
Wimmer, F.:   qualitativer Verfahren, in: GfK Jahrbuch für Absatz- und
                          Verbraucherforschung, Nr. 1, 1991, S. 71 - 87.

Reiter, :   **A logic for default reasoning**, in: Artificial Intelligence,
                          Nr. 13, 1980, S. 81 - 132.

Reuter, A.:   **Kopplung von Datenbank- und Expertensystem**, in:
                          it Informationstechnik, Nr. 3, 1987, S. 164 - 175.

Richmond, S.:   **Statistical Analysis**, 2. Aufl., New York, 1964.

Rickert, R.:   **Konzeption von Methodenbanken** zur Entscheidungs-
                          unterstützung, in: Krallmann, H., Unternehmensplanung
                          und -steuerung in den 80er Jahren, 1982, S 164 - 179.

Riegl, G.F.:   **Marketing-Management**; Ein Beitrag zur systematischen
                          Verwirklichung des Absatzmanagements, 1982.

Rink, D.R.;   **Industrial Sales Emphasis** Across the Life Cycle, in:
Dodge, R.H.:   Industrial Marketing Management, Nr. 9, 1980,
                          S. 305 - 310.

Rink, D.R.;   **Product Life Cycles Research**: A Literature Review. in:
Swan, J.E.:   Journal of Business Research, Nr. 7, 1979, S. 219 - 242.

Risch, T.;   **A Functinal Approach** to Integrating Database and
Reboh, R.;   Expert Systems, in: Communication of the ACM, Nr. 12,
Hart, P.;   1988, S. 1424 - 1437.
Duda, R.:

Roberts, R.;   **Six new Products** - What made them successful, in:
Burke, J. E.:   Research Management, Nr. 3, 1974, S. 21 - 24.

Robertson, T.S.:   **Innovative Behavior and Communication**, New York,
                          1971.

Robertson, T.S.;   Organizational Psychographics and **Innovativeness**, in:
Wind, Y.:   Journal of Consumer Research, Nr. 1, 1980, S. 24 - 31.

Robinson, P.J.; **Industrial Marketing and Creative Marketing**, Boston,
Faris, C.W.; 1967.
Wind, Y.:

Robinson, B.; **Dynamic Price Models** for New-Product Planning, in:
Lakhani, C.: Management Science, Nr. 19, 1975, S. 1113 - 1122.

Robinson, W.T.: **Product Innovation** and Start-Up Business Market Share
Performance, in: Management Science, Nr. 10, 1990,
S. 1279 - 1289.

Rogers, E.M.: **Diffusion of Innovations**, 3. Aufl., New York; London,
1983.

Rogge, H.-J.: **Methoden und Modelle der Prognose** aus absatzwirt-
schaftlicher Sicht, Berlin, 1972.

Rolston, D.W.: **Principles of Artifical Intelligence** and Expert Systems
Development, New York; St. Louis; San Francisco, 1988.

Römer, E.: **Konkurrenzforschung**. Informationsgrundlage der
Wettbewerbsstrategie, ZfB, Nr. 4, 1988, S. 481 - 501.

Rosegger, G.: The **Economics of Production** and Innovation, An
Industrial Perspektive, Oxford, 1980.

Rothe, J.T.: Effectiveness of **Sales Forecasting Methods**, in:
Industrial Marketing Management, Nr. 7, 1978,
S. 114 - 118.

Rothwell, R; **Sappho updates** - Project Sappho Phase II, in: Research
Freeman, Ch; Policy, Nr. 3, 1974, S. 251 - 291.
Horsley, A. u.a.:

Rowe, A.J.; **Strategic Management** and Business Policy - A Metho-
Mason, R.O.; dological Approach, 2. Aufl., Reading, 1986.
Dickel, K.E.:

Rubinstein, A.H.; **Factors Influencing Success** at the Project Level, in:
Chakrabati, A.K.; Research Management, Nr. 1, 1976, S. 15 - 20.
O'Keefe, R.D.:

Rüttler, M.: **Information als strategischer Erfolgsfaktor**. Konzepte
und Leitlinien für eine informationsorientierte Unternehmensführung, Berlin, 1991.

Sabel, H.; **Lebenszyklus**, in: Vahlens Großes Marketinglexikon,
Tacke, G.: Diller, H. (Hrsg.), München, 1992, S. 608.

Sandmaier, W.: **Informationsvorsprung mit Online-Datenbanken.**
Internationale Wissensressourcen für die Praxis,
Frankfurt, 1990.

Savory, St.:   **Künstliche Intelligenz und Expertensysteme**, 2.Aufl.,
München, Wien, 1985.

Savory, St.:   **Expertensysteme**: Nutzen für Ihr Unternehmen. Ein
Leitfaden für Entscheidungsträger, 2. Aufl., Munchen,
Wien, 1989.

Scheer , A.W.:   **EDV-orientierte Betriebswirtschaftslehre**, in: ZfB,
Nr. 11, 1984, S. 1116 - 135.

Scheer, A.W.;   **Einführung** in den Themenbreich Expertensysteme,
Steinmann, D.:   Scheer, A. W. (Hrsg.), Betriebliche Expertensysteme I,
Wiesbaden, 1988, S. 5 - 27.

Scheer, A.W.;   **Marketing-Informationssysteme** in der Konsumgüter-
Brombacher, R.:   industrie, in: Thexis, Nr. 3, 1985, S. 3 - 11.

Scheer, A.W.:   **Betriebliche Expertensysteme I**, Wiesbaden, 1988.

Scheer, A.W.:   **Betriebliche Expertensysteme II**, Wiesbaden, 1989.

Scheer, A.W.:   **Absatzprognosen**, Berlin; Heidelberg; New York, 1983.

Scheer, A.W.:   **Datenbanksysteme im Marketing Teil I**, Marketing ZFP,
Nr. 1, 1980, S. 33 - 41.

Scheer, A.W.:   **Datenbanksysteme im Marketing Teil II**, Marketing ZFP,
Nr. 2, 1980, S. 103 - 111.

Scheer, A.W.:   **Interaktive Methodenbanken**: Benutzerfreundliche
Datenanalyse in der Marktforschung, Veröffentlichung des
Instituts für Wirtschaftsinformatik an der Universität des
Saarlandes, Heft 38, 1983.

Schefe, P.:   **Arten von Wissen** und Inferenzen in natürlichsprachlichen Systemen, in: Rollinger, C.S.; Schneider, H.-J.,
Inferenzen in natürlichsprachlichen Systemen der
künstlichen Intelligenz, Berlin, 1980, S. 11 - 32.

Schefe, P.:   **Künstliche Intelligenz** - Überblick und Grundlagen,
Mannheim, Wien, Zürich, 1986.

Schelm: **Evaluation of Knowledge Engineering Tools**, 1986.

Scherer, F.M.:   Industrial **Market Structure** and Economic Performance,
Chicago, 1970.

Schertler, W.:   **Unternehmensorganisation**, Lehrbuch der Organisation
und strategischen Unternehmensführung, Wien, 1982.

Scheuch, F.:   **Investitionsgütermarketing**. Grundlagen,
Entscheidungen, Maßnahmen, Opladen, 1975.

Scheuing , E.E.:   The **Product Life Cycle** as an Aid in Strategy Decision, in: Management International Review, Nr. 4/5, 1969, S. 111 - 124.

Schewe, G.:   **Die Innovation im Wettbewerb**, ZfB, Nr. 9, 1992, S. 967 - 988.

Schlageter, G.;
Stucky, W.:   **Datenbanksysteme**: Konzepte und Modelle, Stuttgart, 1983.

Schlicksupp, H.:   **Produktinnovation**, in: Marketing, Poth, L. (Hrsg.), Bd. 2, Neuwied, 1981, S. 13.

Schlittgen, R.;
Streitberg,B.:   **Zeitreihenanalyse**, 2.Aufl., 1989, München.

Schlittgen, R.:   On the determination of **sizes of markets**, Statistical Papers, 1988, S. 219 - 225.

Schlittgen, R.:   Ein moderner Zugang zur Analyse von **Zeitreihen mit Ausreißern**, Allgemeines Statistisches Archiv Nr. 1, 1991, S.75 - 102.

Schmalen, H.:   **Markteröffnungsstrategien** für Neuheiten, in: ZfB, Nr. 12, 1984, S. 1191 - 1209.

Schmalen, H.:   **Das Bass-Modell** zur Diffusionsforschung. Darstellung, Kritik und Modifikation, in: ZfbF, Nr. 3, 1989, S. 210 - 226.

Schmittlein, D.C.;
Mahajan, V.:   **Maximum Likelihood Estimation** for an Innovation Diffusion Model of New Product Acceptance, in: Marketing Science, Nr. 1, 1982, S. 57 - 78.

Schmutzler, O.;
Krieger, H.;
Dallchow, K.-H.:   **Statistische Methoden** in der Markt- und Bedarfsforschung, Berlin, 1975.

Schnaars, St.;
Berenson, C.:   **Growth Market Forecasting Revisited**: A Look Back at a Look Forward, in: California Management Review, Summer 1986, S. 71 - 88.

Schnaars, St.:   **Musterbeispiele für Marktfehlprognosen** und wie man sie vermeiden kann, Landsberg am Lech, 1989.

Schneeweiß, H.:   **Entscheidungskriterien** bei Risiko, Berlin, u.a., 1967.

Schneider, D.:   **Allgemeine Betriebswirtschaftlehre**, 2. Aufl., 1985.

Schnupp, P.;
Leibrandt, U.:   **Expertensysteme** - Nicht nur für Informatiker, Berlin, Heidelberg, New York, 1986.

Schober, F.:   **Rechnergestützte strategische Planung**, in: Huch, B.;
                        Stahlknecht, P. (Hrsg.), EDV-Anwendungen im Unter-
                        nehmen. Fertigungs-, Vertriebs- und Management-
                        systeme, Frankfurt, 1987, S. 80 - 84.

Scholz, Ch.:   **Strategisches Management**, Berlin, New York, 1987.

Scholz, L.:   **Schwachstellen des Technologietransfers** im
                        Innovationsprozeß, IFO-Schnelldienst, 1987, S. 3 - 11.

Schramm, W.:   **Grundfragen der Kommunikation**, München, 1978.

Schreier, U.:   Die Beziehung zwischen **Datenbanken und Experten-
                        systemen**, State of the Art, Expertensysteme, Heft 1,
                        1986, S. 30 - 37.

Schrey, R.-D.:   **Evolution** eines DV-gestützten Informations- und
                        Kommunikationssystems zum Instrument einer
                        ganzheitlich ausgerichteten Unternehmensführung im
                        Industriebetrieb, Göttingen, 1993.

Schubert, St.:   **Online-Datenbanken**, Düsseldorf, 1986.

Schumpeter, J. :   **Konjunkturzyklen**, Band 1(deutsche Übersetzung von
                        Business Cycles New York 1939, Göttingen, 1961.

Schumpeter, J.:   Theorie der wirtschaftlichen **Entwicklung**: Eine
                        Untersuchung über Unternehmensgewinn, Kapital, Kredit,
                        Zins und den Konjunkturzyklus, 7. Aufl., Nachdruck der
                        1934 erschienenen 4. Aufl., Berlin, 1987.

Schünemann, T;   **Entwicklung eines Diffusionsmodells** für technische
Bruns, T.:   Innovationen, in: ZfB, Nr. 2, 1985, S. 166 - 185.

Schütz, W.:   **Methoden der mittel- und langfristigen Prognose**. Eine
                        Einführung, München, 1975.

Schwalbach, J.:   **Markteintrittsverhalten** industrieller Unternehmen, in:
                        ZfB, Nr. 6, 1986, S. 713 - 727.

Schwalbach, J.:   **Entry by Diversified Firms** into German Industries, in:
                        International Journal of Industrial Organization, Nr. 5,
                        1987, S. 43 - 49.

Schwarze, J.:   **Betriebswirtschaftlich orientierte Informatik** oder
                        informatikorientierte Betriebswirtschaftslehre, in:
                        Technologie & Management, Nr. 2, 1987, S. 36 - 42.

Schweneker, O.:   **Entwicklung eines Expertensystems** für
                        Absatzprognosen durch Konzeptionelles Prototyping,
                        Berlin; Heidelberg; New York, 1990.

Schwörer, J.;
Frappa, J.-P.:
Artifical Intelligence and Expert Systems: Any **Application for Marketing** and Marketing Research?, in: ESOMAR (Hrsg.), Anticipation and Decision Making, the Need for Information, General Sessions, Amsterdam, 1986, S. 247 - 280.

Sebastian, K.-H.: **Werbewirkungsanalysen** für neue Produkte, o.O., 1985.

Seiffert, H.;
Radnitzky, G.:
Prognose, in: Handlexikon zur Wissenschaftstheorie, München, 1989, S. 275 - 280.

Servatius, H.G.: Methodik des strategischen **Technologiemanagements**, Berlin, 1986.

Sharif, M.N.;
Ramanathan, K.:
Polynomial innovation diffusion models, in: Technological Forecasting and Social Change, Nr. 21, 1982, S. 301 - 323.

Sharif, M.N.;
Ramanathan, K.:
Binomial innovation diffusion models with dynamic potential adopter population, in: Technological Forecasting and Social Change, Nr. 20, S. 63 - 87.

Sharif, M.N.;
Kabir, C.,:
A generalized model for **forecasting technological substitution**, in: Technological Forecasting and Social Change, Nr. 8, S. 353 - 364.

Siekmann, J.H.: **Künstliche Intelligenz**: Von den Anfängen in die Zukunft, in: HMD, Nr. 150, 1989, S. 110 - 135.

Silverman, B.G.: **Expert Systems for Business**, Reading, Menlo Park, 1987.

Simon, H.: **Informationstransfer und Marketing**, in: Zeitschrift für Wirtschafts- und Sozialwissenschaften, Nr. 6, 1981.

Simon, H.: **Goodwill und Marketingstrategien**, Göttingen, 1985.

Smallwood, J.E.: **The Product Life Cycle**: A Key to Strategic Marketing Planning, in: Mancuso,J.(Hrsg.), Managing Technology Products, 1975, o.O., S. 85 - 91.

Sombé, L.: **Schließen bei unsicherem Wissen** in der künstlichen Intelligenz, Wiesbaden, 1992.

Sommerlatte, T.: Die **Veränderungsdynamik**, die uns umgibt, in: Das Management der Geschäfte von morgen, Arthur D. Little (Hrsg.), 2. Aufl. Wiesbaden, 1987, S. 2 - 15.

Spang, St.;
Kraemer, W.:
Expertensysteme: Entscheidungsgrundlagen für das Management, Wiesbaden, 1991.

Spang, S.;
Scheer, A.W.:
Zum **Entwicklungsstand** von Marketinginformationssystemen, in: zfbf, Nr. 3, 1992, S. 183 - 208.

Spang, S.:   **Informationsmodellierung** im Investitionsgütermarketing, Wiesbaden, 1993.

Specht, D.:   **Wissensbasierte Systeme im Produktionsbereich**,
München, Wien, 1989.

Srinivasan, V.;   **Nonlinear Least Squares Estimation** of New Product
Mason, C.H.:   Diffusion Models, in: Marketing Science, Nr. 5, 1986,
S. 169 - 178.

Staudt, E.;   **Informationsverhalten** innovationsaktiver Unternehmen,
Bock, J.;   in: ZfB, Nr. 9, 1992, S. 989 - 1008.
Mühlemeyer, P.:

Steinhoff, V.:   Anforderungen und Gestaltungskriterien bei der **Entwicklung von Benutzerschnittstellen** für Experten-
systeme, Köln, 1991.

Streitberg, B.:   On the **Nonexistence** of Expert Systems. Critical
Remarks on Artifical Intelligence in Statistics, in: Statistical
Software Newsletter, Nr. 2, 1988, S. 55 - 62.

Streitberg, B.:   **Rejoinder** to the Comments, in: Statistical Software
Newsletter, Nr. 2, 1988, S. 73 - 74.

Syed, J.R.;   An **Integrated Consulting System** for Competitive
Tse, E.:   Analysis and Planning Control, in: Ernst, C.J.(Hrsg.),
Management Expert Systems, Bonn, 1988, S. 183 - 207.

Tanimoto, St.:   **KI: Die Grundlagen**, München, Wien, 1990.

Tanny, S.M.;   **Innovators and Imitators** in Innovation Diffusion Model-
Derzko, N.A.:   ling, in: Journal of Forecasting, Nr. 2, 1988, S. 225 - 234.

Teichmann, H.:   **Der optimale Planungshorizont**, in: ZfB, Nr. 5, 1975,
S. 295 - 312.

Teotia, A.P.S.;   **Forecasting the Market Penetration** of New Technolo-
Raju, P.S.:   gies Using a Combination of Economic Cost and Diffusion
Models, in: Journal of Product Innovation Management,
Nr. 3, 1986, S. 225 - 237.

Thisted, R.A.:   **Representing statistical knowledge** for expert data
analysis systems, in: Gale, W.(Hrsg.), Artifical Intelligence
and Statistics, Reading, Mass., 1986, S. 267 - 284.

Thome, R.:   **Wirtschaftliche Informationsverarbeitung**, München,
1990.

Tietz, B.:   **Handwörterbuch der Absatzwirtschaft**, Stuttgart, 1974,
Sp. 1763 - 1770.

Tietz, B.:   **Innovation von Produkten**, in: Management-Enzyklopädie, 2. Aufl., Landsberg am Lech, 1983, S. 993 - 1018.

Tietz, B.:   Die **Grundlagen des Marketing**, Bd. 2: Die Marketingpolitik, München, 1975.

Topritzhofer, E.:   **Modelle des Kaufverhaltens**: Ein kritischer Überblick, in: Computergestützte Marketing-Planung, Hansen, H.R. (Hrsg.), München, 1974.

Topritzhofer, E.:   Möglichkeiten einer Beurteilung der **Wirkung absatzpolitischer Maßnahmen** auf der Basis einer Analyse der Käuferfluktuation, in: Marketingtheorie, Kroeber-Riel, W., (Hrsg.) Köln, 1972, S. 294 - 315.

Torré, J. de la; Neckar, P.:   **Forecasting political risks** for international operations, in: International Journal of Forecasting, Nr. 4, 1988, S. 221 - 241.

Tracz, W.:   **Software Reuse**: Motivators and Inhibitors, in: Tracz, W. (Hrsg.), Software Reuse: Emerging Technology, Washington, 1988, S. 62 - 67.

Tressin, J., M.:   **Prognosen** im strategischen internationalen Marketing: Konzeption und Einsatz im umwelttechnischen Grossanlagenbau, Berlin, 1992.

Trommsdorff, V.:   **Innovationsmarketing**. Querfunktion der Unternehmensführung, in: Marketing ZFP, Nr. 3, 1991, S. 178 - 185.

Tushman, M.; Moore, W.(Hrsg.):   **Readings in the Management of Innovation**, Boston, 1982.

Tushman, M.; Nadler, D.:   **Organizing for Innovation**, in: California Management Review, Nr. 3, 1986, S. 75 - 92.

Twiss, B.C.:   **Managing technological innovation**, London, 1974.

Urban, G.L.:   **SPRINTER MOD III:** A Model for the Analysis of new frequently purchased consumer products, in: Operations Research, Nr. 5, 1970, S. 805 - 854.

Utterback, J.M.; Allen, T.J.; Hollomon, J.H.:   **The Process of Innovation** in Five Industries in Europe and Japan, in: IEEE Transactions on Engineering Management, Nr. 3, 1976, S.3 - 9.

Vandaele, W.:   **Applied Time Series and Box-Jenkins Models**, New York, 1983.

Verhulst, J.:   Notice sur **la Loi que la Population** suit dans ses Accroissements, Memoires de l´Academie Royale des Bruxelles, 1838.

v. Bechthols- **Expertensystemwerkzeuge.** Produkte, Aufbau, Auswahl,
heim, M.; Braunschweig, 1991.
Schweichhart, K.;
Winand, U.:

v. Bertalanffy, L.: **Quantitative laws** in metabolism and growth, in:The
quarterly Review of Biology, Nr. 32, S. 217 - 231.

v. Stritzky, O.: **Lebenszyklen von Produkten,** Marketing Enzyklopädie,
Bd. 2, München, 1975, S. 281 - 291.

Voss, C.A.: **Determinants of Success** in the Development of Application Software, in: Journal of Product Innovation Management, Nr. 2, 1985, S. 122 - 129.

Voß, M.: **Werkzeuge für Expertensysteme** - Hardware- und
Softwarebasis für Entwicklung und Betrieb, AWF, VDI-
Arbeitskreis Eschborn, 1988.

Wandel, H.-U.: **Expertensysteme** in der strategischen Planung, Göttingen, 1992.

Waterman, D.A.: **A Guide to Expert Systems,** Reading Menlo Park, 1986.

Weber, K.: **Prognosemethoden und -Software,** Idstein, 1991.

Weber, K.: **Wirtschaftsprognostik,** München, 1990.

Weber, K.: **Wirtschaftsprognostik (Art.),** in: Die Unternehmung,
Nr. 1, 1991, S. 65 - 74.

Weblus, B.: **Zur langfristigen Absatzprognose** gehobener Gebrauchsgüter, z.B. von Fernsehgeräten u.a.m., in: ZfB,
1965, Nr. 5, S. 593 - 607.

Webster, F.E. Jr.: **Modelling the Industrial Buying Process,** in: Journal of
Marketing Research, Nr. 2, 1965.

Webster, F.E.; **Organizational Buying Behaviour,** Englewood Cliffs,
Wind, Y.: 1972.

Weitz, R.R.: **NOSTRADAMUS:** An Expert System for Guiding The
Selection and Use of Appropriate Forecasting Techniques, Diss., University of Massachusetts, 1985.

Weitz, R.R.: Nostradamus, **A Knowledge-based forecasting advi-
sor,** International Journal of Forecasting, Nr. 1, 1986,
S.273 - 283.

Werner, L.: **Entscheidungsunterstützungssysteme.** Ein problem-
und benutzerorientiertes Management-Instrument, Heidelberg, 1992.

Weßner, K.: **Prognoseverfahren** als Instrumente zur Absicherung strategischer Marketingentscheidungen - Eignung traditioneller Verfahrenstypen und moderner kombinierter Methoden, in: GfK, Jahrbuch der Absatz- und Verbrauchsforschung, Nr. 3, 1988, S. 208 - 234.

Whalen, T.; **Fuzzy Knowledge in Rule-Based Systems**, in: Silver-
Schott, B.; man, B.G., Expert Systems for Business, Reading, Menlo
Green Hall, N.; Park, 1987, S. 99 - 119.
Ganoe, F.:

Wheelwright, St.; **Forecasting Methods** for Management, 4.Aufl., New
Clarke, D.G.: York, 1985.

Wheelwright, St.; **Corporate Forecasting:** Promise and Reality, in: Har-
Makridakis, S.: vard Business Review, Nr. 6, 1976, S. 40 - 64.

Wildner, R.: **Nutzung integrierter Paneldaten** für Simulation und Prognose, in: GfK Jahrbuch der Absatz- und Verbrauchsforschung, Nr. 2, 1991, S. 114 - 130.

Wimmer, F.; **Prognosesysteme**, in: Vahlens Großes Marketing
Weßner, K.: Lexikon, München, 1992, S. 971 - 972.

Winand, U.: **Externe Informationsbanken** für betriebliches Informationsmanagement, in: ZfbF, Nr. 12, 1988, S. 1130 - 1144.

Winters, P.R.: Forecasting Sales by **Exponentially Weighted Moving Averages**, in: Management Science, Nr. 6, 1960, S. 324 - 342.

Winston, P.H.: **Künstliche Intelligenz**, Addison Wesley Publ., Bonn, 1987.

Wittkowski, K. M.: Ein **Expertensystem zur Datenhaltung** und Methodenauswahl für statistische Anwendungen, Stuttgart, Diss., 1985.

Wittkowski, K. M.: **Generating and testing statistical hypotheses**: strategies for knowledge engineering, Expert Systems in Statistics: Selected Papers from a workshop, Haux, R. (Hrsg.), Stuttgart, 1986, S. 139 - 154.

Wittmann, W.: **Unternehmung und unvollkommene Information**, Köln,1959.

Wöhe, G.: Einführung in die Allgemeine **Betriebswirtschaftslehre**, 17. Aufl., München, 1990.

Wolff, M.R.: **Entscheidungsunterstützende Systeme** im Unternehmen, München, 1988.

Wu, L.S.-Y.;   **Forecasting for Business Planning**: A Case Study of
Ravishanker, N.;   IBM Product Sales, Journal of Forecasting, Nr. 6,
Hosking, J.R.M.:   1991, S.579 - 595.

Yamane, T.:   **Statistics**. An Introductory Analysis, New York, 1964.

Yamane, T.:   **Statistik**. Ein einführendes Lehrbuch, Frankfurt, 1976.

Yip, G.S.:   **Barriers to Entry**: A Corporate Strategy Perspective,
                      Lexington, 1982.

Yoon, E.;   **New Industrial Product Performance**: The Effects of
Lilien, G.L.:   Market Characteristics and Strategy, in: Journal of
                      Product Innovation Management, Nr. 2, 1985,
                      S. 134 - 144.

Yoon, E.;   **Determinants of New Industrial Product Performance**:
Lilien, G.L.:   A Strategic Reexamination of the Empirical Literature, in:
                      IEEE Transactions on engineering management, Nr. 1,
                      1989, S. 3 - 10.

Zadeh, L.A.:   **Fuzzy sets**, Information and Control, 1965, S. 338 - 353.

Zadeh, L.A.:   **The Concept of linguistic variables** and its application
                      to approximate reasoning, o.O., 1973 zitiert bei: Lehmann,
                      I.; Weber, R.; Zimmermann, H.J., Fuzzy Set Theory. Die
                      Theorie der unscharfen Mengen, in: OR-Spektrum, Nr. 14,
                      1992, S. 3.

Zelewski, S.:   **Problemfelder der Expertensystem-Technologie**, in:
                      Spang, S.; Kraemer, W. (Hrsg.), Expertensysteme: Ent-
                      scheidungsgrundlagen für das Management, Wiesbaden,
                      1991.

Zentes, J.:   **EDV-gestütztes Marketing** , Berlin; Heidelberg; New
                      York, 1987.

Zentes, J.:   **Informationssysteme** im Marketing, in: Marketing ZFP,
                      Nr. 3, 1991, S. 191 - 195.

Ziebart, E.:   **Forschung und Entwicklung** (F+E) als strategische
                      Aufgabe der Unternehmensführung, in: Strategische
                      Planung, Nr. 1, 1986, S. 37 - 59.

Zimmermann, H.:   **Neuronale Netze** für die Prognose wirtschaftlicher Ent-
                      wicklungen, in: Computerwoche, 10.07.92, S. 28 - 30.

Zimmermann, H.:   **Modellierung von Unsicherheit** in Expertensystemen,
                      in: Wolff, M.R. (Hrsg.), Entscheidungsunterstützende
                      Systeme im Unternehmen, München, 1988, S. 175 - 191.

Aus unserem Programm

Thomas Becker
Integriertes Technologie-Informationssystem
Beitrag zur Wettbewerbsfähigkeit Deutschlands
1993. XVII, 372 Seiten, 100 Abb., 43 Tab.,
Broschur DM 118,-/ ÖS 921,-/ SFr 119,-
ISBN 3-8244-0183-5
Das hier vorgestellte Informationssystem kann auf nationaler Ebene alle
wichtigen Informationen über Technologien (Forschung und Entwicklung,
Anwendungsgebiete, Literatur, Patente und Lizenzen sowie Indikatoren
und statistische Daten) übersichtlich und benutzerfreundlich zur Verfügung
stellen.

Anette Hilbert
Industrieforschung in den neuen Bundesländern
Ausgangsbedingungen und Reorganisation
1994. XV, 269 Seiten, 25 Abb., 37 Tab.,
Broschur DM 98,-/ ÖS 765,-/ SFr 100,10
ISBN 3-8244-0199-1
Auf der Grundlage theoretischer Überlegungen und empirischer Analysen
wird am Beispiel von Forschung und Entwicklung die Transformation von
Unternehmen in den neuen Bundesländern untersucht.

Edgar M. W. Kirchmann
Innovationskooperation zwischen Herstellern und Anwendern
1994. XVII, 358 Seiten, 39 Abb., 67 Tab.,
Broschur DM 118,-/ ÖS 921,-/ SFr 119,-
ISBN 3-8244-0202-5
Der Autor untersucht das Kooperationsverhalten von Herstellern und An-
wendern theoretisch und empirisch und gelangt zu Hinweisen, wie die er-
folgreiche Zusammenarbeit zu gestalten ist.

Guido Krupinski
Führungsethik für die Wirtschaftspraxis
Grundlagen - Konzepte - Umsetzung
1993. XIV, 316 Seiten, 16 Abb., Broschur DM 98,-/ ÖS 765,-/ SFr 100,10
ISBN 3-8244-0181-9
Führen heißt Verantwortung in einem Sozialsystem übernehmen. Dieses
Buch zielt auf die Schaffung von Sozialsystemen als Gemeinschaft der Ver-
nünftigen. Führen wird dadurch zu einer Aufgabe mit einem hohen Gehalt
an Ethik.

DeutscherUniversitätsVerlag
GABLER · VIEWEG · WESTDEUTSCHER VERLAG

Andreas Lehmann
Wissensbasierte Analyse technologischer Diskontinuitäten
1994. XV, 265 Seiten, 62 Abb., Broschur DM 98,-/ ÖS 765,-/ SFr 100,10
ISBN 3-8244-0200-9
Das in der Fachliteratur enthaltene Wissen wird umfangreich ermittelt,
strukturiert, formalisiert und als lauffähiges System zur Analyse diskonti-
nuierlicher Technologieübergänge implementiert.

Rainer Mayer
Strategien erfolgreicher Produktgestaltung
Individualisierung und Standardisierung
1993. XVIII, 324 Seiten, 23 Abb., 17 Tab.,
Broschur DM 98,-/ ÖS 765,-/ SFr 100,10
ISBN 3-8244-0189-4
Das Buch stellt auf einer erhöhten Flexibilität basierende Wege vor, mit
dem sich das zwischen Individualisierung und Standardisierung von betrieb-
lichen Leistungen bestehende Spannungsfeld überbrücken läßt.

Thomas Schmidt
Modellbasierte Fehlerdiagnose
Ein objektorientierter Ansatz
1993. XI, 135 Seiten, 28 Abb., Broschur DM 78,-/ ÖS 609,-/ SFr 79,70
ISBN 3-8244-0171-1
Es wird ein neuartiges Verfahren zur Fehlerdiagnose beschrieben, das fle-
xibler und einfacher zu erstellen ist als herkömmliche Diagnoseverfahren.

Die Bücher erhalten Sie in Ihrer Buchhandlung!
Unser Verlagsverzeichnis können Sie anfordern bei:

Deutscher Universitäts-Verlag
Postfach 30 09 44
51338 Leverkusen